21世纪应用型高等院校示范性实验教材

无机及分析化学实验

WUJI JI FENXI HUAXUE SHIYAN

第三版

主　编　李艳辉

副主编　马卫兴　许兴友

编　者　沙　鸥　刘英红　赵　宏　蒋迎道

　　　　葛洪玉　贾海红　刘玉芬　张慧双

　　　　胡喜兰

U0361264

特配电子资源

微信扫码
- 实验演示
- 拓展阅读
- 互动交流

南京大学出版社

图书在版编目(CIP)数据

无机及分析化学实验 / 李艳辉主编. — 3 版.
— 南京：南京大学出版社，2019.7(2024.7 重印)
ISBN 978 - 7 - 305 - 22459 - 1

Ⅰ. ①无… Ⅱ. ①李… Ⅲ. ①无机化学－化学实验－
高等学校－教材②分析化学－化学实验－高等学校－教材
Ⅳ. ①O61 - 33②O65 - 33

中国版本图书馆 CIP 数据核字(2019)第 146388 号

出版发行 南京大学出版社
社　　址 南京市汉口路 22 号　　　　邮　编　210093
书　　名 无机及分析化学实验
　　　　　WUJI JI FENXI HUAXUE SHIYAN
主　　编 李艳辉
责任编辑 刘　飞　蔡文彬　　　　编辑热线　025 - 83592146
照　　排 南京南琳图文制作有限公司
印　　刷 南京京新印刷有限公司
开　　本 787×1092　1/16　印张 15.5　字数 377 千
版　　次 2019 年 7 月第 3 版　2024 年 7 月第 4 次印刷
ISBN 978 - 7 - 305 - 22459 - 1
定　　价 38.00 元

网址：http://www.njupco.com
官方微博：http://weibo.com/njupco
微信服务号：njuyuexue
销售咨询热线：(025) 83594756

序

　　进入新世纪,随着社会经济的发展,各行各业对人才的需求呈现出多元化的特点,对应用型人才的需求也显得十分迫切,因此我国高等教育的建设面临着重大的改革。就目前形势看,大多数的理、工科大学,高等职业技术学院,部分本科院校办的二级学院以及近年来部分由专科升格为本科层次的院校,都把办学层次定位在培养应用型人才这个平台上,甚至部分定位在研究型的知名大学,也转为培养应用型人才。

　　应用型人才是能将理论和实践结合得很好的人才,为此培养应用型人才需理论教学与实践教学并行,尤其要重视实践教学。

　　针对这一现状及需求,教育部启动了国家级实验教学示范中心的评审,江苏省教育厅高教处下达了《关于启动江苏省高等学校基础课实验教学示范中心建设工作的通知》,形成国家级、省级实验教学示范体系,意在促进优质实验教学资源的整合、优化、共享,着力提高大学生的学习能力、实践能力和创新能力。基础课教学实验室是高等学校重要的实践教学场所,开展高等学校实验教学示范中心建设,是进一步加强教学资源建设,深化实验教学改革,提高教学质量的重要举措。

　　我们很高兴地看到很多相关高等院校已经行动起来,除了对实验中心的硬件设施进行了调整、添置外,对近几年使用的实验教材也进行了修改和补充,并不断改革创新,使其有利于学生创新能力培养和自主训练。其内容涵盖基本实验、综合设计实验、研究创新实验,同时注重传统实验与现代实验的结合,与科研、工程和社会应用实践密切联系。实验教材的出版是创建实验教学示范中心的重要成果之一。为此南京大学出版社在为"示范中心"出版实验教材方面予以全面配合,并启动"21世纪应用型高等院校示范性实验教材"项目。该系列教材旨在整合、优化实验教学资源,帮助示范中心实现其示范作用,并希望能够为更多的实验中心参考、使用。

　　教学改革是一个长期的探索过程,该系列实验教材作为一个阶段性成果,提供给同行们评议和作为进一步改革的新起点。希望国内广大的教师和同学能够给予批评指正。

孙尔康

第三版前言

化学实验教学在化工类专业的教学中占有极大的地位和比重,通过实验教学可以使学生掌握各种相关的知识和操作技能,更好地理解理论教学的内容;培养学生独立分析问题、解决问题的能力;培养严谨、认真、敬业、求实、一丝不苟的精神,是培养和造就高素质化工人才必不可少的重要环节。

化学历来具有理论和实验并重的好传统。在讲授理论课的同时,开设了相应的实验课,但多数实验用来验证理论,增加学生的感性认识,少数实验属于综合性、设计性实验,增强学生独立分析问题、解决问题的能力,这样做很有必要,但是,对于真正做到实验室全面对学生开放,解决学生在某一专项进行探索研究,培养科学思维则力度不够。本教材按绪论、试剂、仪器和基本操作、实验数据处理、基础实验、元素化学实验、设计性、应用性实验、研究性、拓展性实验分类,避免了不必要的重复,由易到难,循序渐进,增添了一些新的实验内容,特别是增加了与我们教师自身科研相关的研究性、拓展性实验。不仅重视和强调了基本操作、基本技能及方法的训练,还注重科研能力的培养。培养科学思维及动手能力。培养学生掌握较全面的化学实验知识和独立工作能力,为学习后续课程和将来从事化工产品小试等工作打下基础。

本书第一版自 2006 年 9 月出版以来,已多次再版重印,在一些高校中得到了广泛使用。本次修订基本保持了第二版的框架结构和特点,结合近几年各高校化学实验的发展情况、使用意见、实验中发现的实际问题以及本校教师的具体科研项目,调整了部分教学内容,优化了试剂用量,新增了两个设计性、应用性实验,例如,分光光度法同时测定维生素 E 和维生素 C、三草酸合铁(Ⅲ)酸钾制备及配离子组成测定。同时,本次改版新增部分电子资源,如实验演示,拓展阅读等内容,可扫本书扉页二维码阅览,这样更有利于学生自主性、创新性学习。

本教材由江苏海洋大学李艳辉主编,马卫兴、许兴友副主编,沙鸥、刘英红、赵宏、蒋迎道、葛洪玉、刘玉芬、贾海红、张慧双和胡喜兰参加编写。

由于我们水平有限,错误和不足之处在所难免,同时本教材的编写也是一种探索,敬请各位专家、老师和读者提出批评指正。

编　者
2019 年 7 月

目 录

第一章 绪 论

1.1 无机及分析化学实验的目的

化学是一门以实践为基础的学科,化学实验是化学教学中不可缺少的重要组成部分。我国著名化学家戴安邦指出"只传授化学知识和技术的化学教育是片面的,全面的化学教育要求既传授化学理论知识和实验技巧又训练科学方法和思维,还培养科学精神和品德,学生在化学实验中是学习的主体,在教师指导下,进行实验,训练用实验解决化学问题,使各项智力皆得到发展"。在全面推进素质教育的形势下,无机及分析化学实验是高等理工科院校化工、材料等专业的主要基础课程。本书突破了原无机化学实验和分析化学实验分科设课的界限,使之融为一体。按"物质的性质验证及制备—分离分析—性质测定与结构表征"的层次重新组织实验教学,旨在充分发挥化学实验教学在素质教育和创新能力培养中的独特地位,使学生在实践中学习、巩固、深化和提高化学的基本知识、基本理论,掌握基本操作技术、培养实践能力和创新能力,锻炼自己的综合能力,学会认识事物、学会做事、学会共同生活、学会做人。通过实验,要达到以下四个方面的目的:

1. 掌握物质变化的感性知识,掌握重要化合物的性质、制备、分离和表征方法,加深对基本原理和基本知识的理解、掌握,培养用实验方法获取新知识的能力。

2. 掌握化学实践的技能,培养独立工作能力和独立思考能力(如在综合性和设计性实验中,培养学生独立准备和进行实验的能力),培养细致观察和记录实验现象以归纳、综合、正确处理数据、用文字表达实验结果的能力,培养分析实验结果的能力和一定的组织实验、科学研究和创新的能力。

3. 培养实事求是的科学态度,准确、细致、整洁等良好的科学习惯以及科学的思维方法,培养敬业、一丝不苟和团队协作的工作精神,养成良好的实验室工作习惯。

4. 了解实验室工作的有关知识,如实验室试剂与仪器管理、实验可能发生的一般事故及处理、实验室废液的处理方法等。

1.2 无机及分析化学实验的学习方法

为完成实验任务,达到上述实验目的,除了应有明确的学习目的,端正的学习态度外,还要有正确的学习方法。化学实验课一般有以下三个环节:

1. 重视课前预习 只有经过认真的课前预习,了解实验的目的和要求,理解实验原理,弄清操作步骤和注意事项,设计好记录数据格式,写出简洁扼要的预习报告(对综合性和设计性实验写出设计方案),然后才能进入实验室有条不紊地进行各项操作。

2. 认真实验 在教师指导下独立地进行实验是实验课程的主要教学环节,也是训练学生正确掌握实验技术,实现化学实验目的的重要手段。实验原则上应根据实验教材上所提示的方法、步骤和试剂进行操作,设计性实验或者对一般实验提出新的实验方案,应该与指导老师讨论、修改和定稿后方可进行实验。并要求做到以下几点:

(1)认真操作,细心观察,如实而详细的记录实验现象和数据;

(2)如果发现实验现象和理论不符合,应首先尊重实验事实,并认真分析和检查其原因,通过必要手段重做实验,有疑问时力争自己解决问题,也可以相互轻声讨论或询问教师;

(3)实验过程中应保持肃静,严格遵守实验室工作规则;实验结束后,洗净玻璃器皿,整理仪器和药品及实验台,关闭水、电、煤气、门窗,在指导老师签字允许后方可离开实验室。

3. 独立撰写实验报告　做完课堂实验,只是完成实验的一半,余下更为重要的是分析实验现象,整理实验数据,将直接的感性认识提高到理性思维阶段。实验报告的内容应包括实验目的、原理、实验步骤、实验现象和数据记录、数据处理结果和讨论等。结论或数据处理需要根据实验现象做出简明解释,写出主要反应方程式,分题目做出小结或最后得出结论,若有数据计算,务必将所依据的公式和主要数据表达清楚;报告中可以针对本实验中遇到的疑难问题,对实验过程中发现的异常现象,或数据处理时出现的异常结果展开讨论,敢于提出自己的见解,分析实验误差的原因,也可对实验方法、教学方法、实验内容等提出自己的意见或建议。

1.3　化学实验室规则

实验规则是人们从长期实验工作中归纳总结出来的,是防止意外事故,保证正常实验秩序、做好实验的重要环节,每个实验者必须遵守。

1. 实验前应认真预习,进入实验室前,明确实验目的,了解实验的基本原理、方法、步骤,以及有关的基本操作和注意事项。

2. 进入实验室后,要遵守纪律,不迟到、早退,不在实验室大声喧哗,保持室内安静。

3. 做实验前,先清点所用玻璃器皿与仪器,如发现破损,立即向指导教师声明补领。如在实验过程中损坏玻璃器皿与仪器,应即时报告,并填写玻璃器皿与仪器破损报告单,经指导教师签字后交实验室工作人员处理。

4. 实验过程中,听从教师的指导,严格按操作规程正确操作,仔细观察,积极思考,并随时将实验现象和数据如实记录在专用的记录本上。

5. 公用仪器和试剂瓶等用毕立即放回原处,不得随意乱拿乱放。试剂瓶中试剂不足时,应报告指导教师,及时补充。

6. 实验时要保持桌面和实验室清洁整齐,废液倒入废液缸,火柴梗、用后的试纸、滤纸等和废物一起投入废物篓内,严禁投放在水槽中,以免腐蚀和堵塞水槽及下水道。

7. 实验中严格遵守水、电、煤气、易燃、易爆以及有毒药品等的安全规则。注意节约水、电和试剂。

8. 实验完毕,将实验桌面、玻璃器皿与仪器和药品架整理干净。值日生负责做好整个实验室的清洁工作,并关好水、电开关及门窗等。实验室一切物品不得带离实验室。

9. 离开实验室后,根据原始记录,联系理论知识,认真分析问题,处理数据,按要求格式写出实验报告,及时交给指导教师批阅。

1.4　化学实验的安全守则与意外事故处理

化学实验过程中,经常要使用水、电、煤气、各种仪器和易燃、易爆、腐蚀性以及有毒的药品等,实验室安全极为重要。如不遵守安全规则而发生事故,不仅会导致实验失败,而且还会伤害人的健康,并给国家财产造成损失。因此,必须做到认真预习,熟悉各种仪器、药品的性能,掌握实验中的安全注意事项,集中精力进行实验,严格遵守操作规程。此外,还必须了解实验室一般事故的处理等安全知识。

1. 化学实验室安全守则

(1) 实验开始前,检查仪器是否完整无损,装置是否正确。了解实验室安全用具放置的位置,熟悉使用各种安全用具(如灭火器、沙桶、急救箱等)的方法。

(2) 实验进行时,不得擅自离开岗位。水、电、煤气、酒精灯等一经使用完毕立即关闭。实验结束后,值日生和最后离开实验室的人员应再一次检查它们是否被关好。

(3) 决不允许任意混合各种化学药品,以免发生事故。

(4) 浓酸、浓碱等具有强腐蚀性的药品,切勿溅在皮肤或衣服上,尤其不可溅入眼睛中。

(5) 极易挥发和引燃的有机溶剂(如乙醚、乙醇、丙酮、苯等),使用时必须远离明火,用后要立即塞紧瓶塞,放入阴凉处。

(6) 加热时,要严格遵守操作规程。制备或实验具有刺激性、恶臭和有毒的气体时,必须在通风橱内进行。

(7) 实验室内任何药品不得进入口中或接触伤口,有毒药品更应特别注意。有毒废液不得倒入水槽,以免与水槽中的残酸作用而产生有毒气体。防止污染环境,增强自身的环境保护意识。

(8) 实验室电器设备的功率不得超过电源负载能力。电器设备使用前应检查是否漏电,常用仪器外壳应接地。使用电器时,人体与电器导电部分不能直接接触,也不能用湿手接触电器插头。

(9) 进行危险性实验时,应使用防护眼镜、面罩、手套等防护用具。

(10) 不能在实验室内饮食、吸烟。实验结束后必须洗净双手方可离开实验室。

2. 实验室意外事故的一般处理

(1) 割伤　先取出伤口内的异物,然后在伤口处抹上红汞药水或撒上消炎粉后用纱布包扎。

(2) 烫伤　可先用稀 $KMnO_4$ 或苦味酸溶液冲洗烫伤处。再在伤口处抹上黄色的苦味酸溶液、烫伤膏或红花油,切勿用水冲洗。

(3) 酸蚀伤　先用大量水冲洗,然后用饱和 $NaHCO_3$ 溶液或稀 $NH_3 \cdot H_2O$ 洗,最后再用水冲洗。

(4) 碱蚀伤　先用大量水冲洗,再用约 $0.3\ mol \cdot L^{-1}$ HAc 溶液洗,最后再用水冲洗。如果碱溅入眼中,则先用酸溶液洗,再用水洗。

(5) 溴烧伤　用乙醇或 $10\%Na_2S_2O_3$ 溶液洗涤伤口,再用水冲洗干净,并涂敷甘油。

(6) 磷烧伤　用 $5\%CuSO_4$ 溶液或 $KMnO_4$ 溶液洗涤伤口,并用浸过 $CuSO_4$ 溶液的绷带包扎。

（7）苯酚灼伤　先用大量水冲洗伤口，然后用 4∶1 的乙醇（70％）－氯化铁 1 mol·L^{-1} 的混合液洗涤。

（8）汞洒落　使用汞时应避免泼洒在实验台或地面上。使用后的汞应收集在专用的回收容器中，切不可倒入下水道或污物箱内。万一发生少量汞洒落，应尽量收集干净，然后在可能洒落的地区洒一些硫黄粉，最后清扫干净，并集中作固体废物处理。

（9）毒物进入口中　若毒物尚未咽下，应立即吐出来，并用水冲洗口腔；如已吞下，应把 5 mL～10 mL 1％～5％稀硫酸铜溶液加入一杯温水中，搅匀后喝下，然后用手指伸入喉部，促使呕吐，并根据毒物的性质服解毒剂。

（10）吸入刺激性、有毒气体　吸入 Cl_2、HCl 时，可吸入少量酒精和乙醚的混合蒸气使之解毒。吸入 H_2S 气体而感到不适时，立即到室外呼吸新鲜空气。

（11）起火　若因酒精、苯、乙醚等引起着火，立即用湿抹布、石棉布或砂子覆盖燃烧物。火势大时可用泡沫灭火器。若遇电器设备引起的火灾，应先切断电源，用二氧化碳灭火器或四氯化碳灭火器灭火，不能用泡沫灭火器，以免触电。

（12）触电　首先切断电源，必要时进行人工呼吸。

（13）若伤势较重，则应立即送医院。火势较大，则应立即报警。

1.5　三废处理

在化学实验中会产生各种有毒的废气、废液和废渣。为了减免对环境的污染，要对三废进行处理。

1. 有毒气体的排放：做少量有毒气体产生的实验，应在通风橱中进行，通过排风设备把有毒废气排到室外，利用室外的大量空气来稀释有毒废气。如果实验产生大量有毒气体，应该安装气体吸收装置来吸收这些气体，例如，产生的二氧化硫气体可以用氢氧化钠水溶液吸收后排放。

2. 有毒的废渣应埋在指定的地点，但是溶解于地下水的废渣必须经过处理后才能深埋。

3. 有毒的废液的处理

（1）含六价铬化合物（致癌）　加入还原剂（$FeSO_4$，Na_2SO_3）使之还原为三价铬后，再加入碱（NaOH 或 Na_2CO_3），调 pH 至 6～8，使之形成氢氧化铬沉淀除去。

（2）含氰化合物的废液　方法有二，一是加入硫酸亚铁，使之变为氰化亚铁沉淀除去；二是加入次氯酸钠，使氰化物分解为二氧化碳和氮气而除去。

（3）含汞化合物的废液　加入 Na_2S 使之生成难溶的 HgS 沉淀而除去。

（4）含砷化合物的废液　加入 $FeSO_4$，并用 NaOH 调 pH 至 9，以便使砷化物生成亚砷酸钠或砷酸钠与氢氧化铁共沉淀而除去。

（5）含铅等重金属的废液　加入 Na_2S，使之生成硫化物沉淀而除去。

参考文献

[1] 侯振雨主编. 无机及分析化学实验. 北京：化学工业出版社，2004

[2] 武汉大学化学与分子科学学院《无机及分析化学实验》编写组编. 无机及分析化学实验（第二版）. 武汉：武汉大学出版社，2002

［3］大连理工大学无机化学教研室编.无机化学实验(第二版).北京:高等教育出版社,2004

［4］浙江大学普通化学教研组编.普通化学实验(第三版).北京:高等教育出版社,1996

［5］大连理工大学 辛剑,孟长功主编.基础化学实验.北京:高等教育出版社,2004

［6］殷学锋主编,浙江大学等三校合编.新编大学化学实验.北京:高等教育出版社,2002

［7］武汉大学,吉林大学等校无机化学编写组编.无机化学实验.北京:高等教育出版社,1990

［8］古国榜,李朴编.无机化学实验.北京:化学工业出版社,1998

［9］王后雄编.化学方法论.广州:中南大学出版社,2003

［10］袁书玉编.无机化学实验.北京:清华大学出版社,1996

［11］南京大学《无机及分析化学实验》编写组编.无机及分析化学实验(第三版).北京:高等教育出版社,1998

［12］浙江大学普通化学教研组编.普通化学实验.北京:高等教育出版社,1989

［13］成都科学技术大学分析化学教研组,浙江大学分析化学教研组编.分析化学实验(第二版).北京:高等教育出版社,1989

［14］舒麒麟编.实验室环境污染与防治对策.实验室研究与探索,2003,22(3):129～130

［15］孙守田编.化验员基本知识.北京:化学工业出版社,1980

第二章 试剂、仪器与基本操作

2.1 化学实验常用试剂

化学试剂规格

化学试剂规格又称试剂级别,反映试剂的质量。试剂规格一般按试剂的纯度、杂质含量来划分,为了保证和控制试剂产品的质量,国家或有关部门制订和颁布"试剂标准",对试剂的规格标准和检验的方法标准做出规定。我国自 1978 年以来在原化学工业部制订的部颁标准(HG)的基础上,经过修订后陆续颁布了《国家标准·化学试剂》。

我国的试剂规格基本上按纯度划分为高纯、光谱纯、基准、分光纯、优级纯、分析纯和化学纯等 7 种。国家和主管部门颁布质量指标的主要是优级纯、分析纯和化学纯等 3 种规格,此外还有实验试剂、医用、生物试剂等(见表 2-1)。

表 2-1 化学试剂规格

级别	名 称	代号	标志颜色	应 用
一级	优级纯试剂(保证试剂)	G. R.	绿色	纯度最高,杂质含量最低,适用于最精密分析工作和科学研究
二级	分析纯试剂	A. R.	红色	纯度略次于优级纯,适用于重要分析工作及一般研究工作
三级	化学纯试剂	C. P.	蓝色	纯度与分析纯相差较大,适用于工矿、学校一般分析工作
四级	实验试剂医用	L. R.	棕色或其他颜色	纯度较低,适用作实验辅助试剂
	生物试剂	B. R.或 C. R.	黄色或其他颜色	

注:表 2-1 引自参考文献[2]

光谱纯试剂(符号 S.P.)的杂质含量用光谱分析测不出或者其杂质的含量低于某一限度,这种试剂主要用作光谱分析中的标准物质。

基准试剂的纯度相当于或高于保证试剂。基准试剂用作滴定分析中的基准物是非常方便的,也可用于直接配制标准溶液。

选用试剂的纯度要与所用方法相当,实验用水、操作器皿等要与试剂的等级相适应。若试剂都选用 G. R. 级的,则不宜用普通的蒸馏水或去离子水,而应使用经两次蒸馏制得的重蒸馏水。所用器皿的质地也要求较高,使用过程中不应有物质溶解,以免影响测定的准确度。另外要注意节约原则,不要盲目追求纯度高,应根据具体要求取用。

2.2 化学实验常用器皿

表 2 - 2 化学实验常用器皿

仪　器	名称及其主要用途	仪　器	名称及其主要用途
	试管、离心试管 普通试管用于少量试剂的反应 离心试管用于有沉淀的反应和分离		**试剂瓶** 用于盛少量液体试剂或溶液
	烧　杯 常温或加热条件下反应物的反应容器；配制溶液。		**量筒　量杯** 量取一定体积的溶液
	点滴板 用于点滴反应或显色反应		**称量瓶** 用于称量固体基准物质或固体样品试剂
	石棉网 支撑固定或放置反应器，避免直火加热		**铁架台** 1. 铁夹 2. 铁环 3. 铁架 用于固定或放置容器
	移液管　吸量管 精确量取一定体积的溶液		**滴定管　滴定台** 滴定管用于滴定或量取准确体积的溶液 滴定台用于夹持滴定管
	容量瓶 用于配制准确浓度的溶液		**布氏漏斗吸滤瓶** 与真空泵连接进行减压过滤

续上表

仪　器	名称及其主要用途	仪　器	名称及其主要用途
	锥形瓶 反应容器,振荡方便, 用于滴定操作的接收器		**漏斗** 用于过滤操作
	研钵 用于研磨固体物质		**热水漏斗** 用于热过滤操作
	干燥器 保持固体物质干燥		**表面皿** 盖在烧杯上或试纸反应
	蒸发皿 蒸发液体,浓缩溶液 或作反应器		**水浴锅** 用于间接加热或粗略 控制温度的反应
	坩埚 用于灼烧化学物质		**泥三角** 支撑灼烧的坩埚

2.3　化学实验常用仪器

一、离心机

（一）工作原理

如图 2-1 所示,将装有等量试液的离心管对称放置在转头四周的孔内,电动机直接带动离心转头高速旋转,产生相对离心力（RCF）使试液分离。相对离心力的大小取决于试样所处的位置至轴心的水平距离即旋转半径 R(cm)和转速 n(转/min),其计算公式如下:

$$RCF = 1.118 \times 10^{-5} n^2 R \ (g)$$

混合液中粒子分离、沉淀所需的时间 Ts 由下式计算:

$$Ts = [27.4(\ln R_{max} - \ln R_{min})\mu] / [n^2 r^2 (\sigma - \rho)] \ (min)$$

式中:n 为转速(转/min);r 为粒子半径(cm);σ 为粒子密度(g/cm³);ρ 为混合液密度(g/cm³);μ 为混合液黏度(泊);R_{max} 为离心试液的底至轴心的水平距离(cm);R_{min} 为离心试液的面至轴心的水平距离(cm)。

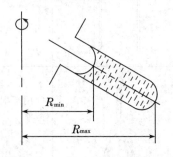

图 2-1　离心机的工作原理

注:图 2-1引自仪器说明书、参考文献[4]

（二）结构组成

TDL-4 型低速台式离心机的结构如图 2-2 所示。

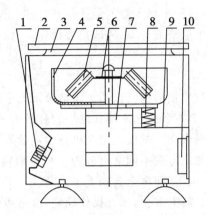

1. 控制面板　2. 盖板　3. 密封圈　4. 保护腔　5. 转子
6. 盖形螺母　7. 电机　8. 减震装置　9. 机架　10. 电机控制系统

图 2-2　TDL-4 型低速台式离心机的结构简图

注：图 2-2 引自仪器说明书，参考文献[4]

（三）使用方法

1. 使用前必须先检查面板上（如图 2-3 所示）的旋钮是否在规定的位置上，即电源在关的位置上，调速、定时旋钮在零的位置。

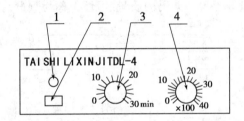

1. 电源指示灯　2. 电源开关　3. 定时旋钮　4. 转速旋钮

图 2-3　TDL-4 型低速台式离心机面板示意图

注：图 2-3 引自仪器说明书，参考文献[4]

2. 把盛有溶液和沉淀混合物的离心管放入离心机的管套内，注意离心管要对称放置，离心管内盛放的混合物要尽量相等，以避免由于重量不均衡而使离心机产生振动或者转轴弯曲磨损。如果只有一支需要分离，则应在其对称的位置上放上装有相同质量自来水的离心管，以保持平衡。放置方法如图 2-4 所示。

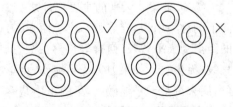

图 2-4　离心机试管放置示意图

注：图 2-4 引自仪器说明书，见参考文献[4]

3. 拧紧盖形螺帽，盖好盖门，然后打开电源开关，查看电源指示灯 1 是否是亮的，如果电源已经接通，调节定时旋钮，调节到所需要离心的时间。调节转速旋钮，注意转速不宜太快，如果需要较高转速，应由小到大逐渐增加。一般时间 2 min～3 min，转速调至 2 000 转/min

左右。

4. 转头运转到设定的时间后,会自动降速直至完全停止。必须待离心机完全静止后方可打开盖子,切记不要在运行过程中将上方的盖子打开,以防止离心管从管套中飞出造成危险。取出离心管后将沉淀和上层清液分离,完成离心操作。

二、分析天平

（一）双盘等臂电光天平

分析天平是准确称量物质质量的精密仪器。了解分析天平的构造、原理,正确地进行称量,是化学实验的基础知识及最重要的基本操作之一。分析天平按其称量原理,一般可分为杠杆式机械天平和电子天平两大类。机械天平又可分为双盘等臂天平和单盘不等臂天平两种。常用的双盘等臂天平因加码方式不同又可分为半机械加码电光分析天平(简称半自动天平)和全机械加码电光分析天平(简称全自动天平)。其中,半自动电光天平的称量速度及准确度不仅能满足化学实验一般的需要,而且操作简便,价格适中,应用最为普遍。

1. 原理

分析天平通常都是根据杠杆原理设计制造的。

对于等臂双盘天平,其称量原理如图 2-5 所示,图中 c 为支点,ac 和 bc 为力臂,将质量为 m_Q 的物体和质量为 m_P 的砝码,分别放在天平的左、右盘上,a、b 两端所受的力分别为 Q、P,根据杠杆原理,当达到平衡时,作用于力臂的力矩相等,即得 $ac \cdot Q = bc \cdot P$

由于力臂相等(等臂):$ac = bc$　$P = m_P \cdot g$,$Q = m_Q \cdot g$(g 为重力加速度)代入上式得:

$$m_Q = m_P$$

即待称量物体的质量等于天平砝码的质量(习惯上称为重量)。

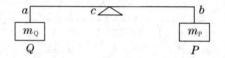

图 2-5　双盘等臂天平原理

2. 结构

（1）结构　常用的双盘电光天平,最大载重质量为 200 g,可以精确称量到 0.1 mg,其结构如图 2-6 所示,主要由以下部分构成。

① 天平梁　天平的主要部件之一。梁上装有三个三棱体的玛瑙刀口,位于中央,刀口向下的称为中刀(支点刀),位于两端、刀口向上的称为边刀(承重刀),支点刀与承重刀之间的距离为天平臂长,两臂等长。三个刀口平行且处于同一水平上,刀口的刀刃要求锋利,呈直线,无崩缺。如果刀刃受到损伤,将影响天平的灵敏度及稳定性。支点刀上方装有重心螺丝,用来调整天平灵敏度,梁的正中装有一指针下垂,指针下端为透明的微分标尺,经光学系统放大后成像于投影屏上,从上面可以读出标尺的刻度(即指针摆动的位置)。标尺的刻度代表质量,每一大格代表 1 mg,每一小格代表 0.1 mg。

② 升降钮　控制天平工作状态和休止状态的旋钮。在使用天平时,打开旋钮,可使托梁架下降,天平梁上的三个刀口与相应的玛瑙平板相接触,盘托下降,吊耳和天平盘可自由摆动,此时接通电源,屏幕上可观察到标尺的投影,天平进入工作状态。当关闭旋钮时,则盘

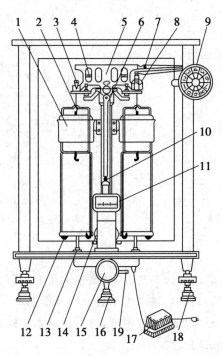

1. 空气阻尼器 2. 挂钩 3. 吊耳 4. 零点调节螺丝 5. 横梁 6. 天平柱
7. 圈码钩 8. 圈码 9. 加圈码 10. 指针 11. 投影屏 12. 称盘 13. 盘托
14. 光源 15. 旋钮 16. 底垫 17. 变压器 18. 调水平螺丝 19. 调零杆
图 2-6 半自动电光天平

托升起,托梁架托起天平梁,电源切断,天平进入休止状态。

③ 天平盘、吊耳和阻尼器 天平有左右两个托盘(天平盘),左盘盛放称量物体,右盘盛放砝码,天平梁两个边刀是通过吊耳(见图2-7)承受天平盘,吊耳的中心嵌有面向下的玛瑙平板与横梁上的玛瑙刀口相对应。工作状态时,玛瑙平板与刀口相接触。吊耳上装有控天平盘和阻尼器内筒的悬钩。

阻尼器为特制的铝合金圆筒,由固定在支柱上的外筒和悬挂在吊耳上的内筒组成。内、外筒之间无摩擦,有一均匀的缝隙。天平摆动时,内筒在外筒中上下运动,借助筒内、外空气运动的摩擦阻力,使天平迅速停止摆动而达到平衡。

④ 砝码及加码装置 天平的砝码是准确称量物体质量的最重要的部件。通常其最大质量为100 g,在1 g以下的是用金属丝做成的环码,悬挂在天平右上角的自动加码杆上,用时转动机械加码器旋钮(如图2-8),使砝码按机械加码器上的读数把砝码加到砝码承受片上。环码共有10,20,50,100,200,500 mg六个,可组成10 mg~990 mg的任意数值的质量。读数盘分为内、外盘,外盘控制100 mg~900 mg,内盘控制10 mg~90 mg环码的加减。

⑤ 其他部件 为了保持天平在稳定气流中称量和防尘、防潮的需要,天平的主要部件装置在玻璃框罩中,框罩前面和左右两边有门,天平柱顶端装有水平泡,用来指示天平底盘的水平,天平底盘的水平由底盘的前两只螺旋脚进行调节。底盘上还装有盘托,当托叶支起时,盘托支持天平盘,防止其摆动。

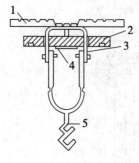

1. 加重承受片 2. 承重板
3. 刀承 4. 十字头 5. 悬钩
图 2-7 吊耳

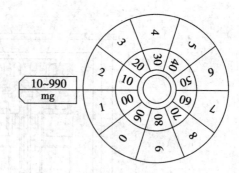

内层 10 mg～90 mg；
外层为 100 mg～900 mg
图 2-8 机械加码器

（2）性能及其测定

① 零点 零点是天平空载时的平衡点，其调整方法是：缓慢转动升降钮，开启天平，如果平衡点偏离零刻度线较远，可小心调节天平梁上的平衡螺丝（每次调整时应先休止天平），直到开启天平后，平衡点在标尺的零刻度附近，再用零点调节杆，将光幕左右移动，细调零点在标尺"0.00"刻度（即"0"mg）上。

② 灵敏度 灵敏度是 1 mg 砝码引起指针在标尺上偏移的格数。通常灵敏度为 10 格·mg^{-1}。检查方法是：在天平左盘上放一 10 mg 的标准砝码，开启天平，光幕上标尺读数应在 9.8 mg～10.2 mg 范围内，否则，应上下调节重心螺丝，增大或减少灵敏度。

③ 变动性 变动性是连续测定空盘零点 3 次～5 次、零点的最大值与最小值之差。通常要求其值在 0.1 mg～0.2 mg 之内。

④ 准确性 天平的准确性是指天平的等臂性。测定方法是：调好零点后，在两盘上放置面值相等的砝码（20 g），打开天平，此时光幕上读数为 m_1，再将两盘上的砝码对换位置，打开天平，此时的读数为 m_2，则不等臂误差为（$|m_1+m_2|$)/2，此误差的数值应小于 0.4 mg。

3. 使用方法

（1）称量前的检查

① 检查天平是否处于水平状态，否则在教师指导下调节螺旋脚，以使天平水平。

② 检查天平梁、吊耳、天平盘、环码等各部件安放是否正确，阻尼器、环码是否有相互接触现象，环码是否脱落，砝码盒内砝码是否齐全，加码旋钮是否在零的位置等。

（2）零点的调整（详见分析天平结构部分）

（3）称量方法

① 直接称量法 对于一些性质稳定、不玷污天平的物品如表面皿、坩埚等容器，称量时，直接将其放在天平盘上称量其质量。

② 指定质量称量法 对于一些在空气中性质稳定而又要求称量某一指定质量的试样，通常采用此法称量。其步骤是：先用直接称量法准确称出盛放试样的容器的质量，然后按照所指定的质量加入等质量的砝码，再用牛角匙取试样在左边称盘的容器上方，轻轻振动，使试样徐徐落入容器，直至天平平衡，称量完毕。

③ 差减称量法 若称量试样的质量是不要求固定的数值，而只要求在一定质量范围

内,这时可采用差减称量法。此法适用于易吸水、易氧化或易与二氧化碳作用的物质,通常将这类物质盛放在称量瓶中进行称量,其操作步骤如下:

将适量试样装入称量瓶中(拿放称量瓶及其瓶盖,均要用洁净的纸条套在称量瓶或瓶盖上,不可用手直接接触瓶和盖),在台秤上粗称其质量,然后在分析天平上称得其准确质量 m_1。取出称量瓶,同时从右盘取出与要称取的试样质量相当的砝码,然后在盛放称出试样的容器上方,将称量瓶倾斜,打开瓶盖,用其轻轻敲瓶口上部,使试样慢慢落入容器中(见图 2-9)。

图 2-9 称量瓶倒样品方法

当倾出的试样已接近所需质量时,慢慢将瓶竖起,再用瓶盖轻敲瓶口上部,使粘在瓶口的试样落回瓶中,盖好瓶盖,再将称量瓶放回天平盘上称量,此时称得的准确质量为 m_2,两次质量之差(m_1-m_2),即为所称试样的质量。如果第一次称得的质量未到达所需的质量范围,可再重复 1 次~2 次上述操作,直到达到要求。

差减称量法节省时间,称量准确而且可以很方便的同时称量数份同一试样。

4. 半自动电光天平的使用规则

(1) 同一实验应使用同一台分析天平和砝码,以减少系统误差。

(2) 开启天平升降旋扭动作要轻,做到缓慢,匀速开启。未休止的天平不允许进行任何操作,如加减砝码、环码和称量物等,以免损伤玛瑙刀口。

(3) 称量时不得超载天平所允许的最大载重量(200 g)。

(4) 待称物应放在干燥、洁净的容器中称量,挥发性、腐蚀性物质必须放在密闭的容器中称量,以免玷污天平。未冷至室温的物质不能在天平上称量。

(5) 不可用手直接接触天平的各个部件,取砝码要用镊子夹取;使用机械加码旋钮时,一定要小心逐格轻轻扭动,以免损坏加码装置和使得环码掉落。

(6) 不得随意移动天平位置,如发现天平有不正常现象或称量过程中发生故障,可报告指导教师处理。

(7) 称量完毕应认真检查天平是否休止,各部位是否恢复原位(如砝码整齐放入盒内,加码旋钮恢复到零位等),然后关好天平门,盖好天平罩,切断电源。

(二) 电子天平

电子天平是最新一代的天平,是基于电磁学原理制造的,有顶部承载式(吊挂单盘)和底部承载式(上皿式)两种结构。一般的电子天平都装有小电脑,具有数字显示、自动调零、自动校正、扣除皮重、输出打印等功能,有些产品还具备数据储存与处理功能。电子天平操作简便,称量速度很快。近年来,我国已生产了多种型号的电子天平,但由于电子天平的价格比机械天平高几倍至几十倍,目前国内尚未普及。

1. 原理

电子天平是传感技术、模拟电子技术、数字电子技术和微处理器技术发展的综合产物,它通常使用电磁力传感器组成一个闭环自动调节系统,准确度高,稳定性好。电子天平的工作原理如图 2-10 所示。当称盘上加上被称物时,传感器的位置检测器信号发生变化,并通过放大器反馈使传感器线圈中的电流增大,该电流在恒定磁场中产生一个反馈力与所加电荷相平衡;同时,该电流在测定电阻 R_m 上的电压值通过滤波器、模/数转换器送入微处理器,进行数据处理,最后由显示器自动显示出被称物质的质量。

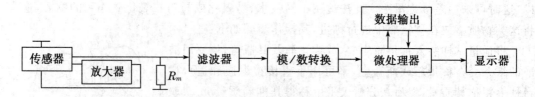

图 2-10　电子天平工作原理

2. 结构

BS-210S 型电子天平最大称量 210 g,可精确到 0.1 mg,其外形结构如图 2-11 所示。

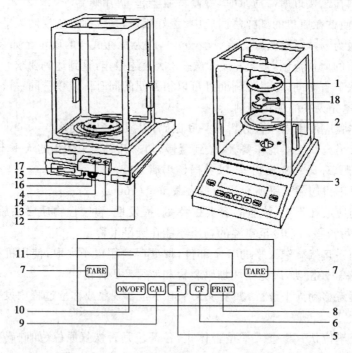

1. 称盘　2. 屏蔽环　3. 地脚螺栓　4. 水平仪　5. 功能键　6. CF 清除键　7. 除皮键
8. 打印键　9. 调校键　10. 开关键　11. 显示器　12. CMC 标签　13. 型号牌
14. 防盗装置　15. 菜单-去联锁开关　16. 电源接口　17. 数据接口　18. 称盘支架

图 2-11　BS-210S 型电子天平

注:图 2-11 引自仪器说明书,参考文献[6]

3. 使用方法

(1) 简易操作程序

① 调水平　调整地脚螺栓高度,使水平仪内空气气泡位于圆环中央。

② 开机　接通电源,按开关键直至全屏自检。

③ 预热　天平在初次接通电源或长时间断电之后,至少需要预热 30 min。为取得理想的测量结果,天平应保持在待机状态。

④ 校正　首次使用天平必须进行校正,按校正键,天平将显示所需校正砝码重量,放上砝码直至出现 g,校正结束。

⑤ 称量　使用除皮键,除皮清零。放置样品进行称量。

⑥ 关机 天平应一直保持通电状态（24 h），不使用时将开关键关至待机状态，使天平保持保温状态，可延长天平使用寿命。

（2）环境条件

① 仪器允许存放环境温度：+5℃至+40℃。

② 置天平于稳定、平坦（桌子或地面）的平面上或者墙壁支架上。

③ 不要将仪器安装在能直接接受阳光照射的地方，也不要安装在暖器附近，以避免受热。

④ 不要将仪器置于由于门窗打开而形成空气对流的通道上。

⑤ 在测量时避免出现剧烈振动现象。

⑥ 采取保护措施防止仪器遭受腐蚀性气体的侵蚀。

⑦ 仪器不应用在具有爆炸危险的环境内。

⑧ 不要将仪器长期置于湿度较大的环境里。当把一台放在较低环境温度中的仪器搬到环境温度较高的工作间后，应将仪器在工作间里静放约 2 h，并切断电源。2 h 后，接通电源，仪器内部与外部环境之间持续的温度差即可得到平衡，而由温度差产生的湿气即可排出，从而避免对仪器的影响。

三、酸度计

利用测量电动势来测量水溶液 pH 值的仪器，称为酸度计，也称 pH 计，它同时也可以用作测定电极电位及其他用途。

酸度计测量 pH，是在待测溶液中插入一对工作电极（一支为电极电位已知、恒定的参比电极，另一支为电极电位随待测溶液离子浓度的变化而变化的指示电极）构成原电池，并接上精密电位计，即可测得该电池的电动势。由于待测溶液的 pH 不同，所产生的电动势也不同，因此，用酸度计测量溶液的电动势，即可测得待测溶液的 pH。

为了省去将电动势换算为 pH 的计算手续，通常将测得电池的电动势，在电表盘上直接用 pH 刻度值表示出来。同时仪器还安装了定位调节器。测量时，先用 pH 标准缓冲溶液，通过定位调节器使仪器上指针恰好指在标准溶液的 pH 处。这样，在测定未知溶液时，指针就直接指示待测溶液的 pH。通常把前一步骤称为校正，后一步骤称为测量。化学实验中常用的酸度计有 pH - 25 型（雷磁 25 型）、pHS - 2 型、pHS - 3E 和 pHS - 25 型等，本书重点介绍 pHS - 25 型数显酸度计。

pHS - 25 型数显酸度计

pHS - 25 型数显酸度计适用于研究室、工厂、矿场的化验室取样测定水溶液的酸度和测量电极电位。若配上离子选择电极，可以用来判定电位滴定的终点。

（一）原理

pHS - 25 型数显酸度计是利用 pH 复合电极对被测溶液中不同的酸度产生的直流电位，通过前置 pH 放大器输到 A/D 转换器，以达到 pH 数字或终点电位的显示目的。

1. 测定原理

水溶液酸碱度的测量一般用玻璃电极作为测量电极，甘汞电极作为参比电极，当氢离子浓度发生变化时，玻璃电极和甘汞电极之间的电动势也随着引起变化，而电动势变化关系符合下列公式：

$$\Delta E(\mathrm{mv}) = -58.16 \times (273 + t℃)/293 \times \Delta \mathrm{pH}$$

式中：ΔE(mv)——表示电动势的变化，以毫伏为单位。

　　ΔpH——表示溶液 pH 的变化。

　　t——表示被测溶液的温度(℃)。

2. 电极系统

玻璃电极头部球泡是由特殊的敏感薄膜制成，是电极的主要部分，它仅对氢离子有敏感作用。当它浸入被测溶液内，被测溶液中氢离子与电极球泡表面水化层进行离子交换，球泡内层也同样有电位产生，由于内层氢离子不变，而外层氢离子在变化，因此，外层所产生电位差也变化。甘汞电极在测量过程中其电势是不随被测氢离子浓度改变的，它与温度无关。

当一对电极形成电位差等于零时，被测溶液的 pH 即为零电位 pH，它与玻璃电极内溶液有关，本仪器玻璃电极选用零电位 pH 为 7 的一种。

（二）结构

pHS-25 型酸度计是液晶(LCD)数字显示的酸度计。pH 测量范围 0～14.00、精度≤0.1；mv 测量范围 0 mv～±1400 mv(自动极性显示)、精度≤0.5％读数±1 个字；溶液温度补偿范围 0℃～60℃(手动)。结构如图 2-12 所示。

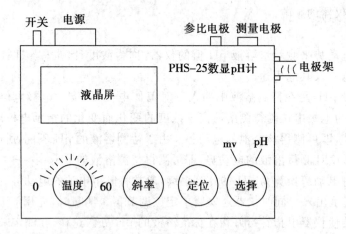

图 2-12　pHS-25 数显 pH 计结构示意图

（三）使用方法

1. 操作步骤

仪器在电极插入之前输入端必须插入 Q9 短路扦，使输入端短路以保护仪器。仪器供电电源为交流市电，把仪器的三芯插头插在 220 V 交流电源上，并把电极安装在电极架上。然后将 Q9 短路插头拔去，把复合电极插头插在仪器的电极插座上，电极下端玻璃球泡较薄，以免碰坏。电极插头在使用前应保持清洁干燥，切记与污物接触，复合电极的参比电极在使用时应把上面的加液口橡皮套向下滑动使口外露，以保持液位压差。在不用时仍将橡皮套将加液口套住。

（1）仪器选择开关置"pH"档或"mv"档，开启电源，仪器预热 30 min。然后标定。

（2）仪器的标定

仪器在使用之前，即测被测溶液之前，先要标定。但这不是说每次使用之前都要标定，一般来说在连续使用时，每天标定一次已能达到要求。

仪器标定可按如下步骤进行：

① 拔出测量电极插头，插入短路插头，置"mv"档。

② 仪器读数应在±0 mv±1 个字。

③ 插上电极，置"pH"档。斜率调节器调节在 100% 位置，（顺时针旋到底）。

④ 先把电极用蒸馏水清洗，然后把电极插在一已知 pH 的缓冲溶液中，调节"温度"调节器使所指示的温度与溶液的温度相同，并摇动试杯使之溶液均匀。

⑤ 调节"定位"调节器使仪器读数为该缓冲溶液的 pH。

经标定的仪器，"定位"电位器不应再有变动。不用时电极的球泡最好浸在蒸馏水中，在一般情况下 24 h 之内仪器不需再标定。但遇到下列情况之一，则仪器最好事先标定。

① 溶液温度与标定时的温度有较大的变化时；

② 干燥过久的电极；

③ 换过了的新电极；

④ "定位"调节器有变动，或可能有变动时；

⑤ 测量过浓酸(pH<2)或浓碱(pH>12)之后；

⑥ 测量过含有氟化物的溶液而酸度在 pH<7 的溶液之后和较浓的有机溶液之后。

（3）测量 pH

当被测溶液和定位溶液温度相同时：

①"定位"保持不变；

② 将电极夹向上移出，用蒸馏水清洗电极头部，并用滤纸吸干；

③ 把电极插在被测溶液之内，摇动试杯使之溶液均匀后读出该溶液的 pH。

当被测溶液和定位溶液温度不同时：

①"定位"保持不变；

② 用蒸馏水清洗电极头部，用滤纸吸干。用温度计测出被测溶液的温度；

③ 调节"温度"调节器，使指示在该温度上；

④ 把电极插在被测溶液之内，摇动试杯使之溶液均匀后读出该溶液的 pH。

（4）测量电极电位(mv)

① 校正

a. 拔出测量电极插头，插上短路插头，置"mv"档。

b. 使读数在±0 mv±1 个字。（温度调节器、斜率调节器在测 mv 时不起作用）。

② 测量

a. 接上各种适当的离子选择电极；

b. 用蒸馏水清洗电极，用滤纸吸干；

c. 把电极插在被测溶液内，将溶液搅拌均匀后，即可读出该离子选择电极的电极电位(mv)并自动显示±极性。

如果被测信号超出仪器的测量范围或测量端开路时，显示部分会发出超载报警。仪器有斜率调节器，因此可做二点校正定位法，以准确测定样品。

2. 注意事项

（1）电极取下保护帽后应注意，在塑料保护内的敏感玻璃泡不与硬物接触，任何破损和磨毛都会使电极失效。

（2）测量完毕，不用时应将电极保护帽套上，帽内应放少量补充液，以保持电极球泡的湿润。

（3）电极的引出端，必须保持清洁和干燥，绝对防止输出两端短路，否则将导致测量结果失准或失效。

（4）电极应与输入阻抗较高的酸度计配套，能使电极保持良好的特性。

（5）电极避免长期浸在蒸馏水中或蛋白质溶液和酸性氟化物溶液中，并防止和有机硅油脂接触。

四、分光光度计

用来测量和记录待测物质对可见光的吸光度并进行定量分析的仪器，称为可见分光光度计。

（一）722型光栅分光光度计

1. 原理

当一束单色光照射待测物质的溶液时，若某一定频率（或波长）的可见光所具有的能量（$h\nu$）恰好与待测物质分子中的价电子的能级差相适应（即 $\Delta E = E_2 - E_1 = h\nu$），待测物将对该频率（波长）的可见光产生选择性的吸收。用可见分光光度计可以测量和记录其吸收程度（吸光度）。由于在一定条件下，吸光度 A 与待测物质的浓度 C 及吸收池长度 L 的乘积成正比，即

$$A - KCL$$

所以，在测得吸光度 A 后，可采用标准曲线法、比较法以及标准加入法等方法进行定量分析。

2. 结构

722型光栅分光光度计，采用标准式色散系统和单光束结构，色散元件为衍射光栅，使用波长为 330 nm～800 nm 数字显示读数还可以直接测定溶液的浓度。其外形如图 2-13。

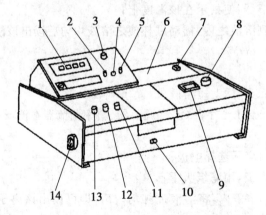

1. 数字显示器　2. 吸光度调零旋钮　3. 选择开关　4. 吸光度调斜率电位器
5. 浓度旋钮　6. 光源室　7. 电源开关　8. 波长手轮　9. 波长刻度板　10. 试样架拉手
11. 100％T旋钮　12. 0％T旋钮　13. 灵敏度调节旋钮　14. 干燥器
图 2-13　722型光栅分光光度计

3. 使用方法

(1) 操作步骤

① 在接通电源前,应对仪器的安全性进行检查,电源线接线应牢固,接地要良好,各个调节旋钮的起始位置应该正确,然后再接通电源。

② 将灵敏度旋钮调至"1"档(放大倍率最小)。

③ 开启电源开关,指示灯亮,选择开关置于"T",波长调至测试用波长,预热 20 min。

④ 打开吸收池暗室盖(光门自动关闭),调节"0"旋钮,使数字显示为"00.0",盖上吸收池盖,将参比溶液置于光路,使光电管受光,调节透光率"100%"旋钮,使数字显示为"100.0"。

⑤ 如果显示不到"100.0",则可适当增加电流放大器灵敏度挡数,但应尽可能使用低档数,这样仪器将有更高的稳定性。当改变灵敏度后必须按④重新校正"0"和"100%"。

⑥ 按④连续几次调整"00.0"和"100%"后,将选择开关置于 A,调节吸光度调零旋钮,使数字显示为"00.0"。然后将待测溶液推入光路,显示值即为待测样品的吸光度值 A。

⑦ 浓度 C 的测量。选择开关由"A"旋至"C",将标准溶液推入光路,调节浓度旋钮。使得数字显示值为已知标准溶液浓度数值。将待测样品溶液推入光路,即可读出待测样品的浓度值。

⑧ 如果大幅度改变测试波长时,在调整"00.0"和"100%"后稍等片刻(因光能量变化急剧,光电管受光后响应缓慢,需一段光响应平衡时间),当稳定后,重新调整"00.0"和"100%"即可工作。

(2) 注意事项

① 使用前,使用者应该首先了解本仪器的结构和原理,以及各个旋钮的功能。

② 仪器接地要良好,否则显示数字不稳定。

③ 仪器左侧下角有一只干燥剂筒,应保持其干燥,发现干燥剂变色应立即更新或烘干后再用。

④ 当仪器停止工作时,切断电源,电源开关同时切断,并罩好仪器。

(二) 752 型紫外光栅分光光度计

752 型紫外光栅分光光度计可用来测量和记录待测物质对可见光和紫外光线的吸光度并进行定量分析。

1. 原理

基本原理是溶液中的物质在光的照射激发下,产生了对光吸收的效应,物质对光的吸收是具有选择性的。各种不同的物质都具有其各自的吸收光谱,因此当某单色光通过溶液时,其能量就会被吸收而减弱,光能量减弱的程度和物质的浓度有一定的比例关系,也即符合比色原理——比耳定律。

$$T = I/I_0$$
$$\log I_0/I = KCL$$
$$A = KCL$$

其中:T 为透射比;I_0 为入射光强度;I 为透射光强度;A 为吸光度;K 为吸收系数;L 为溶液的光径长度;C 为溶液的浓度。

从以上公式可以看出,当入射光、吸收系数和溶液的光径长度不变时,透过光是根据溶液的浓度而变化的。

2．结构

752型紫外光栅分光光度计采用单光束自准式光路，色散元件为衍射光栅，使用波长为200 nm～850 nm，数字显示读数还可以直接测定溶液的浓度，其外形结构如图2-14所示。

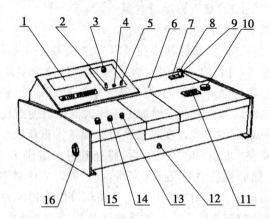

1．数字显示器 2．吸光度调零旋钮 3．选择开关 4．吸光度调斜率电位器 5．浓度旋钮
6．光源室 7．电源开关 8．氢灯电源开关 9．氢灯触发按钮 10．波长手轮 11．波长刻度窗
12．试样架拉手 13．100％T旋钮 14．0％T旋钮 15．灵敏度旋钮 16．干燥器
图2-14 752型紫外光栅分光光度计
注：图2-14引自仪器说明书、参见参考文献[7]

3．使用方法

（1）操作步骤

① 将灵敏度旋钮调至"1"档。（放大倍率最小）。

② 按"电源"开关，钨灯点亮；按"氢灯"开关（开关内左侧指示灯亮）：氢灯电源接通，再按"氢灯触发"按钮（开关内右侧指示灯亮）；氢灯点亮。仪器预热30 min。（注：仪器后背部有一只"钨灯"开关，如不需要用钨灯时可将它关闭）。

③ 选择开关置于"T"。

④ 打开试样室盖（光门自动关闭），调节"0％"（T）旋钮，使数字显示为"000.0"。

⑤ 将波长置于所需要测的波长。

⑥ 将装有溶液的比色皿放置比色皿架中。（注：波长在360 nm以上时，可以用玻璃比色皿。波长在360 nm以下时，要用石英比色皿）。

⑦ 盖上样品室盖，将参比溶液比色皿置于光路，调节透过率"100"旋钮，使数字显示为100.0％（T），（如果显示不到100.0％（T），则可适当增加灵敏度的挡数，同时应重复"④"，调控仪器的"000.0"）。

⑧ 将被测溶液置于光路中，数字显示器上直接读出被测溶液的透过率（T）值。

⑨ 吸光度A的测量：参照"④"和"⑦"，调整仪器的"000.0"和"100.0"。将选择开关置于"A"。旋动吸光度调整旋钮，使得数字显示为"000.0"，然后移入被测溶液，显示值即为试样的吸光度A值。

⑩ 浓度C的测量：选择开关由"A"旋至"C"，将已标定浓度的溶液移入光路，调节"浓度"旋钮使得数字显示为标定值。将被测溶液移入光路，即可读出相应的浓度值。

（2）注意事项

① 仪器接地要良好，否则显示数字不稳定。

② 室内照明不宜太强，避免直射日光的照射；电扇不宜直接向仪器吹风；避免在有硫化氢、亚硫酸氟等腐蚀性气体的场所使用。

③ 仪器左侧下角有一只干燥剂筒，应保持其干燥，发现干燥剂变色应立即更新或烘干后再用。

④ 如果大幅度改变测试波长时，需要等数分钟后，才能正常工作。

⑤ 每台仪器所配套的比色皿不能与其他仪器上的比色皿单个调换。

⑥ 仪器运输或工作数月后，要校正一下波长，用镨钕滤光片测529 nm和808 nm两个吸收峰，如测出两个吸收峰与名义值不同，即可卸下波长手轮，打开盖板调节波长分度盘标尺。

⑦ 仪器使用完毕后，用随机提供的塑料套罩住，在套子内应放数袋硅胶，以免灯室受潮，反射镜发霉或玷污影响仪器性能。

（三）UNICO 紫外-可见分光光度计

UNICO WFZ UV - 2000 型紫外-可见分光光度计是结合现代精密光学和最新微电子等高新技术，研制开发的具有九十年代先进水平的新一代中级型分光光度计。

1. 原理

分光光度计分析的原理是利用物质对不同波长光的选择吸收现象来进行物质的定性和定量分析，通过对吸收光谱的分析，判断物质的结构及化学组成。

本仪器是根据相对测量原理工作的，即选定某一溶剂（蒸馏水、空气或试样）作为参比溶液，并设定它的透射比（即透过率 T）为100%，而被测试样的透射比是相对于该参比溶液而得到的。透射比（透过率 T）的变化和被测物质的浓度有一定函数关系，在一定的范围内，它符合朗伯-比耳定律。

$$T = I/I_0$$
$$\log I_0/I = KCL$$
$$A = KCL$$

其中：T 为透射比；A 为吸光度；C 为溶液浓度；K 为溶液的吸光系数；L 为液层在光路中的长度；I 为光透过被测试样后照射到光电转换器上的强度；I_0 为光透过参比测试样后照射到光电转换器上的强度。

2. 结构

UNICO WFZ UV - 2000 型紫外-可见分光光度计采用低杂散光，高分辨率的单光束光路结构单色器，仪器具有良好的稳定性，重现性和精确的测量读数。5 nm 光谱带宽可满足绝大多数分析测试项目的要求。波长范围为 190 nm～1 000 nm。仪器具有自动调 0A 和 100%T 等控制功能以及多种方法的浓度运算和数据处理功能。仪器配有标准的 RS - 232 双向通信接口，不仅可向计算机发送测试参数，同时还可以接受计算机发送的控制指令。有 T/A 转换、数据采集、保存、调用等多种控制功能，并有多种方式的浓度运算、时间扫描等应用功能。可与其他应用程序进行数据调用、运算。其外形如图 2-15，主机各部分说明如下：

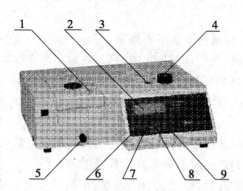

1. 样品室　2. 显示器　3. 波长显示窗　4. 波长选择旋钮　5. 试样架拉手
6. 测试方式选择键　7. 100.0％T 设置键　8. 0％T 设置键　9. 参数输出打印键

图 2-15　WFZ UV-2000 型紫外-可见分光光度计

（1）主机正面

LED 数码显示器：用于显示测量信息、参数及数据。

键盘：共有四个触摸式按键，用于控制和操作仪器。

样品室：用于放置被测样品。

（2）主机后面

电源线插口：连接电源线。电源开关：控制电源的开或关。RS-232 串行口：连接计算机。

（3）显示器

LED 显示器可显示透射比、吸光度和浓度参数。显示器右边四个 LED 圆点分别指示当前的测试方式。

（4）键盘

WFZ UV-2000 型分光光度计的键盘共有 4 个触摸式键组成。其基本功能如下：

① 测试方式选择键（MODE）　选择测试方式。

② 0 Abs/100.0％T 设置键　自动调 0A 吸光度和 100％透射比。

③ 0％T 设置键　将 0％T 校具（黑体）置入光路后，按此键可自动调整 0％T。

④ 参数输出打印键（PRINT/ENT）　将测试参数通过打印口（并行口）输送给外接的打印机，同时也是设置浓度和浓度因子确认键。

⑤ 浓度参数设置键（CONC/FACTOR）　设置已知标准样品的浓度值或设置已知的标准样品浓度的斜率。

⑥ 波长选择旋钮　设置分析波长。波长显示窗在旋钮的左侧。

⑦ 电源开关　控制仪器电源开或关。当打开仪器电源时，仪器前面左上角的电源指示灯会自动点亮，说明仪器电源工作正常。

（5）RS-232 串行口

用于连接个人计算机；RS-232 串行口主要参数：波特率（Band rate）：9600；数据位（Data bit）：8；停止位（Stop bit）：1；奇偶校验位（parity）：无。

（6）打印输出

标准并行口，可接支持 MS-DOS 的打印机

仪器若外接打印机，在开机时会检测打印机，在开机前，必须连接好打印机，并开启打印

机电源。否则，打印将不能正常进行。

（7）样品室

样品室配置四槽位 1 cm 吸收池架，并可根据需要选配 5 cm 和 10 cm 的吸收池架。

其他可供选配的附件有：

① 多功能吸收器（适用于生化样品测定）；　② 程控恒温吸收池；　③ 多用途转换座架；　④ 可调式微量吸收池架；　⑤ 长光径吸收池座；　⑥ 圆柱形吸收池座；　⑦ 水浴式恒温吸收池座；　⑧ Φ8 mm～Φ22 mm 试管型吸收池座（可直接用试管测定试样）。

3. 使用方法

（1）操作步骤

在开机前，需先确认仪器样品室内是否有物品挡在光路上，光路上有阻挡物将影响仪器自检甚至造成仪器故障。

① 基本操作

无论选用何种测量方式，都必须遵循以下基本操作步骤：

a. 连接仪器电源线，确保仪器供电电源有良好的接地性能；

b. 接通电源，使仪器预热 20 min（不包括仪器自检时间）；

c. 用〈MODE〉键设置测试方式：透射比（T），吸光度（A），已知标准样品浓度值方式（C）和已知标准样品斜率（F）方式；

d. 用波长选择旋钮设置您所需的分析波长；

e. 将参比样品溶液和被测样品溶液分别倒入比色皿中，打开样品室盖，将盛有溶液的比色皿分别插入比色皿槽中，盖上样品室盖。

f. 将 0％T 校具（黑体）置入光路中，在 T 方式下按"0％T"键，此时显示器显示"000.0"；

g. 将参比样品推（拉）入光路中，按"0A/100％T"键调 0A/100％T，此时显示器显示的"BLA"直至显示"100.0"％T 或"0.000"A 为止。

h. 当仪器显示器显示出"100.0"％T 或"0.000"A 后，将被测样品推（拉）入光路，这时，您便可从显示器上得到被测样品的透射比或吸光度值。

② 样品浓度的测量方法

已知标准样品浓度值的测量方法

a. 用〈MODE〉键将测试方式设置至 A（吸光度）状态。

b. 用波长旋钮设置样品的分析波长，根据分析规程，每当分析波长改变时，必须重新调整 0A/100％T 和 0％T。

c. 将参比样品溶液、标准样品溶液和被测样品溶液分别倒入比色皿中，打开样品室盖，将盛有溶液的比色皿分别插入比色皿槽中，盖上样品室盖。

d. 将参比样品推（拉）入光路中，按"0A/100％T"键调 0A/100％T，此时显示器显示的"BLA"，直至显示"0.000"A 为止。

e. 用〈MODE〉键将测试方式设置至 C 状态。

f. 将标准样品推（或拉）入光路中。

g. 按"INC"或"DEC"键将已知的标准样品浓度值输入仪器，当显示器显示样品浓度值时，按"ENT"键。浓度值只能输入整数值，设定范围为 0～1999。

h. 将被测样品依次推（或拉）入光路，这时，您便可从显示器上分别得到被测样品的浓度值。

已知标准样品浓度斜率（K 值）的测量方法：

a. 用〈MODE〉键将测试方式设置至 A（吸光度）状态。

b. 用波长旋钮设置样品的分析波长，根据分析规程，每当分析波长改变时，必须重新调整 0A/100％T 和 0％T。

c. 将参比样品溶液、标准样品溶液和被测样品溶液分别倒入比色皿中，打开样品室盖，将盛有溶液的比色皿分别插入比色皿槽中，盖上样品室盖。

d. 将参比样品推（拉）入光路中，按"0A/100％T"键调 0A/100％T，此时显示器显示的"BLA"，直至显示"0.000"A 为止。

e. 用〈MODE〉键将测试方式设置至 F 状态。

f. 按"INC"或"DEC"键输入已知的标准样品斜率值，当显示器显示标准样品斜率时，按"ENT"键。这时，测试方式指示灯自动指向"C"，斜率只能输入整数值。

g. 将被测样品依次推（或拉）入光路，这时，您便可从显示器上分别得到被测样品的浓度值。

（2）注意事项

① 放置仪器的工作台应平坦、牢固、结实，不应有振动或其他影响仪器正常工作的现象。

② 仪器应避免阳光直射，仪器放置应避开有化学腐蚀气体的地方，如硫化氢、二氧化硫、氨气等。

③ 每次使用后应检查样品室是否积存有溢出溶液，经常擦拭样品室，以防废液对部件或光路系统的腐蚀。

④ 仪器使用完毕应盖好防尘罩，可在样品室及光源室内放置硅胶袋防潮，但开机时一定要取出。

⑤ 长期不用仪器时，尤其要注意环境的温度、湿度，定期更换硅胶。

五、荧光光谱仪

（一）原理

1. 荧光的产生

物质分子中的电子获得光能后，便从基态跃迁至激发态，即从分子的低能级跃迁至较高的能级，然后很快便以光（荧光或磷光）的形式释放出能量，从激发态回到基态。这种发光的现象称为光致发光，分子所发射的荧光称为分子荧光。

2. 激发光谱和发射光谱

任何荧光分子都具有两种特征的光谱，即激发光谱和发射光谱。

荧光激发光谱简称激发光谱，它是通过固定发射波长，扫描激发波长而获得荧光强度－激发波长的关系曲线。激发光谱反映了在某一固定的发射波长下，不同激发波长激发的荧光的相对效率。激发光谱可以用于荧光物质的鉴别，并作为进行荧光测定时供选择恰当的激发波长。

荧光发射光谱又称荧光光谱。通过固定激发波长，扫描发射（即荧光测定）波长，所得的荧光强度－发射波长的关系曲线为荧光发射光谱。它反映了在相同的激发条件下，不同波长处分子的相对发射强度。荧光发射光谱可以用于荧光物质的鉴定，并作为荧光测定时选择恰当的测定波长。

在溶液中，分子的荧光发射波长总是比其相应的吸收（或激发）光谱的波长长。荧光发射光谱的形状与其激发波长无关。一般而言,分子的荧光发射光谱与其吸收(或激发)光谱之间存在着镜像关系(如图 2-16 所示)。

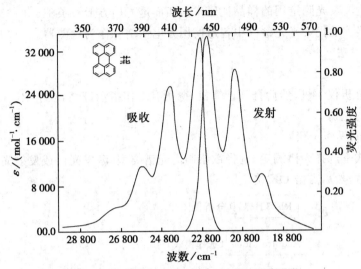

图 2-16 苊在苯溶液中的吸收和发射光谱图

注:图 2-16 引自参考文献[9]

3. 荧光强度与浓度的关系

在一定条件下,稀溶液的荧光强度(I_f)与溶液浓度(c)成正比:

$$I_f = Kc$$

该式为荧光定量分析的基本关系式。

荧光光谱法具有灵敏度高(比分光光度法高 10^3 倍~10^4 倍)、选择性好、简便快速、应用广泛等优点,可以测定许多痕量的无机物和有机物。

(二)结构

一般的荧光分光光度计由光源、激发单色器、样品池、发射单色器、检测器等组成,如图 2-17 所示。

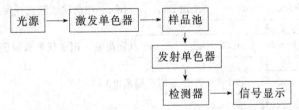

图 2-17 荧光分光光度计组成示意图

光源发出的光经第一单色器(激发单色器),得到所需要的强度为 I_0 的激发光波长,通过样品池,部分光线被荧光物质吸收,荧光物质被激发后,向四面八方发射荧光,为了消除入射光及杂散光的影响,荧光的测量在与激发光成直角的方向。经过第二单色器(荧光单色器),将所需要的荧光与可能共存的其他干扰光分开。荧光照在检测器上,光信号变成电信号,经放大,由记录仪记录。

(1)光源 光源应具有强度大、稳定性好、使用波长范围宽等特点。常见的光源有氙灯和高压汞灯。常用的是氙灯。其功率一般在 100 W~500 W 之间。

（2）单色器　现代仪器中单色器有激发单色器和发射单色器两种，激发单色器用于荧光激发光谱的扫描及选择激发波长；发射单色器用于扫描荧光发射光谱及分离荧光发射波长。

（3）样品池　荧光测定用的样品池通常是四面透光的方形石英池。

（4）检测器　现代荧光光谱仪中普遍使用光电倍增管作为检测器。

（三）使用方法

1．开机

打开荧光分析仪主机，然后打开计算机，待所有工作指示灯亮，双击 RF-5301PC 图标，随即进入软件的主窗口。

2．光谱绘制操作步骤

在采集模式下选择光谱测定，选择欲绘制的光谱类型（激发光谱或发射光谱），根据实验设定相关的参数，然后点击 OK 确定。

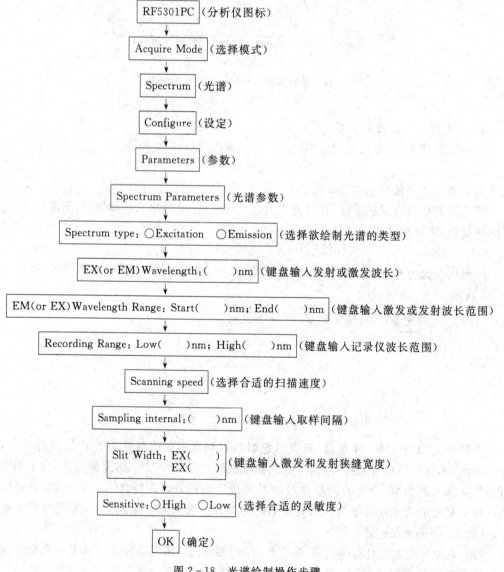

| RF5301PC （分析仪图标）
| Acquire Mode （选择模式）
| Spectrum （光谱）
| Configure （设定）
| Parameters （参数）
| Spectrum Parameters （光谱参数）
| Spectrum type：○Excitation　○Emission （选择欲绘制光谱的类型）
| EX(or EM)Wavelength：(　)nm （键盘输入发射或激发波长）
| EM(or EX)Wavelength Range：Start(　)nm；End(　)nm （键盘输入激发或发射波长范围）
| Recording Range：Low(　)nm；High(　)nm （键盘输入记录仪波长范围）
| Scanning speed （选择合适的扫描速度）
| Sampling internal：(　)nm （键盘输入取样间隔）
| Slit Width：EX(　)　EX(　) （键盘输入激发和发射狭缝宽度）
| Sensitive：○High　○Low （选择合适的灵敏度）
| OK （确定）

图 2-18　光谱绘制操作步骤

3. 定量测定操作步骤

在采集模式下选择定量测定,选择方法(绘制标准曲线或未知样测定),根据实验设定相关的参数,然后点击 OK 确定。

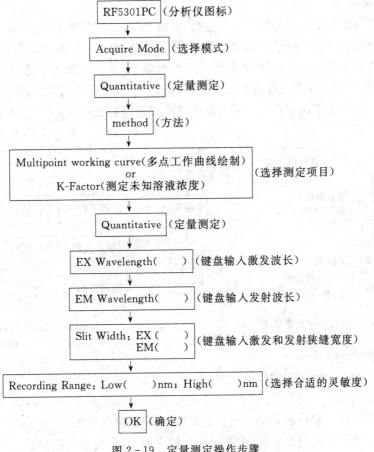

图 2-19　定量测定操作步骤

4. 关机

从主页的 FILE 菜单选择退出(Exit),或单击操作窗口右上角的"X"退出按钮,退出程序,然后关闭荧光分析仪,最后关闭计算机。

六、电位滴定仪

用来观察和测量电位的变化以确定滴定分析终点并进行定量分析的仪器,称为电位滴定仪。

(一)原理

在滴定溶液中插入指示电极和参比电极构成工作电池(原电池),由于在滴定过程中,待测离子与滴定剂发生化学反应,离子浓度的改变,将引起指示电极电位的改变,在滴定到达终点的前后,溶液中待测离子浓度往往连续变化几个数量级,引起指示电极的电位发生突跃,即引起工作电池电动势的突跃($E = \psi_+ - \psi_-$),因此,通过观察和测量电池电动势的变化,即可确定滴定分析终点,由滴定终点消耗的滴定剂用量,便可计算出待测组分的含量。

电位滴定所用的仪器设备,可以自行组装。任何一种可以测量电极电位或指示电极电位变化的仪器,如电位计、电极电位仪等都可以组装成电位滴定分析装置。还有一种专门为电位滴定设计的成套仪器——自动电位滴定仪。使用方便,分析速度快,分析结果准确度较高。

（二）结构

电位滴定仪及自动电位滴定仪一般包括:电极系统、电位测量系统及滴定系统。全自动滴定仪,还包括反馈控制系统、自动取样系统、数据处理系统。常规电位滴定法中使用的指示电极除各种离子选择性电极外,还可用金属电极如铂、银、金、钨等电极,以及石墨电极和氢配电极等,常用的电位测定仪器如 pH 计、离子计、数字电压表等均可用于电位滴定的电位测量系统。电位滴定仪基本装置及全自动电位滴定仪装置分别见图 2-20 及图 2-21。

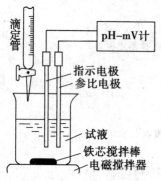

图 2-20　电位滴定基本仪器装置

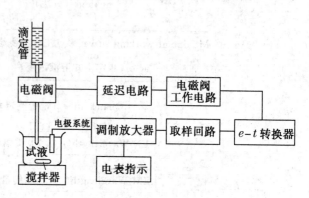

图 2-21　全自动电位滴定仪结构图

（三）使用方法

1. ZD-2 型自动电位滴定仪使用方法

（1）准备工作

① 电极的选择　根据不同的滴定反应类型,选择适当的电极。

② 电极安装　将电极夹好后,把插头插入相应的接口,注意正负极。

③ 滴定管、电磁阀和滴液管的安装　滴定管由滴定管夹夹住,它的出口和电磁阀上的橡皮管上端连接,橡皮管的下端与滴液管(玻璃毛细管)连接,然后装好滴定液。

④ 预控制的调节　自动滴定时用此调节阀,预控制指数越大,滴定时间越长,但能保证准确性;预控制指数越小,滴定速度越快,但易造成过满。

⑤ 滴定选择开关的调节　当指示电极为正极、参比电极接负极时,如果终点电位比起点电位高,则滴液开关位置为"-",反之则选择"+"。

⑥ 滴定终点的确定　从电位滴定原理可知,终点电位确定的精度决定了分析精度,因此实验前必须准确知道终点电位,然后转动终点电位旋钮或使指针处在终点电位值。

⑦ 如果是手动滴定,"工作"开关指在"手动"位置,如果是自动滴定,"工作"开关指在"滴定"位置。

⑧ 调节好电磁阀的松紧度。

⑨ 用 CK3 型双头连接管将 ZD-2 型与 DZ-1 滴定装置连接。

（2）操作步骤

① 开启电源开关,预热后,撤下读数开关,旋动"校正"调节器,使电表指针在 pH=7 的

位置或左面零位或右面零位置,三个位置的读数范围分别是$-700\sim0\sim+700$ mV,$0\sim$ 1400 mV,$-1400\sim0$ mV,此后切勿旋动"校正"调节器。

②　置选择器于"终点"处,旋动终点调节器,使电表指针在终点位置。如果是酸碱滴定,还需先用标准 pH 溶液校正后,再定好终点位置。终点调节器旋钮在调好后切勿再转动。然后选择器置于滴定位置,如果是手动滴定,无须此步。只将选择器置于测量位置。

③　将盛有试液的烧杯置于滴定装置的塑料托盘中,并放入搅拌磁子,插入电极后,开启"搅拌"开关。

④　撤下"滴定开始"开关,此时"终点"电珠亮,"滴定"电珠时亮时暗,滴液快速滴下,电表指针向终点逐渐接近,滴速变慢,当电表指针到达终点值,而且"终点"电珠熄灭后,滴定结束。

⑤　记录滴定管内滴定液的终点读数。

⑥　如果是手动滴定,按住"滴定开始"开关,开始滴定,放开此开关,电磁阀关闭,即停止滴定。每隔一定的滴定体积,记录测量值及滴定液消耗体积。

（3）注意事项

仪器在校正前应将工作电极插头拔出插孔,然后进行校正工作。

七、红外光谱仪

（一）基本原理

红外光谱是分子的振转光谱。当用红外频率的光照射有机化合物时,若该红外光的频率能满足物质分子中某些基团振动能级的跃迁频率条件,则该分子就吸收这一波长的红外光的辐射能量,引起偶极矩变化,而由能量较低的基态振动能级跃迁到较高能级的激发态振动能级。检测物质分子对不同波长红外光的吸收强度,就可以得到该物质的红外吸收光谱图。

一般红外光谱的纵坐标以红外光的透过率 $T\%$ 表示,横坐标以红外光的波数(ν/cm^{-1})或波长($\lambda/\mu m$)表示,两者关系互为倒数:

$$\lambda=10^{-4}/\nu(\mu m)$$

红外光谱分析可用于研究分子的结构和化学键,也可以作为表征和鉴别化学物质的方法。红外光谱具有高度特征性,可以采用与标准化合物的红外光谱对比的方法来做分析鉴定。已有几种汇集成册的标准红外光谱集出版,可将这些图谱贮存在计算机中,用以对比和检索,进行分析鉴定。利用化学键的特征波数来鉴别化合物的类型,并可用于定量测定。由于分子中邻近基团的相互作用,使同一基团在不同分子中的特征频率有一定变化范围。此外,在高聚物的构型、构象、力学性质的研究,以及物理、天文、气象、遥感、生物、医学等领域,也广泛应用红外光谱。

（二）结构

红外光谱仪又称红外分光光度计,主要部件有:光源、样品池、单色器、检测器、放大记录系统。红外光谱仪常用硅碳棒等在高温下作为红外光源,它所发生的红外光透过样品池(常用 NaCl 晶片做成)进入光学单色器和检测器,最后用记录器记录下红外光谱。

根据红外吸收光谱仪的结构和工作原理不同可分为:色散型红外吸收光谱仪和傅立叶变换红外吸收光谱仪(FI‐IR)。色散型红外吸收光谱仪分别用棱镜和光栅作为色散材料。傅立叶变换红外光谱仪是 20 世纪 70 年代开始出现的第三代红外光谱仪,是利用光的相干性原理而设计的干涉型红外分光光度仪。不使用色散元件,光源发出的红外光经过干涉仪和试样后获得含试样信息的干涉图,经计算机采集和快速傅立叶变换得到化合物的红外谱图。傅立叶变换红外吸收光谱仪具有很高的分辨率和灵敏度,扫描速度极快,在 1 s 内可完成全谱扫描,特别适合弱红外光谱测定。色散型红外吸收光谱仪和傅立叶变换红外吸收光谱仪的工作原理如图 2－22、2－23 所示。

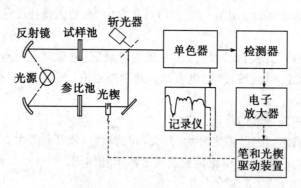

图 2－22　色散型红外吸收光谱仪

注:图 2－22 引自参考文献[10]

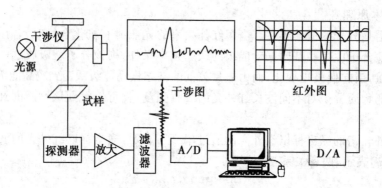

图 2－23　傅立叶变换红外吸收光谱仪

注:图 2－23 引自参考文献[12]

（三）使用方法

WGH－30A 型红外光谱仪及工作软件的操作方法:

（1）开机:依次打开稳压电源、仪器电源开关、计算机和打印机;

（2）双击工作站图标,进入工作站程序,检查仪器工作状态;

（3）自检结束后,在"参数设置"区域对采集模式、扫描速度、扫描次数等项进行设置;

（4）将准备好的试样放入仪器测量室的试样架上固定好后进行试样扫描;

（5）扫描结束,获得谱图后,可在计算机的"数据处理"菜单下对谱图基线及吸收峰进行平滑处理。

（6）对谱图进行处理后,在"文件"菜单下,选择"打印"项打印谱图。

（7）退出工作站程序,依次关闭打印机、计算机、仪器电源、稳压电源。

（8）填写仪器使用记录,盖好仪器。

红外光谱仪对实验室的要求

红外光谱仪是价格昂贵的大型精密分析仪器,它的实验室除了符合一般精密仪器室的要求外,其环境温度应在 $15℃\sim25℃$ 之间;室内相对湿度不得超过 65%;室内应无腐蚀性气体与灰尘;仪器不应受到震动和电磁场的干扰;供电电源电压为 $(220\pm20)V$,频率为 $(50\pm1)Hz$。

（四）注意事项

1. 严格按照仪器操作步骤进行;
2. 不得随意删除计算机中的程序和文件;
3. 按正确方法关闭仪器和计算机。

2.4 化学实验基本操作

一、玻璃仪器的洗涤和干燥

（一）玻璃仪器的洗涤

玻璃仪器是化学实验中经常使用的仪器。如果使用不洁净的仪器,往往由于污物和杂质的存在而得不到正确的结果,因此,玻璃仪器的洗涤是化学实验中一项重要的内容。

玻璃仪器的洗涤方法很多,应根据实验要求,污物的性质和玷污的程度来选择合适的洗涤方法。

对于水溶性的污物,一般可以直接用 H_2O 冲洗,冲洗不掉的物质,可以选用合适的毛刷刷洗,如果毛刷刷不到,可用碎纸捣成糊浆,放进容器,剧烈摇动,使污物脱落下来,再用 H_2O 冲洗干净。

对于有油污的仪器,可先用 H_2O 冲洗掉可溶性污物,再用毛刷蘸取肥皂液或合成洗涤剂刷洗,用肥皂液或合成洗涤剂仍刷洗不掉的污物,若瓶口小、管细不便用毛刷刷洗的仪器,可用洗液或少量浓 HNO_3 或浓 H_2SO_4 洗涤。氧化性污物可选用还原性洗液洗涤;还原性污物,则选用氧化性洗液洗涤。最常用的洗液是 $KMnO_4$ 洗液和 $K_2Cr_2O_7$ 洗液。

若污物是有机物一般选用 $KMnO_4$ 洗液;若污物为无机物则可选用 $K_2Cr_2O_7$ 洗液。洗涤仪器前,应尽可能倒尽仪器内残留的水分,然后向仪器内注入约 1/5 体积的洗液,使仪器倾斜并慢慢地转动,让内壁全部被洗液湿润,如果能浸泡一段时间或用热的洗液洗涤,则效果会更好。

洗液具有强腐蚀性,使用时千万不能用毛刷蘸取洗液刷洗仪器,如果不慎将洗液洒在衣物、皮肤或桌面时,应立即用 H_2O 冲洗。废的洗液或洗液的首次冲洗液应倒在废液缸里,不能倒入水槽,以免腐蚀下水道。

洗液用后,应倒回原试剂瓶。可反复多次使用,多次使用后,$K_2Cr_2O_7$ 洗液会变成绿色（Cr^{3+} 离子）;$KMnO_4$ 洗液会变成浅红或无色,底部有时出现 MnO_2 沉淀,这时洗液已不具有强氧化性,不能再继续使用。

仪器经洗液洗涤后污物一般会去除得比较彻底,若有机物用洗液洗不干净,也可选用合适的有机溶剂浸洗。

用以上方法洗去污物后的仪器,还必须用自来水和蒸馏水冲洗数次后,才能洗净。

已洗净的玻璃仪器应该是清洁透明的,其内壁被 H_2O 均匀地湿润,且不挂水珠。凡已洗净的仪器,内壁不能用布或纸擦拭,否则布或纸上的纤维及污物会玷污仪器。

（二）玻璃仪器的干燥

有些实验要求仪器必须是干燥的，根据不同情况，可采用下列方法将仪器干燥。

（1）晾干　对于不急用的仪器，可将仪器放在仪器的格栅板上或实验室的干燥架上晾干。

（2）吹干　将仪器倒置控去水分，并擦干外壁，用电吹风的热风将仪器内残留水分赶出。

（3）烘干　将洗净的仪器倒置去残留水，放在电烘箱的隔板上，将温度控制在 105℃ 左右烘干。

（4）用有机溶剂干燥　在洗净的仪器内加入少量有机溶剂（如乙醇、氯仿等），转动仪器，使仪器内的水分与有机溶剂混合，倒出混合液（回收），仪器即迅速干燥。

必须指出，在化学实验中，许多情况下并不需要将仪器干燥，如量器、容器等，使用前先用少量溶液润洗 2 次～3 次，洗去残留水滴即可。带有刻度的计量容器不能用加热法干燥，否则会影响仪器的精度。如需要干燥时，可采用晾干或冷风吹干的方法。

二、试剂的取用

（一）固体试剂的取用

1. 用药匙

固体试剂通常用干净的药匙取用，而且最好每种试剂专用一个药匙，否则用过的药匙须洗净擦干后才能再用，以免玷污试剂。

常用药匙，其两端分为大小两个匙。取用大量试剂时用大匙，取小量试剂时用小匙，不要多取。试剂一旦取出，就不能再放回原试剂瓶，可将多余的试剂放入指定的容器。试剂取出后，一定要把瓶塞盖严（注意：不要盖错盖子），并将试剂瓶放回原处。

试剂从药匙中倒入接收器时，如果是大块试剂，应把接收器倾斜，让块体沿器壁滑下，以免击碎接收器；如果是粉状试剂，可用药匙直接将粉状试剂送入接收器底部，勿让粉末沾在接收器壁上。如接收器为管状容器，可借助于一张对折的硬纸条，将粉末送进管底。

2. 用台天平称取

要求取用一定质量的固体时，可把固体试剂放在纸上或表面皿上，在台秤上称量。具有腐蚀性或易潮结的固体不能放在纸上，而应放在玻璃容器内进行称量。

3. 用分析天平称取

要求准确称取一定量的固体试剂时，可把固体试剂放在称量瓶中按减量法在分析天平上进行称量。

（二）液体试剂的取用

液体试剂一般用量筒、移液管（吸量管）量取或用滴管吸取。它们的操作方法如下：

1. 滴管

从滴瓶中取液体试剂时，要用滴瓶中的滴管，不要用别的滴管。先用手指捏紧滴管上部的橡皮乳头，赶走其中的空气，然后将滴管插入试液中，放松手指即可吸入试液。取出后，不要使滴管与接收容器的器壁接触，更不应使滴管伸入到其他液体中，以免玷污滴管（如图 2-24）。与滴瓶配套使用的滴管的管口不能向上倾斜，以免液体回流到胶帽中，腐蚀胶帽，污染试剂。

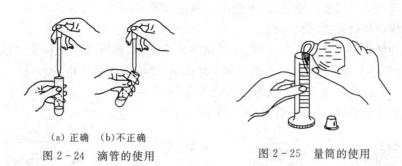

（a）正确　（b）不正确
图 2-24　滴管的使用　　　　　图 2-25　量筒的使用

2. 量筒

量筒用于量取一定体积的液体,可根据需要选用不同容量的量筒。取液时,如图 2-25 所示,先取下试剂瓶塞并把它倒置在桌上,一手拿量筒,一手拿试剂瓶(注意不要让瓶上的标签朝下),然后倒出所需量的试剂,最后将瓶口在量筒上靠一下,再使试剂瓶竖直,以免留在瓶口的液滴流到瓶的外壁(注意倒出的试液绝对不允许再倒回试剂瓶)。观看量筒内液体的容积时要按图 2-26 所示,使视线与量筒内液体的弯月面的最低处保持水平,偏高或偏低都会读不准而造成较大的误差。

在某些实验中,无须准确量取试剂,所以不必每次都用量筒,只要学会估计从瓶内取用的液体的量即可。为此,必须知道,用滴管取用 1 mL 液体相当于多少滴。

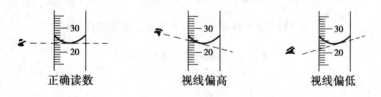

正确读数　　　　　视线偏高　　　　　视线偏低

图 2-26　读数方法

3. 移液管和吸量管

要求准确地移取一定体积的液体时,可用各种不同容量的移液管或吸量管。

（三）特种试剂的取用

剧毒、强腐蚀性、易爆、易燃试剂的取用需要特别小心,必须采用其他适当的方法来处理。请参考其他有关书籍。

三、加热方法

（一）液体的加热

液体采用什么方式加热,决定于液体的性质和盛放该液体的器皿,以及液体量的大小和所需的加热程度,一般在高温下不分解的液体,可用火直接加热;受热易分解以及需要比较严格控制加热温度的液体只能在热浴上加热。

1. 直接加热

适用于在较高温度不分解的溶液或纯液体。一般把装有液体的器皿放在石棉网上,用酒精灯、煤气灯、电炉和电热套等直接加热(如图 2-27)。

试管中的液体一般可直接放在火焰上加热,但是易分解的物质或沸点较低的液体仍应放在水浴中加热(如图 2-28)。在火焰上加热试管中的液体时,注意以下几点:

（1）试管夹夹住试管的中上部,不能用手拿住试管加热。

（2）试管应稍微倾斜,管口向上。

（3）应使液体各部分受热均匀,先加热液体的中上部,再慢慢往下移动,然后不时地上下移动,不要集中加热某一部分,否则容易引起暴沸,使液体冲出管外。

（4）不要把试管口对着别人或自己的脸部,以免发生意外。

（5）试管中所盛液体不得超过试管高度的1/2。

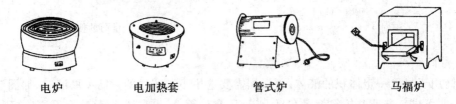

电炉　　　　　　电加热套　　　　　　管式炉　　　　　　马福炉

图 2-27　常见加热用具

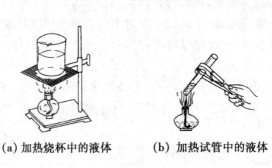

（a）加热烧杯中的液体　　　　（b）加热试管中的液体

图 2-28　不同容器液体的加热

2. 热浴加热

常用的热浴有水浴、油浴、沙浴、空气浴等。

（1）水浴　　水浴常在水浴锅中进行[见图 2-29(a)],有时为了方便常用规格较大的烧杯等代替[见图 2-29(b)]。水浴锅一般为铜制外壳,内壁涂锡。盖子由一套不同口径的铜圈组成,可以按加热器皿的外径任意选用,使用时,锅下加热,受热器皿悬置在水中,可保持水温到95℃左右的恒温。使用水浴时应注意如下事项:

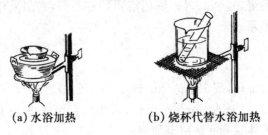

（a）水浴加热　　　　　　（b）烧杯代替水浴加热

图 2-29　水浴加热

① 水浴锅内存水量应保持在总体积的2/3左右。

② 受热玻璃器皿不能触及锅壁或锅底。

③ 水浴锅不能做油浴或沙浴用。

（2）油浴 油浴锅一般由生铁铸成，有时也可用大烧杯代替。油浴适用于 100℃～250℃加热，反应物的温度一般低于油浴液的 20℃左右，常用的油浴有：

① 甘油 可以加热到 140℃～150℃，温度过高分解。

② 植物油 如菜油、蓖麻油和花生油，可以加热到 220℃。常加入 1％的对苯二酚等抗氧化剂，便于久用。温度过高时会分解，达到闪点可能燃烧，所以，使用时要十分小心。

③ 石蜡 能加热到 200℃左右，冷到室温则成为固体，保存方便。

④ 液体石蜡 可加热到 200℃左右，温度稍高并不分解，但较易燃烧。

使用油浴应特别小心防止着火；当油受热冒烟时，应立即停止加热；油量应适量，不可过多，以免油受热膨胀而溢出；浴锅外不能沾油，如若外面有油，应立即擦去；遇油浴着火，应立即拆除热源，并用石棉网等盖灭火焰，切勿用水浇。

⑤ 硅油 硅油在 250℃时仍较稳定，透明度好，只是价格昂贵。

（3）沙浴 沙浴通常采用生铁铸成的沙浴盘。盘中盛砂子，使用前先将砂子加热熔烧，以去掉有机物。加热温度在 80℃以上者可以使用，特别适用于加热温度在 220℃以上者，沙浴的缺点是传热慢，温度上升慢，且不易控制。因此砂层要薄些。特别注意，受热器不能触及浴盘底部。

（4）空气浴 沸点在 80℃以上的液体原则上均可采用空气浴加热。最简单的空气浴可用下法制作：取空的铁罐一只（用过的罐头盒即可），罐口边缘剪光后，在罐的底层打数个小孔，另将圆形石棉片（直径略小于罐的直径约 2 mm～3 mm）放入罐中，使其盖在小孔上，罐的四周用石棉布包裹。另取直径略大于罐口的石棉板（厚约 2 mm～4 mm）一块，在其中挖一个洞（洞的直径略大于被加热容器的颈部直径），然后对切为二，加热时用以盖住罐口。使用时将此装置放在铁三脚架或铁架台的铁环上，用灯焰加热即可。注意蒸馏瓶或其他受热器在罐中切勿触及罐底，其正确的位置如图 2-30 所示。

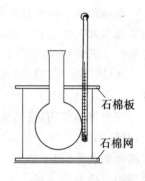

石棉板

石棉网

图 2-30 空气浴

（5）电热套加热 电热套是一种较好的热源，它是由玻璃纤维包裹着电热丝织成的碗状半圆形的加热器，有控温装置可调节温度。由于它不是明火加热，因此，可以加热和蒸馏易燃有机物，也可加热沸点较高的化合物，适应加热温度范围较广。

（二）固体的加热

1. 在试管中加热

将固体在试管底部铺匀。块状或粒状固体，一般应先研细，加热的方法与在试管中加热液体时相同，有时也可把盛固体的试管固定在铁架台上加热（图 2-31）。但是必须注意，应使试管口稍微往下倾斜，以免凝结在管口的水珠流至灼热的管底，使试管炸裂。加热时，先来回将整个试管预热，然后用氧化焰集中加热。一般随反应进行，灯焰从试管内固体试剂的前部慢慢往后部移动。

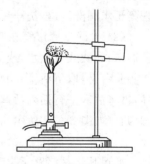

图 2-31 试管内加热固体

2. 在蒸发皿中加热

当加热较多的物体时，可把固体放在蒸发皿中进行。但应注意充分搅拌，使固体受热均匀。

3. 在坩埚中的灼烧

当需要在高温加热固体时,可以把固体放在坩埚中灼烧(图 2-32)。应该用煤气灯的氧化焰加热坩埚,而不要让还原焰接触坩埚底部(还原焰温度不高)。开始时,火不要太大,使坩埚均匀地受热,然后逐渐加大火焰,将坩埚烧至红热。灼烧一定时间后,停止加热,在泥三角上稍冷后,用坩埚钳夹持放在干燥器内。

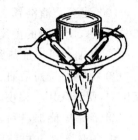

图 2-32　灼烧坩埚

要夹放处在高温下的坩埚,必须先把坩埚钳放在火焰上预热一下。坩埚钳用后应将其尖端向上平放在石棉网上。

四、滴定分析基本操作及常用度量仪器的使用

1. 滴定管

滴定管是滴定分析中最基本的量器。常量分析用的滴定管有 50 mL 及 25 mL 等几种规格,它们的最小分度值为 0.1 mL,读数可估计到 0.01 mL。此外,还有容积为 10 mL,5 mL、2 mL 和 1 mL 的半微量和微量滴定管,最小分度值为 0.05 mL,0.01 mL 或 0.005 mL,它们的形状各异。

根据控制溶液流速的装置不同,滴定管可分为酸式和碱式滴定管两种。下端装有玻璃活塞的为酸式滴定管,用来盛放酸性或氧化性溶液。碱式滴定管下端用乳胶管连接一个带尖嘴的小玻璃管,乳胶管内有一玻璃珠用以控制溶液的流出,碱式管用来装碱性溶液和无氧化性溶液,不能用来装对橡皮有侵蚀作用的液体如 HCl,H_2SO_4,I_2,$KMnO_4$,$AgNO_3$ 溶液等。

滴定管的使用包括:洗涤、检漏、涂油、排气泡、读数等步骤。

(1) 洗涤　干净的滴定管如无明显油污,可直接用自来水冲洗或用滴定管刷蘸肥皂水或洗涤剂刷洗(但不能用去污粉),而后再用自来水冲洗。刷洗时应注意勿用刷头露出铁丝的毛刷以免划伤内壁。如有明显油污,则需用洗液浸洗。洗涤时向管内倒入 10 mL 左右 H_2CrO_4 洗液(碱式滴定管将乳胶管内玻璃珠向上挤压封住管口或将乳胶管换成乳胶满头),再将滴定管逐渐向管口倾斜,并不断旋转,使管壁与洗液充分接触,管口对着废液缸,以防洗液溅出。若油污较重,可装满洗液浸泡,浸泡时间的长短视玷污的程度而定。洗毕,洗液应倒回洗液瓶中,洗涤后应用大量自来水淋洗,并不断转动滴定管,至流出的水无色,再用去离子水润洗三遍,洗净后的管内壁应均匀地润上薄薄的一层水而不挂水珠。

(2) 检漏　滴定管在使用前必须检查是否漏水。若碱式滴定管漏水,可更换乳胶管或玻璃珠;若酸式管漏水,或活塞转动不灵则应重新涂抹凡士林。其方法是,将滴定管取下放在实验台上,取下活塞,用吸水纸擦净活塞及活塞套,在活塞孔两侧周围涂上薄薄一层凡士林,再将活塞平行插入活塞套中,单方向转动活塞,直至活塞转动灵活且外观为均匀透明状态为止(如图 2-33 所示)。用橡皮圈套在活塞小头一端的凹槽上,固定活塞,以防其滑落打碎。

如遇凡士林堵塞了尖嘴玻璃小孔,可将滴定管装满水,用洗耳球鼓气加压,或将尖嘴浸入热水中,再用洗耳球鼓气,便可以将凡士林排除。

(3) 装液与赶气泡　洗净后的滴定管在装液前,应先用待装溶液润洗内壁三次,用量依次为 10 mL、5 mL、5 mL 左右。

（1）活塞涂油　　　（2）活塞安装　　　（3）转动活塞

图 2-33　活塞涂油，安装和转动的手法

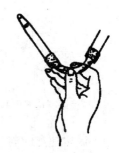

装入滴定液的滴定管，应检查出口下端是否有气泡，如有应及时排除。其方法是：取下滴定管，若为酸式管，倾斜成约 30 度角。可用手迅速打开活塞（反复多次），使溶液冲出并带走气泡。若为碱式管，则将橡皮管向上弯曲，捏起乳胶管使溶液从管口喷出，即可排除气泡（如图 2-34 所示）。

将排除气泡后的滴定管补加滴定溶液到零刻度以上，然后再调整至零刻度线位置。

（4）读数　读数前，滴定管应垂直静置 1 min。读数时，管内壁应无液珠，管出口的尖嘴内应无气泡，尖嘴外应不挂液滴，否则读

图 2-34　碱式滴定管

数不准。读数方法是：取下滴定管用右手大拇指和食指捏住滴定管上部无刻度处，使滴定管保持垂直，并使自己的视线与所读的液面处于同一水平上〔如图 2-35(a)〕。不同的滴定管读数方法略有不同。对无色或浅色溶液，有乳白板蓝线衬背的滴定管读数应以两个弯月面相交的最尖部分为准〔如图 2-35(b) 所示〕。一般滴定管应读取弯月面最低点所对应的刻度。对深色溶液，则一律按液面两侧最高点相切处读取。

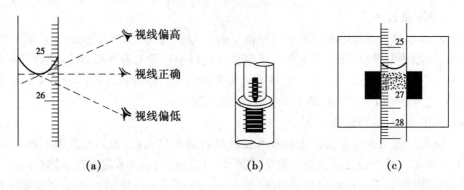

图 2-35　滴定管读数

对初学者，可使用读数卡，以使弯月面显得更清晰。读数卡是用贴有黑纸或涂有黑色的长方形的白纸板制成。读数时，将读数卡紧贴在滴定管的后面，把黑色部分放在弯月面下面约 1 mm 处，使弯月面的反射层全部成为黑色，读取黑色弯月面的最低点，如图 2-35(c) 所示。

（5）滴定　读取初读数之后，立即将滴定管下端插入锥形瓶（或烧杯）口内约 1 cm 处，再进行滴定。操作酸式滴定管时，左手拇指与食指跨握滴定管的活塞处，与中指一起控制活塞的转动，如图 2-36 所示。但应注意，不要过于紧张、手心用力，以免将活塞从大头推出造成漏水，而应将三手指略向手心回力，以塞紧活塞。操作碱式滴定管时，用左手的拇指与食

指捏住玻璃球外侧的乳胶管向外捏,形成一条缝隙,溶液即可流出,如图 2-37 所示。控制缝隙的大小即可控制流速,但要注意不能使玻璃珠上下移动,更不能捏玻璃珠下部的乳胶管以免产生气泡。滴定时,还应双手配合协调。当左手控制流速时,右手拿住锥形瓶颈单方向旋转溶液,若用烧杯滴定,则右手持玻璃棒作圆周搅拌溶液,注意玻璃棒不要碰到杯壁和杯底(如图 2-38 所示)。

图 2-36　活塞的转动　　　图 2-37　碱式管　　　图 2-38　滴定操作

　　(6)滴定速度　滴定时速度的控制一般是:开始时 10 mL/min 左右;接近终点时,每加一滴摇匀一次;最后,每加半滴摇匀一次(加半滴操作,是使溶液悬而不滴,让其沿器壁流入容器,再用少量去离子水冲洗内壁,并摇匀)。仔细观察溶液的颜色变化,直至滴定终点为止。读取读数,立即记录。注意,在滴定过程中左手不应离开滴定管,以防流速失控。

　　(7)平行实验　平行滴定时,应该每次都将初始刻度调整到"0"刻度或其附近,这样可减少滴定管刻度的系统误差。

　　(8)最后整理　滴定完毕,应放出管中剩余的液体,洗净,装满去离子水,罩上滴定管盖备用。

　　2. 容量瓶及其使用

　　在配制标准溶液或将溶液稀释至一定浓度时,我们往往要使用容量瓶。容量瓶的外形是一平底、细颈的梨形瓶,瓶口带有磨口玻璃塞或塑料塞。颈上有环形标线,瓶体标有体积,一般表示 20℃时液体充满至刻度时的容积。常见的有 10、50、100、250、500 和 1 000 mL 等各种规格,此外还有 1、2、5 mL 的小容量瓶,但使用较少。

　　容量瓶的使用,主要包括如下几个方面:

　　(1)检查　使用容量瓶前应先检查其标线是否离瓶口太近,如果太近则不利于溶液混合,故不宜使用。另外还必须检查瓶塞是否漏水。检查时加自来水近刻度,盖好瓶塞用左手食指按住,同时用右手五指托住瓶底边缘(如图 2-39 所示),将瓶倒立 2 min,如不漏水,将瓶直立,把瓶塞转动 180 度,再倒立 2 min,若仍不渗水即可使用。

　　(2)洗涤　可先用自来水刷洗,洗后,如内壁有油污,则应倒尽残水,加入适量的铬酸洗液,倾斜转动,使洗液充分润洗内壁,再倒回原洗液瓶中,用自来水冲洗干净后再用去离子水润洗 2 次～3 次备用。

　　(3)配制　将准确称量好的药品,倒入干净的小烧杯中,加入少量溶剂将其完全溶解后再定量转移至容量瓶中。注意,如使用非水溶剂则小烧杯及容量瓶都应事先用该溶剂润洗 2 次～3 次,定量转移时,右手持玻璃棒悬空放入容量瓶内,玻璃棒下端靠在瓶颈内壁(但不能与瓶口接触),左手拿烧杯,烧杯嘴紧靠玻璃棒,使溶液沿玻璃棒流入瓶内沿壁而下(如图 2-40 所示)。烧杯中溶液流净后,将烧杯嘴沿玻璃棒上提,同时使烧杯直立。将玻璃棒取出放入烧杯,用少量溶剂冲洗玻璃棒和烧杯内壁,也同样转移到容量瓶中。如此重复操作三次以上。然后补充溶剂,当容量瓶内溶液体积至 3/4 左右时,可初步摇荡混匀。再继续加溶剂至近标线,最后改用滴管逐滴加入,直到溶液的弯月面恰好与标线相切。若为热溶液应冷至室温后,再加溶剂至标线。盖上瓶塞,按图 2-39 将容量瓶倒置,待气泡上升至底部,再倒转过来,使气泡上升到顶部,如此反复 10 次以上,使溶液混匀。

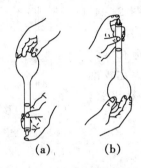

图 2-39 容量瓶的检查方法

图 2-40 定量转移操作

(4)稀释 用移液管移取一定体积的浓溶液于容量瓶中,加水至标线。同上法混匀即可。

(5)注意事项 容量瓶不宜长期贮存试剂,配好的溶液如需长期保存应转入试剂瓶中。转移前须用该溶液将洗净的试剂瓶润洗三遍。用过的容量瓶,应立即用水洗净备用,如长期不用,应将磨口和瓶塞擦干,用纸片将其隔开。此外,容量瓶不能在电炉、烘箱中加热烘烤,如确需干燥可将洗净的容量瓶用乙醇等有机溶剂润洗后晾干,也可用电吹风或烘干机的冷风吹干。

3. 移液管及其使用

移液管是用来准确移取一定体积溶液的量器,如表 2-2 所示,准确度与滴定管相当。移液管有两种,一种中部具有"胖肚"结构,无分刻度,两端细长。只有一个标线。"胖肚"上标有指定温度下的容积。常见的规格为 5、10、25、50、100 mL 等。另一种是标有分刻度的直型玻璃管,通常又称吸量管或刻度吸管,在管的上端标有指定温度下的总体积。吸量管的容积有 1、2、5、10 mL 等,可用来吸取不同体积的溶液,一般只量取小体积的溶液,其准确度比"胖肚"移液管稍差。吸量管有单标线和双标线之分,单标线为溶液全流出式,双标线的吸量管分刻度不刻到管尖,属溶液不完全流出式。

(1)洗涤 移液管使用前也要进行洗涤,洗涤时,先用适当规格的移液管刷用自来水清洗,若有油污可用洗液洗涤。方法是吸入 1/3 容积洗液,平放并转动移液管,用洗液润洗内壁,洗毕将洗液放回原试剂瓶,稍候,用自来水冲洗,再用去离子水清洗 2 次～3 次备用。

(2)润洗 洗净后的移液管移液前必须用吸水纸吸净尖端内、外的残留水。然后用待取液润洗 2 次～3 次,以防改变溶液的浓度。洗涤时,当溶液吸至"胖肚"约 1/4 处,即可封口取出。应注意勿使溶液回流,以免稀释溶液。润洗后将溶液从下端放出。

(3)移液 将润洗好的移液管插入待取溶液的液面下约 1 cm～2 cm 处(不能太浅以免吸空,也不能插至容器底部以免吸起沉渣),右手的拇指与中指捏住移液管标线以上部分,左手拿洗耳球,排出洗耳球内空气,将洗耳球尖端插入移液管上端,并封紧管口,逐步松开洗耳球,以吸取溶液[见图 2-41(a)]。当液面上升至标线以上时,拿掉洗耳球,立即用食指堵住管口,将移液管提出液面,倾斜容器,将管尖紧贴容器内壁成约45°角,稍待片刻,以除去管外壁的溶液,然后微微松动食指,并用拇指和中指慢慢转动移液管,使液面缓缓下降,直到溶液的弯月面与标线相切。此时,应立即用食指按紧管口,使液体不再流出。将接收容器倾斜45°角,小心把移液管移入接收溶液的容器,使移液管的下端与容器内壁上方接触[见图2-41(b)]。松开食指,让溶液自由流下,当溶液流尽后,再停15 s,并将移液管向左右转动一下,取出移液管。注意,除标有"吹"字样的移液管外,不要把残留在管尖的液体吹出,因为在校准移液管容积时,没有算上这部分液体。具有双标线的移液管,放溶液时应注意下标线。

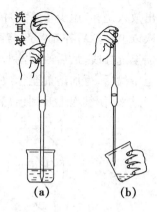

图 2-41 移液管的使用

五、分离与提纯技术

(一)过滤

1. 原理

当溶液和结晶(沉淀)的混合物通过过滤器(如滤纸)时,结晶(沉淀)就留在过滤器上,溶液则通过过滤器而漏入接收的容器中。于是,分离了结晶(沉淀)和溶液。过滤是最常用的分离方法之一。

溶液的黏度、温度、过滤时的压力、过滤器孔隙的大小和沉淀物的状态,都会影响过滤的速度。溶液的黏度越大,过滤越慢。热溶液比冷溶液容易过滤。减压过滤比常压过滤快。过滤器的孔隙要合适,太大时会透过沉淀,太小时则易被沉淀堵塞,使过滤难以进行。沉淀呈胶状时,需加热破坏后方可过滤,以免沉淀透过滤纸。总之,要考虑各方面的因素来选用不同的过滤方法。

2. 过滤方法

常用的方法有三种:常压过滤、减压过滤和热过滤。

(1)常压过滤

① 用滤纸过滤

a. 滤纸的选择   滤纸分定性滤纸和定量滤纸两种。质量分析中,当需将滤纸连同沉淀一起灼烧后称质量,就采用定量滤纸。根据沉淀的性质可选择不同类型的滤纸,如 $BaSO_4$,$CaC_2O_4 \cdot 2H_2O$ 等细晶形沉淀,应选用"慢速"滤纸过滤。而 $Fe_2O_3 \cdot nH_2O$ 等胶体沉淀,需选用"快速"滤纸过滤。滤纸的大小应根据沉淀量多少来选择,沉淀一般不要超过滤纸圆锥高度的 1/3,最多不得超过 1/2。

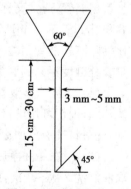

图 2-42 漏斗规格

b. 漏斗锥体角度应为 60°,颈的直径一般为 3 mm~5 mm,颈长为 15 cm~20 cm,颈口处磨成 45°,如图 2-42 所示。漏斗的大小应与滤纸的大小相适。应使折叠后滤纸的上缘低于漏斗上沿 0.5 cm~1 cm,决不能超出漏斗边缘。

c. 滤纸的折叠和漏斗的准备   滤纸一般按四折法折叠,折叠时,应先将手洗干净,揩干,以免弄脏滤纸。滤纸的折叠方法是先将滤纸整齐地对折,然后再对折,这时不要把两角对齐,如图 2-43(a),将其打开后成为夹角稍大于 60°的圆锥体,如图 2-43(b)。

为保证滤纸和漏斗密合,第二次对折时不要折死,先把圆锥体打开,放入洁净而干燥的漏斗中,如果上边缘不十分密合,可以稍稍改变滤纸折叠的角度,直到与漏斗密合为止。用手轻按滤纸,将第二次的折边折死,所得圆锥体的半边为三层,另半边为一层。然后取出滤纸,将三层厚的紧贴漏斗的外层撕下一角[如图2-43(a)],保存于干燥的表面皿上,备用。

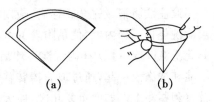

图2-43 滤纸折叠方法

将折叠好的滤纸放入漏斗中,且三层的一边应放在漏斗出口短的一边。用食指按紧三层的一边,用洗瓶吹入少量 H_2O 将滤纸润湿,然后,轻轻按滤纸边缘,使滤纸的锥体上部与漏斗间没有空隙(注意三层与一层之间处应与漏斗密合),而下部与漏斗内壁形成隙缝。按好后,用洗瓶加水至滤纸边缘,这时空隙与漏斗颈内应全部被水充满,当漏斗中水全部流尽后,颈内水柱仍能保留且无气泡。

若不形成完整的水柱,可以用手堵住漏斗下口,稍掀起滤纸三层的一边,用洗瓶向滤纸与漏斗间的空隙里加水,直到漏斗颈和锥体的大部分被水充满,然后按紧滤纸边,放开堵住出口的手指,此时水柱即可形成。

最后再用蒸馏水冲洗一次滤纸,然后将准备好的漏斗放在漏斗架上,下面放一洁净的烧杯承接滤液,使漏斗出口长的一边紧靠杯壁,漏斗和烧杯上均盖好表面皿,备用。

d. 过滤 过滤一般分三个阶段进行。第一阶段采用倾注法,尽可能地过滤清液,如图2-44所示;第二阶段是将沉淀转移到漏斗上;第三阶段是清洗烧杯和洗涤漏斗上的沉淀。

采用倾注法是为了避免沉淀堵塞滤纸上的空隙,影响过滤速度。待烧杯中沉淀下降以后,将清液倾入漏斗中,而不是一开始过滤就将沉淀和溶液搅混后进行过滤。溶液应沿着玻璃棒流入漏斗中,而玻璃棒的下端对着滤纸三层厚的一边,并尽可能接近滤纸,但不能接触滤纸,倾入的溶液一般不要超过滤纸的2/3,或离滤纸上边缘至少5 mm,以免少量沉淀因毛细管作用越过滤纸上缘,造成损失,且不便洗涤。

暂停倾注溶液时,烧杯应沿玻璃棒使其嘴向上提起,并使烧杯直立,以免使烧杯嘴上的液滴流失。

过滤过程中,带有沉淀和溶液的烧杯放置方法,应如图2-45所示,即在烧杯下放一块木头,使烧杯倾斜,以利沉淀和清液分开,便于转移清液。同时玻璃棒不要靠在烧杯嘴上,避免烧杯嘴上的沉淀沾在玻璃棒上部而损失。倾注法如一次不能将清液倾注完时,应待烧杯中沉淀下沉后再次倾注。

图2-44 倾注法过滤

图2-45 过滤带沉淀的溶液烧杯放置方法

倾注法将清液完全转移后，应对沉淀做初步洗涤。洗涤时，用洗瓶每次约 10 mL 洗涤液吹洗烧杯四周内壁，使黏附着的沉淀集中在烧杯底部，每次的洗涤液同样用倾注法过滤。如此洗涤 3 次～4 次杯内沉淀。然后再加少量洗涤液于烧杯中，搅动沉淀使之混匀，立即将沉淀和洗涤液一起，通过玻璃棒转移至漏斗上。再加入少量洗涤液于烧杯中，搅拌混匀后再转移到漏斗上。如此重复几次，使大部分沉淀转移至漏斗中。然后，按图 2 - 46(a)所示的吹洗方法将沉淀吹洗至漏斗中。即用左手把烧杯拿在漏斗上方，烧杯嘴向着漏斗，拇指在烧杯嘴下方，同时，右手把玻璃棒从烧杯中取出横在烧杯口上，使玻璃棒伸出烧杯嘴约 2 cm～3 cm。然后，用左手食指按住玻璃棒的较高位置，倾斜烧杯使玻璃棒下端指向滤纸三层一边，用右手以洗瓶吹洗整个烧杯壁，使洗涤液和沉淀沿玻璃棒流入漏斗中，如果仍有少量沉淀牢牢地黏附在烧杯壁上而吹洗不下来时，可将烧杯放在桌上，用沉淀帚(它是一头带橡皮的玻璃棒)，[如图 2 - 46(b)]，在烧杯内壁自上而下、自左至右擦拭，使沉淀集中在底部。再按图[2 - 46(a)]操作将沉淀吹洗入漏斗上。对牢固地粘在杯壁上的沉淀，也可用前面折叠滤纸时撕下的滤纸角，来擦拭玻璃棒和烧杯内壁，将此滤纸角放在漏斗的沉淀上。

经吹洗、擦拭后的烧杯内壁，应在明亮处仔细检查是否吹洗、擦拭干净，包括玻璃棒、表面皿、沉淀帚和烧杯内壁在内，都要认真检查。

必须指出，过滤开始后，应随时检查滤液是否透明，如不透明，说明有穿滤。这时必须换另一洁净烧杯盛接滤液，在原漏斗上将穿滤的滤液进行第二次过滤。如发现滤纸穿孔，则应更换滤纸重新过滤。而第一次用过的滤纸应保留。

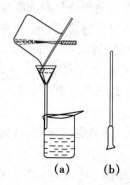 

图 2 - 46　吹洗沉淀的方法和沉淀帚　　　　图 2 - 47　漏斗中沉淀的洗涤

e. 沉淀的洗涤　沉淀全部转移到滤纸上后，应对它进行洗涤。其目的在于将沉淀表面所吸附的杂质和残留的母液除去。其方法如图 2 - 47 所示，即洗瓶的水流从滤纸的多重边缘开始，螺旋形地往下移动，最后到多重部分停止，称为"从缝到缝"，这样，可使沉淀洗得干净且可将沉淀集中到滤纸的底部。为了提高洗涤效率，应掌握洗涤方法的要领。洗涤沉淀时要少量多次，即每次螺旋形往下洗涤时，用洗涤剂量要少，便于尽快沥干，沥干后，再行洗涤。如此反复多次，直至沉淀洗净为止。这通常称为"少量多次"原则。

选用什么洗涤剂洗涤沉淀，应根据沉淀的性质而定。即：

a. 对晶形沉淀，可用冷的稀沉淀剂洗涤，因为这时存在同离子效应，可使沉淀尽量减少溶解。但是，如沉淀剂为不易挥发的物质，则只有用水或其他溶剂来洗涤。

b. 对非晶形沉淀，需用热的电解质溶液为洗涤剂，以防止产生胶溶现象，多数采用易挥发的铵盐作为洗涤剂。

c. 对于溶解度较大的沉淀,可采用沉淀剂加有机溶剂来洗涤,以降低沉淀的溶解度。

② 用微孔玻璃漏斗(或坩埚)过滤 凡是烘干后即可称量的沉淀可用微孔玻璃漏斗(或坩埚)过滤。微孔玻璃漏斗和坩埚如图 2-48 和图 2-49 所示。此种过滤器皿的滤板是用玻璃粉末在高温熔结而成。按照微孔的孔径,由大到小分为六级,GI~G6(或称 1 号至 6 号)。1 号的孔径最大(80 μm~120 μm),6 号孔径最小(2 μm)。在定量分析中,一般用 G3~G5 规格(相当于慢速滤纸)过滤细晶形沉淀。使用此类滤器时,需用抽气法过滤。注意,不能用玻璃漏斗过滤强碱性溶液,因它会损坏漏斗的微孔。

a. 漏斗的准备 漏斗使用前,先用盐酸或硝酸处理,然后用水洗净。洗时应将微孔玻璃漏斗装入吸滤瓶的橡皮垫圈中,吸滤瓶再用橡皮管接于抽水泵上。当用盐酸洗涤时,先注入酸液,然后抽滤。当结束抽滤时,应先拔出抽滤瓶上的橡皮管,再关抽水泵,如图 2-50 所示。

b. 过滤 将已洗净,烘干且恒重的微孔玻璃坩埚,装入抽滤瓶的橡皮垫圈中,接橡皮管于抽水泵上,在抽滤下,用倾注法过滤,其余操作与用滤纸过滤时相同,不同之处是在抽滤下进行。

图 2-48　微孔玻璃漏斗　　　图 2-49　微孔玻璃坩埚　　　图 2-50　抽滤装置

(2) 减压过滤

减压过滤也称吸滤或抽滤,其装置如图 2-51,2-52 所示。水泵带走空气让吸滤瓶中压力低于大气压,使布氏漏斗的液面上与瓶内形成压力差,从而提高过滤速度。在水泵和吸滤瓶之间往往安装安全瓶,以防止因关闭水阀或水流量突然变小时自来水倒吸入吸滤瓶,如果滤液有用,则被污染。

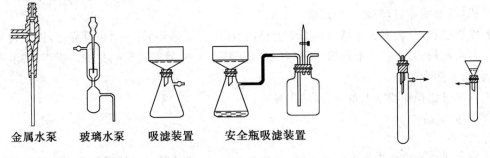

金属水泵　　　玻璃水泵　　　吸滤装置　　　安全瓶吸滤装置

图 2-51　减压过滤装置　　　　　　图 2-52　少量物质减压过滤

布氏漏斗通过橡皮塞与吸滤瓶相连接,橡皮塞与瓶口间必须紧密不漏气。吸滤瓶的侧管用橡皮管与安全瓶相连,安全瓶与水泵的侧管相连。停止抽滤或需用溶剂洗涤晶体时,先将吸滤瓶侧管上的橡皮管拔开,或将安全瓶的活塞打开与大气相通,再关闭水泵,以免水倒流入吸滤瓶内。布氏漏斗的下端斜口应正对吸滤瓶的侧管。滤纸要比布氏漏斗内径略小,但必须全部覆盖漏斗的小孔;滤纸也不能太大,否则边缘会贴到漏斗壁上,使部分溶液不经过过滤,沿壁直接漏入吸滤瓶中。抽滤前用同一溶剂将滤纸润湿后抽滤,使其紧贴于漏斗的底部,然后再向漏斗内转移溶液。

热溶液和冷溶液的过滤都可选用减压过滤。若为热过滤,则过滤前应将布氏漏斗放入烘箱(或用电吹风吹热),抽滤前用同一热溶剂润湿滤纸。

析出的晶体与母液分离,常用布氏漏斗进行减压过滤。为了更好地将晶体与母液分开,最好用清洁的玻璃塞将晶体在布氏漏斗上挤压,并随同抽气尽量除去母液。结晶表面残留的母液,可用很少量的溶剂洗涤,这时抽气应暂时停止。把少量溶剂均匀地洒在布氏漏斗内的滤饼上,使全部结晶刚好被溶剂覆盖为宜。用玻璃棒或不锈钢刮刀搅松晶体(勿把滤纸捅破),使晶体润湿。稍候片刻,再抽气把溶剂抽干。如此重复两次,就可把滤饼洗涤干净。

从漏斗上取出结晶时,为了不使滤纸纤维附于晶体上,常与滤纸一起取出,待干燥后,用刮刀轻敲滤纸,结晶即全部下来。

(3) 热过滤　如果不希望溶液中的溶质在过滤时留在滤纸上,这时就要趁热进行过滤。

热过滤装置如图 2-53 所示,热过滤的方法有以下几种:

① 少量热溶液的过滤,可选一口颈短而粗的玻璃漏斗放在烘箱中预热后使用。在漏斗中放一折叠滤纸,其向外的棱边应紧贴于漏斗壁上。见图 2-53(b)。使用前先用少量热溶剂润湿滤纸,以免干燥的滤纸吸附溶剂使溶液浓缩而析出晶体。然后迅速倒溶液,用表面皿盖好漏斗,以减少溶剂挥发。

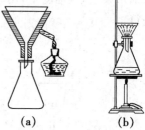

图 2-53　热过滤装置

② 如过滤的溶液量较多,则应选择保温漏斗。保温漏斗是一种减少散热的夹套式漏斗,其夹套是金属套内安装一个长颈玻璃漏斗而形成的。见图 2-53(a)。使用时将热水(通常是沸水)倒入夹套,加热侧管(如溶剂易燃,过滤前务必将火熄灭)。漏斗中放入折叠滤纸,用少量热溶剂润湿滤纸,立即把热溶液分批倒入漏斗,不要倒得太满,也不要等滤完再倒,未倒的溶液和保温漏斗用小火加热,保持微沸。热过滤时一般不要用玻璃棒引流,以免加速降温;接受滤液的容器内壁不要贴紧漏斗颈,以免滤液迅速冷却析出晶体,晶体沿器壁向上堆积,堵塞漏斗口,使之无法过滤。

若操作顺利,只会有少量结晶在滤纸上析出,可用少量热溶剂洗下,也可弃之,以免得不偿失。若结晶较多,可将滤纸取出,用刮刀刮回原来的瓶中,重新进行热过滤。滤毕,将溶液加盖放置,自然冷却。

进行热过滤操作要求准备充分,动作迅速。

(二) 重结晶

1. 原理

从制备或自然界得到的固体化合物,往往是不纯的,重结晶是提纯固体化合物常用的方法之一。

固体化合物在溶剂中的溶解度随温度变化而改变,一般温度升高溶解度增加,反之则溶解度降低。如果把固体化合物溶解在热的溶剂中制成饱和溶液,然后冷却至室温或室温以下,则溶解度下降,原溶液变成过饱和溶液,这时就会有结晶固体析出。利用溶剂对被提纯物质和杂质的溶解度的不同,使杂质在热过滤时被滤除或冷却后留在母液中与结晶分离,从而达到提纯的目的。

重结晶适用于提纯杂质含量在5%以下的固体化合物。杂质含量过多,常会影响提纯效果,须经多次重结晶才能提纯。因此,常用其他方法如水蒸气蒸馏、萃取等手段先将粗产品初步纯化,然后再用重结晶法提纯。

2. 操作步骤

(1) 溶剂的选择　　正确地选择溶剂是重结晶操作的关键。适宜的溶剂应具备以下条件:

① 不与待提纯的化合物发生化学反应。

② 待提纯的化合物温度高时溶解度大,温度低或室温时溶解度小。

③ 对杂质的溶解度非常大(留在母液中将其分离)或非常小(通过热过滤除去)。

④ 得到较好的结晶。

⑤ 溶剂的沸点不宜过低,也不宜过高。过低则溶解度改变不大,不易操作;过高则晶体表面的溶剂不易除去。

⑥ 价格低,毒性小,易回收,操作安全。

选择溶剂时可查阅化学手册或文献资料中的溶解度,根据"相似者相溶"原理选择。

(2) 热溶液的制备　　将称量好的样品放入烧杯内,加入比计算量稍少些的选定溶剂,加热煮沸。若未完全溶解,可分批添加溶剂,每次均应加热煮沸,直至样品溶解。如果溶剂易燃,须熄火后方能添加。

在重结晶中,若要得到比较纯的产品和比较好的收率,必须十分注意溶剂的用量。溶剂的用量需从两方面考虑,既要防止溶剂过量造成溶质的损失,又要考虑到热过滤时,因溶剂的挥发、温度下降使溶液变成过饱和,造成过滤时在滤纸上析出晶体,从而影响收率。因此溶剂用量不能太多,也不能太少,一般比需要量多15%~20%左右。

(3) 脱色　　溶液若含有带色杂质时,可加入适量活性炭脱色,活性炭可吸附色素及树脂状物质。使用活性炭应注意以下几点:

① 加活性炭以前,首先将待结晶化合物加热溶解在溶剂中。

② 待热溶液稍冷后,加入活性炭,搅拌,使其均匀分布在溶液中。再加热至沸,保持微沸5 min~10 min。切勿在接近沸点的溶液中加入活性炭,以免引起暴沸。

③ 加入活性炭的量视杂质多少而定,一般为粗品质量的1%~5%,加入量过多,活性炭将吸附一部分纯产品,加入量过少,若仍不能脱色可补加活性炭,重复上述操作。过滤时选用的滤纸要紧密,以免活性炭透过滤纸进入溶液中。若发现透过滤纸,加热微沸后应换好滤纸重新过滤。

④ 活性炭在水溶液中或在极性溶剂中进行脱色效果最好,也可在其他溶剂中使用,但在烃类等非极性溶剂中效果较差。

除用活性炭脱色外,也可采用色谱柱来脱色,如氧化铝吸附色谱等。

(4) 热过滤　　为了除去不溶性杂质必须趁热过滤。

(5) 结晶的析出　　将上述热过滤后的溶液静置,自然冷却,结晶慢慢析出。结晶的大小与冷却的温度有关,一般迅速冷却并搅拌,往往得到细小的晶体,表面积大,表面吸附杂质较多。如将热滤液慢慢冷却,析出的结晶较大,但往往有母液和杂质包在结晶内部。因此要得到纯度高、结晶好的产品,还需要摸索冷却的过程,但一般只要让热溶液静置冷却至室温即可。有时遇到放冷后也无结晶析出,可用玻璃棒在液面下摩擦器壁或投入该化合物的结晶作为晶种,促使晶体较快地析出;也可将过饱和溶液放置冰箱内较长时间,促使结晶析出。

(6) 结晶的收集和洗涤　析出的晶体与母液分离,常用减压过滤。减压过滤的装置及操作见前述"(一)过滤"中的有关部分。

(7) 干燥、称量与测定熔点　减压过滤后的结晶,因表面还有少量溶剂,为保证产品的纯度,必须充分干燥。根据结晶的性质可采用不同的干燥方法,如自然晾干、红外灯烘干和真空恒温干燥等。

充分干燥后的结晶称其质量,测熔点,计算产率。如果纯度不符合要求,可重复上述操作,直至熔点符合为止。

六、重量分析基本操作

(一)实验原理

重量分析法一般是先将待测组分从试样中分离出来,转化为一定的称量形式,然后用称量的方法测定该组分的质量,从而计算出待测组分含量的方法。由于试样中待测组分性质不同,采用的分离方法也不同。按其分离的方法不同,重量分析可分为沉淀法、挥发法和萃取法。

1. 沉淀法

通常是使待测组分以难溶化合物的形式沉淀下来,经过分离,然后称量沉淀的质量,根据沉淀质量计算该组分在样品中的质量分数,较常用的是沉淀重量法。

2. 挥发法

将试样加热或与某种试剂作用,使待测组分生成挥发性物质逸出,然后根据试样所减轻的质量,可计算待测组分的质量分数(间接挥发法);或者应用某种吸收剂将逸出的挥发性物质吸收,根据吸收剂所增加的质量,以计算待测组分的质量分数(直接挥发法)。

3. 萃取法

利用待测组分在两种互不相溶的溶剂中溶解度的不同,使它从原来的溶剂中定量地转入作为萃取剂的另一种溶剂中,然后将萃取剂蒸干,称量干燥萃取物的质量,根据萃取物的质量计算待测组分质量分数的方法,称萃取重量法。

(二)操作步骤

用沉淀法进行重量分析的主要操作有:样品的溶解、沉淀、过滤,沉淀的洗涤,沉淀的烘干、炭化、灰化、灼烧和沉淀的称量等。

1. 样品的溶解

(1) 准备好洁净的烧杯,配好合适的玻璃棒和表面皿。玻璃棒的长度应比烧杯高 5 cm~7 cm,但不要太长。表面皿的直径应略大于烧杯口直径。烧杯内壁和底部不应有纹痕。

(2) 称取样品于烧杯中,用表面皿盖好烧杯。

(3) 溶样时应注意:

① 溶样时,若无气体产生,可取下表面皿,将溶剂沿紧靠杯壁的玻璃棒下端加入,或沿杯壁加入。边加入边搅拌,直至样品完全溶解。然后盖上表面皿。

② 溶样时,若有气体产生(如白云石等),应先加少量水润湿样品,盖好表面皿,再由烧

杯嘴与表面皿间的狭缝滴加溶剂。待气泡消失后,再用玻璃棒搅拌使其溶解。样品溶解后,用洗瓶吹洗表面皿和烧杯内壁。

③ 有些样品在溶解过程中需加热时。但一般只能让其微热或微沸溶解,不能暴沸。加热时须盖上表面皿。

④ 如样品溶解后需加热蒸发时,可在烧杯口放上玻璃三角,再盖上表面皿,加热蒸发。

2. 沉淀

对处理好的试样溶液进行沉淀,应根据沉淀的晶形或非晶形性质,选择不同的沉淀条件。

(1) 晶形沉淀　可按照"稀、热、慢、搅、没有错误"的操作方法沉淀,即:① 沉淀的溶液要冲稀一些。② 沉淀时应将溶液加热。③ 沉淀速度要慢,同时应搅拌。为此,沉淀时,左手拿滴管逐滴加入沉淀剂,右手持玻璃棒不断搅拌。滴加时滴管口应接近液面,避免溶液溅出。搅拌时需注意不要将玻璃棒碰到烧杯壁和杯底。④ 沉淀后应检查沉淀是否完全。方法是:待沉淀下沉后,滴加少量沉淀剂于上层清液中观察是否出现浑浊。⑤ 沉淀完全后,盖上表面皿,放置过夜或在水浴锅上加热 1 h 左右,使沉淀陈化。

(2) 非晶形沉淀　对于非晶形沉淀,宜用较浓的沉淀剂溶液,加入沉淀剂和搅拌的速度均快些,沉淀完全后要用蒸馏水稀释,不必放置陈化,有时还须加入电解质等。

3. 过滤和洗涤

过滤和洗涤见前面五,即分离与提纯技术中"过滤"等有关部分。

4. 沉淀的干燥和灼烧

(1) 干燥器的准备和使用　首先将干燥器擦干净,烘干多孔瓷板后,将干燥剂通过一纸筒装入干燥器的底部,应避免干燥剂玷污内壁的上部,如图 2-54 所示,然后盖上瓷板。再在磨口上涂上凡士林油,盖上干燥器盖。

干燥剂一般常用变色硅胶。此外还可用无水氯化钙等。由于各种干燥剂吸收水分的能力都是有一定限度的,因此干燥器中的空气并不是绝对干燥,而只是湿度相对降低而已。所以灼烧和干燥后的坩埚和沉淀,如在干燥器中放置过久,可能会吸收少量水分而使质量增加,这点须加注意。

图 2-54　装干燥剂方法

开启干燥器时,左手按住干燥器的下部,右手按住盖子上的圆顶,向左前方推开干燥器盖,如图 2-55 所示。盖子取下后应拿在右手中,用左手放入(或取出)坩埚(或称量瓶),及时盖上干燥器盖。盖子取下后,也可放在桌上安全的地方(注意要磨口向上,圆顶朝下)。加盖时,也应当拿住盖上圆顶,推着盖好。

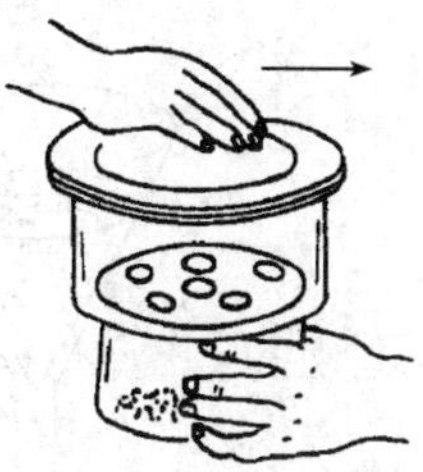

当坩埚或称量瓶等放入干燥器时,应放在瓷板圆孔内。称量瓶若比圆孔小时则应放在瓷板上。若为过热的容器时,放入干燥器后,应连续推开干燥器盖 1 次～2 次。

图 2-55　开起干燥器方法

搬动或挪动干燥器时,应该用两手的拇指同时按住盖,防止滑落打碎。如图 2-56 所示。

图 2-56　搬移干燥器方法

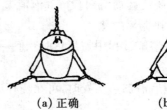

(a) 正确　　　　　**(b) 错误**

图 2-57　瓷坩埚在泥三角上的位置

　　(2) 坩埚的准备　灼烧沉淀常用瓷坩埚。使用前须用稀盐酸等溶剂洗净,晾干或烘干。然后用蓝黑墨水或 $K_4Fe(CN)_6$ 溶液在坩埚和盖上编号,干后,将它放入高温炉中灼烧(800℃左右),第一次灼烧约 0.5 h,取出稍冷后,转入干燥器中冷至室温,称量。然后进行第二次灼烧,约 15 min～20 min,稍冷后,再转入干燥器中,冷至室温,再称量。如此重复灼烧至恒重。

　　瓷坩埚放在煤气灯上灼烧时,应放在架有铁环的泥三角上,逐渐升温灼烧,正确的操作如图 2-57(a)所示,但不能按图 2-57(b)进行,这时可能由于铁丝烧红变软,坩埚容易跌落。瓷坩埚应放置氧化焰中进行灼烧,灼烧时应带坩埚盖,但不能盖严,需留一条小缝。灼烧过程中还应使用坩埚钳不时转动瓷坩埚,使之均匀加热,灼烧时间和操作方法与在高温炉中灼烧相同。

　　(3) 沉淀和滤纸的烘干　欲从漏斗中取出沉淀和滤纸时,应用扁头玻璃棒将滤纸边挑起,向中间折叠,使其将沉淀盖住,如图 2-58 所示。再用玻璃棒轻轻转动滤纸包,以便擦净漏斗内壁可能粘有的沉淀。然后将滤纸包用干净的手转移至已恒重的坩埚中,使它倾斜放置,滤纸包的尖端朝上。

　　然后对沉淀和滤纸进行烘干。烘干时应在煤气灯(或电炉)上进行。在煤气灯上烘干时,将放有沉淀的坩埚斜放在泥三角上(注意,滤纸的三层部分向上)坩埚底部枕在泥三角的一边上,坩埚口朝泥三角的顶角(如图 2-59),调好煤气灯。为使滤纸和沉淀迅速干燥,应该用反射焰,即用小火加热坩埚盖的中部,这时热空气流便进入坩埚内部,而水蒸气则从坩埚上面逸出。如图 2-59(a)所示。

图 2-58　沉淀的包装

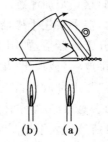

(b)　　(a)

图 2-59　滤纸的烘干(a)和炭化(b)

　　(4) 滤纸的炭化和灰化　滤纸和沉淀干燥后(这时滤纸只是被干燥,而不变黑),将煤气灯逐渐移至坩埚底部,使火焰逐渐加大,炭化滤纸,如图 2-59(b)所示。如温度升高太快,滤纸会生成整块的炭,需要较长时间才能将其灰化,故不要使火焰加得太大。炭化时如遇滤纸着火,可立即用坩埚盖盖住,使坩埚内的火焰熄灭(切不可用嘴吹灭)。着火时,不能置之不理、让其燃烧,这样易使沉淀随大气流飞散损失。待火熄灭后,将坩埚盖移至原来位置,继续加热至全部炭化(滤纸变黑)。炭化后可加大火焰,使滤纸灰化。滤纸灰化后,应呈灰白色而不是黑色。为使炭化较快地进行,应该随时用坩埚钳夹住坩埚使之转动,但不要使坩埚中的沉淀翻动,以免沉淀飞扬损失。沉淀的烘干、炭化和灰化也可在电炉上进行。应注意温度不能太高。这时坩埚应是直立,坩埚盖不能盖严,其他操作和注意事项同上。

(5) 沉淀的灼烧与称量 沉淀和滤纸灰化后,将坩埚移入高温炉中(根据沉淀性质调节适当温度),盖上坩埚盖,但留有空隙。与灼烧空坩埚时相同温度下,灼烧 40 min～45 min (与空坩埚灼烧操作相同),取出,冷至室温,称量。然后进行第二次、第三次灼烧,直至坩埚和沉淀恒重为止。一般第二次以后的灼烧 20 min 即可。

从高温炉中取出坩埚时,将坩埚移至炉口,至红热稍退后,再将坩埚从炉中取出放在洁净瓷板上。在夹取坩埚时,坩埚钳应预热。待坩埚冷至红热退去后,再将坩埚转至干燥器中,盖好盖子,随后须开启干燥器盖 1 次～2 次。

在干燥器内冷却时,原则是冷至室温,一般需 30 min 以上。但要注意,每次灼烧、称量和放置的时间,都要保持一致。

此外,某些沉淀在烘干后即可得到一定组成时,就不需在瓷坩埚中灼烧;而热稳定性差的沉淀,也不宜在瓷坩埚中灼烧。这时,可用微孔玻璃坩埚烘干至恒重即可。微孔玻璃坩埚放入烘箱中烘干时,应将它放在表面皿上进行。根据沉淀性质确定干燥温度。一般第一次烘干约 2 h,第二次约 45 min～1 h。如此重复烘干,称量,直至恒重为止。

参考文献

[1] 杭州大学化学系分析化学教研室编. 分析化学手册(第二版 第一分册). 北京:化学工业出版社,1997

[2] 成都科学技术大学分析化学教研组、浙江大学分析化学教研组编. 分析化学实验(第二版). 北京:高等教育出版社,1989

[3] 陈烨璞主编. 无机及分析化学实验. 北京:化学工业出版社,1998

[4] TDL－4 型低速台式离心机的使用说明书. 上海安亭科学仪器厂,1999

[5] 古国榜,李朴编. 无机化学实验. 北京:化学工业出版社,1998

[6] BS 系列电子天平安装操作手册. 北京赛多利斯有限公司,2002

[7] 752 型可见分光度计使用说明书. 上海精密科学仪器有限公司分析仪器总厂,1999

[8] 2000 型 & UV－2000 型分光光度计使用手册. 尤尼柯(上海)仪器有限公司,2004

[9] 柯以侃,董慧如主编. 分析化学手册,第三分册(第二版). 北京:化学工业出版社,1998

[10] 刘志广,张华,李亚明编. 仪器分析. 大连:大连理工大学出版社,2004

[11] 王彦吉,宋增福编. 光谱分析与色谱分析. 北京:北京大学出版社,1995

[12] 大连理工大学 辛剑,孟长功主编. 基础化学实验. 北京:高等教育出版社,2004

[13] 张济新编. 仪器分析实验. 北京:高等教育出版社,1998

[14] WHG－30A 型双光束红外分光光度计使用说明书. 天津市港东科技发展有限公司,2005

[15] 侯振雨主编. 无机及分析化学实验. 北京:化学工业出版社,2004

[16] 武汉大学化学系与分子科学学院《无机及分析化学实验》编写组编. 无机及分析化学实验(第二版). 武汉：武汉大学出版社，2002

[17] 大连理工大学无机化学教研室编. 无机化学实验(第二版). 北京：高等教育出版社，2004

[18] 浙江大学普通化学教研组编. 普通化学实验(第三版). 北京：高等教育出版社，1996

[19] 化学工业部化学试剂标准化技术归口单位化学工业部化学试剂质量检测中心编. 化学试剂标准大全. 北京：化学工业出版社，1995

[20] 殷学锋主编，浙江大学等三校合编. 新编大学化学实验. 北京：高等教育出版社，2002

[21] 武汉大学，吉林大学等校编. 无机化学实验. 北京：高等教育出版社，1990

[22] 袁书玉编. 无机化学实验. 北京：清华大学出版社，1996

[23] 南京大学《无机及分析化学实验》编写组编. 无机及分析化学实验(第三版). 北京：高等教育出版社，1998

[24] 浙江大学普通化学教研组编. 普通化学实验. 北京：高等教育出版社，1989

[25] pHS-25 型酸度计使用说明书. 上海雷磁·创益仪器有限公司，2002

第三章　实验数据处理

3.1　有效数字及运算规则

1. 有效数字

（1）有效数字　有效数字是指一个数据中包含的全部确定的数字和最后一位可疑数字。因此,有效数字的确定是根据测量中仪器的精度而确定。例如,NaOH 标定实验中,使用的仪器有分析天平,精度为 0.1 mg,滴定管精度为 0.01 mL,称取邻苯二甲酸氢钾 0.5078 g,滴定剂消耗的体积为 24.07 mL,这样计算出 C_{NaOH} "0.1033 mol·L^{-1}",应有 4 位有效数字,即最后一位是可疑数字,前三位都是确定的数字,若上述称量使用精度低的天平,则实验结果就不能达到 4 位有效数字。可见有效数字的书写表达取决于实验使用仪器的精度,在计算与记录数据时,有效数字位数必须确定,不能任意扩大与缩小。

（2）有效数字位数确定

① 在有效数字中,最后一位是可疑数字。

② "0"在数字前面不作有效数字,"0"在数字的中间或末端,都看作有效数字,例如:0.1033 与 0.01033 有效数字同样是 4 位,而 0.10330 则表示有 5 位有效数。

③ 采用指数表示时,"10"不包括在有效数字中,例上述数值写成 1.033×10^{-1} 或 10.33×10^{-2},都为 4 位有效数字。

④ 采用对数表示时,仅由小数部分的位数决定,首数（整数部分）只起定位作用,不是有效数字,例如 pH＝7.68,则[H^+]＝2.1×10^{-8} mol·L^{-1}"只有 2 位有效数字。

2. 有效数字的运算规则

在分析测定过程中,往往要经过若干步测定环节,读取若干次的实验数据,然后经过一定的运算步骤才能获得最终的分析结果。在整个测定过程中,多次读得的数据的准确度不一定完全相同。因而按照一定的计算规则,合理地取舍各数据的有效数字的位数,既可节省时间,又可以保证得到合理的结果。有关有效数字的运算规则主要有以下几条:

（1）在表达的数据中,应当只有一位可疑数字。

（2）舍去多余的或不正确的数字,可采用"四舍六入五留双"原则。这个原则是当尾数 ≤4 时舍去,当尾数≥6 时进位;当尾数为 5 时,若 5 前面一位是奇数则进位,若前一位是偶数则舍去。这样可部分抵消由 5 的舍入所引起的误差。例如:要将 0.315 和 0.585 处理成两位有效数字,则分别为 0.32 和 0.58。

（3）在加减乘除法运算中,加减法是以绝对误差最大的数为准来确定有效数字的位数。例如:将 0.0121,27.60 和 1.04268 三个数相加,根据上述原则,上述三个数的末位均是可疑数字,它们的绝对误差分别为 ±0.0001,±0.01 和 ±0.00001。其中绝对误差最大的为 27.60。因此在运算中,应以绝对误差最大的数为依据来确定运算结果的有效数字位数。先将其他数字依舍弃原则取到小数点后两位,然后再相加。而在乘除法中是以相对误差最大的数为准来确定有效数字的位数。

3.2　原始记录

原始记录是化学实验工作原始情况的记载。实验中直接观察测量得到的数据是原始数据,它们应该直接记录在实验记录本上,实验过程中的各种测量数据及有关现象应及时准确详实地记录下来,切忌夹杂主观因素,更不能随意抄袭拼凑和伪造数据。原始记录的基本要求如下:

1. 用钢笔或圆珠笔填写,文字记录应清晰工整,数据记录尽量采用一定的表格形式。

2. 实验过程中涉及的各种特殊仪器的型号及标准溶液浓度等应及时记录下来。

3. 记录实验过程中的测量数据,应注意具有有效数字的位数,只保留最后一位可疑数字。如常用的几个重要物理量的测量误差一般为:质量,± 0.0001 g(万分之一天平);溶剂,± 0.01 mL(滴定管、容量瓶、吸量管);pH,± 0.01;电位,± 0.0001 V;吸光度,± 0.01 单位等。由于测量仪器不同,测量误差可能不同。应根据具体试验情况及测量仪器的精度正确记录测量数据。

表示精密度时,通常只取一位有效数字。只有测定次数很多时,方可取两位且最多取两位有效数字。

4. 原始数据不准随意涂改,不能缺项。在实验过程中,如发现数据记错、算错或测错需要改动时,可将该数据用横线划去,并在其上方写上正确数字。

3.3　预习报告

预习在化学实验中占据重要的地位。预习的好坏直接关系到实验能否顺利进行,实验结果正确与否,因此,在实验之前,必须做好预习,并写出预习报告。预习报告的内容和具体要求如下:

1. 实验题目;

2. 实验日期;

3. 实验目的;

4. 实验原理　简要地用文字和化学式说明,对特殊仪器的实验装置应画出装置图;

5. 仪器与试剂　所用仪器型号,重要的仪器装置图等,药品规格、浓度等;

6. 实验步骤;

7. 对于求产率、浓度和未知物含量的应根据所学的理论知识,列出计算公式。

要求:用钢笔或圆珠笔认真书写,书面整洁、工整。每次实验前对预习报告进行检查。对于未完成预习报告者,不能参加本次实验,对于预习报告不全面者,成绩降一等级。

3.4　实验数据处理的基本方法

实验数据的处理可用列表法、图解法及电子表格法。化学分析法常用列表法,其形式最为简洁。仪器分析常用图解法。而电子表格法既有列表法的直观、简洁，又能方便快速地转换成所需形式的图，还可以用于实验室信息的统一存储和管理。

1. 列表法

列表法在一般化学实验中应用最为普遍，特别是原始实验数据的记录，简明方便。把实验数据按顺序，有规律地用表格表示出来，一目了然，既便于数据的处理、运算，又便于检查。一张完整的表格应包括如下内容：表格的顺序号、名称、项目、说明及数据来源。一般在表格的上方标明实验的名称，表的横向表头列出试验号。

2. 图解法

许多仪器分析法常用图形来表述实验结果。其好处是：

（1）显示数据的特点和数据变化的规律；

（2）由图可求出斜率、截距、内插值和切线等；

（3）由图形找出变量间的关系；

（4）根据图形的变化规律，可以剔除一些偏差较大的实验数据。

3. 电子表格法

在计算机技术飞速发展的今天，利用已开发的计算机软件平台进行实验数据处理已经是十分方便的事。利用电子表格既可以对所记录的数据进行快速、自动的处理，还可以用计算结果绘出各种图形。本章着重介绍 Excel 电子表格和 Origin 软件的应用。

3.5　Excel 电子表格在绘制各种曲线中的应用

20 世纪 80 年代以来，光度分析从发展走向成熟和辉煌。随着分析化学仪器进程的深化，传统的化学分析的比重日益下降；在当今许多部门的盛行分析工作中，光度分析由于无须复杂的精密仪器、简便易行、重现性好，而且适合我国国情，因而光度分析在我国的应用面相当宽而被广泛采用。因此创新分光光度分析新方法势在必行。

在与化学有关的实验及创建分析新方法或有机合成方法中，以往大多借助于坐标纸和手工操作来绘制实验数据图（少数由大型仪器所配备的数据工作站通过微机处理而直接打印出来），现在由于计算机的广泛使用已开始用计算机完成这些实验数据图的绘制。

针对当前多数学生在大学一年级学过计算机基础课后，在与化学有关的实验及毕业论文中不会应用计算机绘制实验结果图的情况，以创建分光光度分析新方法中的各种影响因素（如吸收光谱、酸度或 pH 试验、试剂用量试验和标准曲线等）的条件优化为例，针对性地介绍利用 Excel 电子表格绘制实验结果图的具体方法，以便加强与化学化工相关专业大学生的计算机在化学实验、科学研究及毕业设计与论文中的应用能力。

一、吸收光谱图的绘制

在创新分光光度分析新方法过程中吸收光谱是选择测试波长的重要依据，而在试验报告中应当有吸收光谱图，实际研究中并不是单纯地绘出反应产物的吸收光谱，而往往需要多种吸收光谱图（如试剂空白、反应产物及其他的吸收光谱图）以便进行比较或说明问题，故吸收光谱图的绘制必不可少。利用 Excel 电子表格绘制分光光度新体系中的试剂空白及反应产物的吸收光谱图极为方便，不仅用于显色反应体系而且可应用于褪色反应体系，同时可用于多条吸收曲线的绘制。以表 3-1 的实验数据（见参考文献[4]）为例来说明显色反应体系吸收光谱图的绘制过程：

1. 打开 Excel 电子表格，将实验数据按"列"输入在 A1 至 C16（其中 λ、A1 和 A2 分别在 A 列、B 列和 C 列）中的区域内。

2. 选定数据区域，按"图表向导"按钮，在出现对话框的"图表类型"中选择"XY 散点图"，并在"子图表类型"中选择"无数据点平滑线散点图"，按"下一步"。

3. 在下一个对话框中的"数据区域"中填上"A1:C16"，并在"系列产生在"框中选"列"，按"下一步"。

4. 在出现的对话框中可按自己意愿填入图的名称、x 轴、Y 轴的名称等，随后按"完成"，即可完成吸收曲线绘制的第一步。

5. 将鼠标移至图中的 x 轴处双击，可在出现的对话框中选择"刻度"页，将最大和最小值分别设置成 800 和 500，再将"主要刻度线"设置成 40、"次要刻度线"设置成 10，按"确定"即可得吸收曲线图。将鼠标移至图中 Y 轴主要网格线上，按"右键"，点"清除"除去 Y 轴网格线；将鼠标移至图中"阴隐"部分，按"右键"，点"清除"除去阴隐；将鼠标点"系列 1、系列 2"框，按"右键"，点"清除"除去系列 1、系列 2 框；将鼠标移至图外的图表区，按"右键"出现"图表区格式[O]"，在"边框"栏选择"无[N]"，在"区域"栏的"颜色[O]"中选择"白色"，按"右键"确定，即除去图表区的边框，可完成整个绘图过程。

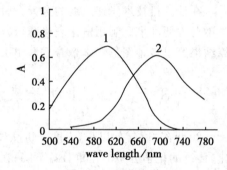

图 3-1　吸收光谱

6. 从"视图[V]"的"工具栏[T]"中打开"绘图"，在显示器下方出现"绘图[R]"，用"左键"点击"文本框 A"，在曲线图中出现文本框，输入相应的说明"文字"作标记，将该标记移动至合适位置。将吸收曲线图按"复制"并"粘贴"到相应的文档中，该吸收曲线图见图 3-1 所示。

表 3-1　吸光度 A 与波长 λ 的关系　　　　　（引自参考文献[4]）

λ/nm	500	520	540	560	580	600	620	640
A1(R/H$_2$O)	0.162	0.301	0.452	0.544	0.635	0.691	0.648	0.521
A2 (P/R)	/	/	0.020	0.033	0.054	0.099	0.205	0.361
λ/nm	660	680	688	700	720	740	760	780
A1(R/H$_2$O)	0.383	0.208	0.122	0.060	0.014	0.002	/	/
A2 (P/R)	0.493	0.600	0.618	0.605	0.535	0.420	0.317	0.252

以表 3-2 的实验数据（见参考文献[5]）为例来说明褪色反应体系吸收光谱图的绘制。将实验数据按"列"输入在 A1 至 E15（其中 λ、A1、A2、A3 和 A4 分别在 A 列、B 列、C 列、D 列和 E 列）中的区域内，按照以上步骤同样操作，并填入图的名称、x 轴、Y 轴的名称和设置相应的坐标刻度，除去网格线、阴隐、边框和"系列"框，并加注"标记"即可绘制出褪色反应体系的吸收光谱图，将吸收曲线图"复制"并"粘

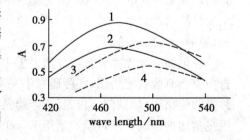

图 3-2　吸收光谱

贴"到相应的文档中(如图 3-2 所示)。

表 3-2 吸光度 A 与波长 λ 的关系

λ/nm	420	430	440	450	460	470	480	490
A1	0.574	0.670	0.747	0.810	0.861	0.885	0.880	0.862
A2	0.456	0.530	0.590	0.635	0.680	0.698	0.682	0.660
A3	/	/	0.472	0.547	0.598	0.652	0.695	0.723
A4	/	/	0.342	0.390	0.440	0.474	0.510	0.536
λ/nm	500	510	520	530	540			
A1	0.815	0.760	0.710	0.641	0.561			
A2	0.630	0.590	0.540	0.497	0.431			
A3	0.735	0.721	0.681	0.641	0.610			
A4	0.548	0.531	0.500	0.471	0.432			

二、其他曲线图的绘制

在创建分光光度分析新方法的条件优化过程中还有 pH 试验、显色剂用量的影响、反应时间的影响和反应温度的影响等条件试验图等,有时需要将新方法的多个影响以图的形式表达出来,以便进行比较。这些条件试验图都可以利用 Excel 电子表格按照"吸收光谱图的绘制"进行实践。如表 3-3 列出了参考文献[5]中的 pH 试验数据,表 3-4 列出了参考文献[5]中的显色剂——5-磺基水杨酸(SSA)用量试验数据,分别将实验数据按"列"输入在 A1 至 C16(其中 pH、A1 和 A2 分别在 A 列、B 列和 C 列)中的区域内和在 A1 至 C9(其中 VSSA、A1 和 A2 分别在 A 列、B 列和 C 列)中的区域内,按照以上"1"中的步骤同样操作选择"平滑线散点图",并填入图的名称、x 轴、Y 轴的名称和设置相应的坐标刻度,除去网格线、阴隐、边框和"系列"框,并加注"标记"即可绘制出褪色反应体系的 pH 试验图和显色剂——磺基水杨酸的用量影响图,将它们"复制"并"粘贴"到相应的文档中(如图 3-3 和图 3-4 所示)。

表 3-3 吸光度 A 与 pH 的关系　　　　　　(引自参考文献[5])

PH	1	1.4	1.8	2.2	2.4	2.8	3.0	3.4
A1	0.145	0.167	0.182	0.182	0.181	0.183	0.161	0.006
A2	/	/	/	/	/	/	0.142	0.148
PH	4.0	4.4	5.0	5.2	5.4	5.8	6.0	6.4
A1	/	/	/	/	/	/	/	/
A2	0.173	0.187	0.215	0.222	0.221	0.222	0.207	0.175

表 3-4 吸光度 A 与 V_{SSA} 的关系　　　　　　(引自参考文献[5])

V_{SSA}/mL	0	0.25	0.50	1.00	1.50	2.00	2.50	3.00	3.50
A1	0	0.140	0.181	0.182	0.181	0.183	0.166	0.155	0.117
A2	0	0.170	0.223	0.222	0.221	0.175	0.122	0.073	/

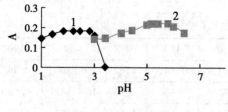

图 3-3　pH 试验

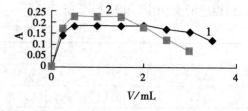

图 3-4　磺基水杨酸用量试验

三、Excel 电子表格在绘制标准曲线图及其他直线图的应用

分光光度分析新方法的标准曲线是该新方法的定量依据,利用 Excel 电子表格可以非常方便地完成其一元线性回归分析,不仅给出线性回归方程和相关系数,而且还可给出标准曲线图。在实际分析方法研究中常需要将新方法的标准曲线与原有方法的标准曲线进行直观比较,以比较其线性范围、灵敏度等。以文献[6]中不同蛋白质(牛血清白蛋白 BSA、人血清白蛋白 HAS 和 α-糜蛋白酶 Chy)的标准曲线实验结果(下表 3-5)为例,介绍这种回归处理和绘制标准曲线图的操作过程:

表 3-5　标准曲线的实验结果　　　　　　　　(引自参考文献[6])

浓度 c (mg/L)	10	20	40	60	80	100	120	140	160
A1(BSA)	0.045	0.079	0.165	0.262	0.361	0.454	0.508	0.620	/
A2(HAS)	0.010	0.047	0.092	0.165	0.238	0.284	0.338	0.392	0.440
A3(Chy)	0.020	0.029	0.075	0.123	0.164	0.224	0.289	0.333	0.380
浓度 c (mg/L)	180	200	220	240	260	280			
A1(BSA)	/	/	/	/	/	/			
A2(HAS)	0.502	0.575	/	/	/	/			
A3(Chy)	0.411	0.461	0.511	0.556	0.608	0.655			

1. 打开 Excel 电子表格,将标准曲线的实验数据按列输入在 A1 至 D15(其中 C、A1、A2、A3 分别在 A 列、B 列、C 列和 D 列)中的区域内。

2. 按"插入图表"按钮,在出现对话框的"图表类型"中选择"XY 散点图",并在"子 图表类型"中选择"散点图",按"下一步"。

3. 在下一个对话框中的"数据区域"中填上"A1;D15",并在"系列产生在"框中选"列",按"下一步"。

4. 在出现的对话框中可按自己意愿填入图的名称、x 轴、Y 轴的名称等,随后按"下一步"。

5. 在出现的对话框中按自己意愿选择后即可完成标准曲线绘制的第一步。

6. 从"视图[V]"的"工具栏[T]"中打开"绘图",在显示器下方出现"绘图[R]",用"左键"点击"文本框 A",在曲线图中出现文本框,输入相应的说明"文字"作标记,将该标记移动至合适位置。

7. 将鼠标移至图中任一数据点上,单击左键选中此列数据点,而后单击右键并选中"添加趋势线",在出现的对话框中的"类型"页选"线性",在"选项"页中选中"显示公式"和"显示 R 平方值",按"确定"便可完成整个绘图过程,将标准曲线图"复制"并"粘贴"到相应的文档

中(该标准曲线图见图 3-5 所示)。

本例中给出的回归方程为：

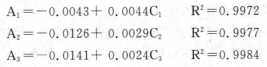

$$A_1 = -0.0043 + 0.0044C_1 \qquad R^2 = 0.9972$$
$$A_2 = -0.0126 + 0.0029C_2 \qquad R^2 = 0.9977$$
$$A_3 = -0.0141 + 0.0024C_3 \qquad R^2 = 0.9984$$

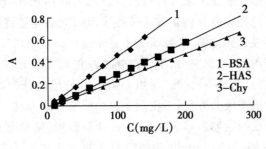

图 3-5　标准曲线

3.6　Origin 软件在绘制各种曲线中的应用

一、应用 Origin 软件绘制曲线的步骤

1. 打开 Origin 软件 6.1 或 7.0,在"Data1"的列表的 A[X] 和 B[Y]中分别按"列"输入实验数据。

2. 选定所有实验数据(用鼠标左键涂黑),依次点"Plot"和"Line + Symbol",出现实验草图。

3. 修改坐标标题和标尺范围及间隔。用鼠标左键双击实验草图的"X Axis Title"或"Y Axis Title",输入横坐标标题或纵坐标标题,点"OK";用鼠标左键双击横坐标或纵坐标数字,点击"Scale",输入横坐标或纵坐标标尺范围及间隔,点"OK"。

4. 选择所得曲线的类型、颜色和曲线上实验点的类型、大小。用鼠标左键双击曲线上任意点,点击"Line",在"Connect"中选择"Spline",在"Style"中选择"Solid"或"Dash"等,在"Color"中选择曲线的颜色;点击"Symbol",在"Preview"中选择点的类型,在"Size"中选择实验点的大小(如吸收曲线,"Size"选择 0;其他曲线"Size"选择具体数字)。

5. 如有多条曲线,需给所得曲线加记"标注"。在实验图中任意处,按鼠标"右键",点击"Add Text",输入相应的文字或数字,点击"OK",将所输入的文字或数字用鼠标"左键"移动至所需处,即可完成整个绘图过程。

6. 如曲线为线性,在"Connect"中选择"No Line"。如为多条直线,在"Graph1"图中紧靠左上角的带阴隐的"1"字处按鼠标"右键",分别选择"Data1"的任意一条(在数字前面打"√"),依次点击"Tools"、"Linear Fit"和"Fit",图中出现拟合直线,用鼠标左键双击该拟合直线上任意点,在"Line"列表的"Color"中选择合适的拟合直线颜色(如黑色用"Black");在弹出的"Results Log"列表中找出该拟合直线的回归方程(Linear Regression)"Y=A+BX"的斜率"B"和纵轴上截距"A"及线性相关系数"R"及实验点数"N"等数值。

7. 选定所得实验曲线图,依次点击"Edit"、"Copy Page",打开 word 文档,将所得实验曲线图"粘贴"到相应的文档中。

二、Origin 软件绘制曲线的应用举例

1. Origin 软件在曲线图绘制中的应用

在科学研究中,如在创建分析新方法的条件优化过程中不仅有吸收光谱图,还有 pH 试验、显色剂用量的影响、反应时间的影响和反应温度的影响等条件试验图等,有时需要将新方法的多个影响以图的形式表达出来,以便进行比较。利用 Origin 软件可以非常方便地绘制条件试验图。在创建分光光度分析新方法过程中吸收光谱是选择测试波长的重要依据,而在试验报告中应当有吸收光谱图,实际研究中并不是单纯地绘出反应产物的吸收光谱,而往往需要多种吸收光谱图(如试剂空白、反应产物及其他的吸收光谱图)以便进行比较或说明问题,故吸收光谱图的绘制必不可少。利用 Origin 软件绘制分光光度新体系中的试剂空白及反应产物的吸收光谱图极为方便,不仅用于显色反应体系而且可应用于褪色反应体系,同时可用于多条吸收曲线的绘制。以表 3-1 中的实验数据(见参考文献[4])为例来说明显色反应体系的吸收光谱图,按照 Origin 软件绘制曲线的步骤,绘制吸收光谱图,结果如图 3-6 所示,得到"无点光滑曲线图"。而其他条件试验图为"有点光滑曲线图",如以表 3-3 中的实验数据(见参考文献[5])为例来说明 pH 试验影响图,按照 Origin 软件绘制曲线的步骤所绘制曲线,结果如图 3-7 所示是"有点光滑曲线图"

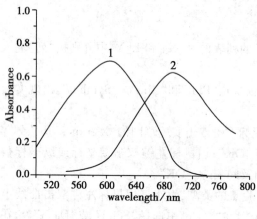

图 3-6   吸收曲线

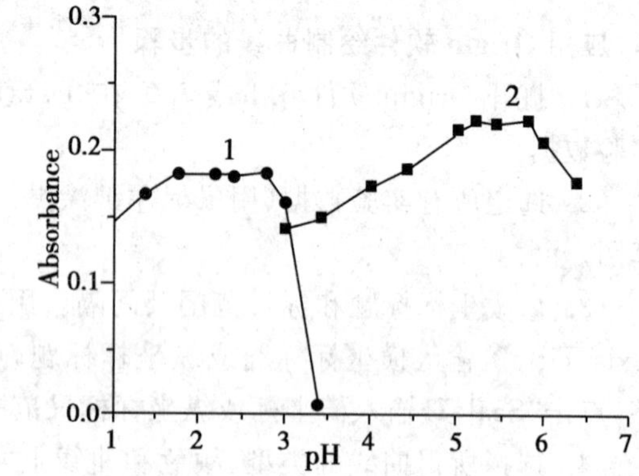

图 3-7   pH 的影响

2. Origin 软件在直线图绘制中的应用

分析测试新方法的标准曲线是该新方法的定量依据,利用 Origin 软件可以非常方便地完成其一元线性回归分析,不仅给出线性回归方程和相关系数,而且还可给出标准曲线图。以表 3-5(见参考文献[6])中分光光度法测定不同蛋白质(BSA、HAS 和 Chy)的标准曲线实验结果为例,按照 Origin 软件绘制曲线的步骤绘制,结果如图 3-8 所示,得到"有点光滑曲线

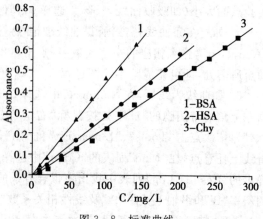

图 3-8   标准曲线

图",给出的回归方程为:

$$A_1 = -0.00427 + 0.00444C_1 \qquad R = 0.99884$$
$$A_2 = -0.01259 + 0.0029C_2 \qquad R = 0.9986$$
$$A_3 = -0.01411 + 0.00239C_3 \qquad R = 0.99922$$

3.7　实验报告

实验做完后,更为重要的是分析实验现象,整理实验数据,分析实验结果。

由于实验类型不同,对实验报告的要求、格式等也有所不同,但对实验报告的内容大同小异,一般包括三部分:即预习部分、记录部分和数据整理部分。

1. 预习部分(见 3.3 预习报告,实验前完成)

2. 记录

又称原始记录,要根据实验类型设计记录项目或记录表格,在实验中及时记录。这部分内容一般包括实验现象、检测数据。

3. 数据整理及结论(实验后完成)

这部分包括解释实验现象的化学反应方程式、结果计算、实验结论、问题讨论及现象分析等。

结果计算与结论:对于无机化学中的验证实验,要求写出与其实验现象相符的反应方程式;对于制备与合成类实验要求有理论产量计算、实际产量及产率计算;对于分析类实验要求写出计算公式和计算过程,并计算实验误差且报告结果;对于化学物理参数测定有必要的计算公式和计算过程,并用列表法和图解法表示出来。

问题讨论:对实验中遇到的问题、异常现象进行讨论,分析原因,提出解决办法,对实验结果进行误差计算和分析。

思考题:完成老师布置的相关思考题,加深对所学知识的理解。

3.8　实验报告示例

一、配合物的生成及性质实验报告(元素性质实验)

(一)实验目的

1. 比较配合物与简单化合物和复盐的区别。

2. 了解配合物的生成和组成,比较配离子的稳定性。

3. 了解配位平衡与沉淀反应、氧化还原反应的关系以及介质的酸碱性、浓度对配位平衡的影响。

4. 了解螯合物的特性和在金属离子鉴定方面的应用。

(二)主要仪器设备及材料

仪器:点滴板,试管,试管架,石棉网,酒精灯,电动离心机

试剂:$HCl(1 \ mol \cdot L^{-1})$,$NH_3 \cdot H_2O(2 \ mol \cdot L^{-1}, 6 \ mol \cdot L^{-1})$,$KI(0.1 \ mol \cdot L^{-1})$,$KBr(0.1 \ mol \cdot L^{-1})$,$K_4[Fe(CN)_6](0.1 \ mol \cdot L^{-1})$,$K_3[Fe(CN)_6](0.1 \ mol \cdot L^{-1})$,$NaCl(0.1 \ mol \cdot L^{-1})$,$Na_2S(0.1 \ mol \cdot L^{-1})$,$Na_2S_2O_3(0.1 \ mol \cdot L^{-1})$,EDTA 二钠盐(0.1 mol ·

$L^{-1})$,$NH_4SCN(0.1\ mol\cdot L^{-1})$,$(NH_4)_2C_2O_4$（饱和），$NH_3\cdot H_2O(2\ mol\cdot L^{-1})$,$AgNO_3$ $(0.1\ mol\cdot L^{-1})$,$CuSO_4(0.1\ mol\cdot L^{-1})$,$HgCl_2(0.1\ mol\cdot L^{-1})$,$FeCl_3(0.1\ mol\cdot L^{-1})$, Ni^{2+}试液，Fe^{3+}和Co^{2+}混合试液，碘水，锌粉，二乙酰二肟$(w=0.01)$，乙醇$(w=0.95)$，戊醇 等。

（三）实验原理及步骤

1. 配合物和配离子的形成

由一个简单的正离子与一个或多个其他中性分子或负离子结合而形成的复杂离子叫作配离子。带有正电荷的配离子叫作正配离子，带有负电荷的配离子叫作负配离子，含有配离子的化合物叫作配位化合物，简称配合物。

2. 配离子配合与离解平衡

配离子在水溶液中存在配合和离解的平衡，例如$[Cu(NH_3)_4]^{2+}$在水溶液中存在：

$$Cu^{2+} + 4NH_3 \rightleftharpoons [Cu(NH_3)_4]^{2+}$$

相应反应的标准平衡常数 K_f^θ 称为配合物的稳定常数。

配离子在水溶液中或多或少地解离成简单离子，K_f^θ 越大，配离子越稳定，离解的趋势越小。在配离子溶液中加入某种沉淀剂或某种能与中心离子配合形成更稳定的配离子的配位剂时，配位平衡将发生移动，生成沉淀或更稳定的配离子。

（1）简单离子与配离子的区别

2 滴 $0.1\ mol\cdot L^{-1}$ $FeCl_3$＋2 滴 $0.1\ mol\cdot L^{-1}$ NH_4SCN　　现象为：

2 滴 $0.1\ mol\cdot L^{-1}$ $K_3[Fe(CN)_6]$＋2 滴 $0.1\ mol\cdot L^{-1}$ NH_4SCN　　现象为：

（2）配离子稳定性的比较

① 2 滴 $0.1\ mol\cdot L^{-1}$ $FeCl_3$＋数滴 $0.1\ mol\cdot L^{-1}$ NH_4SCN　　现象为：

再逐滴加入饱和$(NH_4)_2C_2O_4$ 溶液，溶液颜色为：

② 10 滴 $0.1\ mol\cdot L^{-1}$ $AgNO_3$＋10 滴 $0.1\ mol\cdot L^{-1}$ $NaCl$ 微热　　现象为：

分离除去上层清夜，然后再按下列的次序进行实验：

a. 试管中加 $6\ mol\cdot L^{-1}$氨水（不断摇动试管）至沉淀刚好溶解；

b. 加 10 滴 $0.1\ mol\cdot L^{-1}$ KBr 溶液，现象为：

c. 再分离除去上层清夜，滴加 $1\ mol\cdot L^{-1}$ $Na_2S_2O_3$ 溶液至沉淀溶解；

d. 滴加 $0.1\ mol\cdot L^{-1}$ KI 溶液，现象为：

③ 0.5 mL 碘水中逐滴加入 $0.1\ mol\cdot L^{-1}$ $K_4[Fe(CN)_6]$溶液，振荡，现象为：

（3）配位离解平衡的移动

5 mL $0.1\ mol\cdot L^{-1}$ $CuSO_4$＋$6\ mol\cdot L^{-1}$氨水，至生成的碱式盐 $Cu_2(OH)_2SO_4$ 沉淀又溶解为止。然后加入 6 mL 质量分数(w)为 0.95 的乙醇。现象为：

将晶体过滤，用少量乙醇洗涤晶体，晶体的颜色为：

$[Cu(NH_3)_4]SO_4$ 晶体溶于 4 mL $2\ mol\cdot L^{-1}$ $NH_3\cdot H_2O$ 中，得到含$[Cu(NH_3)_4]^{2+}$ 的溶液。

① 用酸碱反应破坏$[Cu(NH_3)_4]^{2+}$；

$[Cu(NH_3)_4]^{2+}$的溶液＋$1\ mol\cdot L^{-1}$ HCl　　现象为：

② 利用沉淀反应破坏$[Cu(NH_3)_4]^{2+}$；

$[Cu(NH_3)_4]^{2+}$的溶液＋$0.1\ mol\cdot L^{-1}$ Na_2S　　现象为：

③ 利用氧化还原反应破坏$[Cu(NH_3)_4]^{2+}$；

$[Cu(NH_3)_4]^{2+}$的溶液＋锌粉　现象为：

④ 利用生成更稳定的配合物(如螯合物)的方法破坏$[Cu(NH_3)_4]^{2+}$。

$[Cu(NH_3)_4]^{2+}$的溶液＋$0.1\ mol \cdot L^{-1}$ EDTA 二钠盐　现象为：

(4) 配合物的某些应用

① 在白色点滴板上，1 滴 Ni^{2+}试液 ＋ 1 滴 $6\ mol \cdot L^{-1}$氨水和 1 滴 w 为 0.01 的二乙酰二肟溶液，现象为：　　　　表示　　　　Ni^{2+}存在。

② 2 滴 Fe^{3+} 和 Co^{2+} 混合试液 ＋ 8 滴～10 滴饱和 NH_4SCN 溶液 现象为：

再滴加入 $2\ mol \cdot L^{-1}$ NH_4F 溶液，现象为：

加戊醇 6 滴，振荡试管，静置，戊醇层的颜色为：

③ 硬水软化

a. 50 mL 自来水 ＋ 3 滴～5 滴 $0.1\ mol \cdot L^{-1}$ EDTA 二钠盐，加热煮沸 10 min

现象为：

b. 50 mL 自来水，加热煮沸 10 min，现象为：

(四) 数据处理与结果分析

1. 简单离子与配离子的区别

两种溶液中都有 Fe^{3+}，但现象不同是因为：

2. 配离子稳定性的比较

(1) 反应方程式为：

Fe^{3+}的两种配离子的稳定性大小为：

(2) 反应方程式为：

根据实验现象比较稳定性大小为：

根据实验现象比较 K_{sp}^{θ} 的大小为：

(3) 反应方程式为：

E^{θ} 大小为：

稳定性的大小为：

3. 配位离解平衡的移动

反应方程式为：

4. 配合物的某些应用

说明水中 Ca^{2+} 等阳离子发生的变化为：

(五) 思考题

1. 衣服上沾有铁锈时，常用草酸去洗，试说明原理。

2. 用哪些不同类型的反应，使$[FeSCN]^{2+}$的红色褪去？

二、硫酸亚铁铵的制备实验报告(制备实验)

(一) 实验目的

1. 了解复盐的一般特性及硫酸亚铁铵的制备方法。

2. 掌握水浴加热、蒸发、浓缩、结晶和减压过滤等基本操作。

3. 了解无机物制备的投料、产量、产率的有关计算，以及产品纯度的检验方法。

(二) 主要仪器设备及材料

仪器：蒸发皿，布氏漏斗，吸滤瓶，滤纸，台秤，恒温水浴，真空泵等。

试剂：$1\ mol \cdot L^{-1}\ NaCO_3$，$3\ mol \cdot L^{-1}\ H_2SO_4$，$2\ mol \cdot L^{-1}\ NaOH$，$0.1\ mol \cdot L^{-1}$ $K_3[Fe(CN)_6]$，$2\ mol \cdot L^{-1}\ HCl$，$6\ mol \cdot L^{-1}\ HCl$，$1\ mol \cdot L^{-1}\ BaCl_2$，铁屑，pH 试纸等。

（三）实验原理及步骤

硫酸亚铁铵$(NH_4)_2Fe(SO_4)_2 \cdot 6H_2O$俗称摩尔盐，是浅绿色单斜晶体。一般亚铁盐在空气中容易被氧化，但形成复盐后就比较稳定，不易被氧化，因此在定量分析中常用来配制亚铁离子的标准溶液。

本实验采用铁屑与稀硫酸作用生成硫酸亚铁溶液：

$$Fe + H_2SO_4 \Longrightarrow FeSO_4 + H_2(g)$$

等物质量的硫酸亚铁与硫酸铵作用，能生成溶解度较小的硫酸亚铁铵$(NH_4)_2Fe(SO_4)_2 \cdot 6H_2O$。

1. 硫酸亚铁铵的制备

（1）铁屑的净化　称取 2.0 g 铁屑，放入 100 mL 小烧杯中，加 20 mL $1\ mol \cdot L^{-1}\ NaCO_3$ 溶液，小心加热约 10 min。用倾泻法除去碱液，再用水洗净铁屑。

（2）硫酸亚铁的制备　加入 15 mL $3\ mol \cdot L^{-1}\ H_2SO_4$ 溶液，盖上表面皿，放在水浴上加热，温度控制在 $50℃\sim60℃$，直至不再有气泡放出。趁热用玻璃漏斗过滤，用少量去离子水洗涤残渣，用滤纸吸干后称量重量为：_____ g，计算出溶液中溶解铁屑的质量为：_____ g。

（3）硫酸亚铁铵的制备　称取 $(NH_4)_2SO_4$ 质量为：_____ g，加到 $FeSO_4$ 溶液中，水浴上搅拌加热，使硫酸铵溶解，用 H_2SO_4 调节 pH 为 $1\sim2$，蒸发浓缩至液面出现一层晶膜为止，冷却至室温。用布氏漏斗减压抽滤，把晶体转移到表面皿上晾干片刻，称重为：_____ g。

2. 产品定性检验

取少量产品溶于水，配成溶液检验 NH_4^+、Fe^{2+} 和 SO_4^{2-} 离子。

（1）NH_4^+　10 滴试液 $+\ 2\ mol \cdot L^{-1}\ NaOH$ 溶液，微热，用润湿的 pH 试纸检验逸出的气体，试纸显_____色。表示_____NH_4^+ 存在。

（2）Fe^{2+}　1 滴试液 $+\ 1$ 滴 $2\ mol \cdot L^{-1}\ HCl$ 溶液酸化，加 1 滴 $0.1\ mol \cdot L^{-1}\ K_3[Fe(CN)_6]$ 溶液，现象为：_____。表示_____Fe^{2+} 存在。

（3）SO_4^{2-}　5 滴试液 $+\ 6\ mol \cdot L^{-1}\ HCl$ 溶液至无气泡，多加 1 滴$\sim$2 滴。加入 1 滴 $\sim$2 滴 $1\ mol \cdot L^{-1}\ BaCl_2$ 溶液，现象为：_____。表示_____SO_4^{2-} 存在。

（四）数据处理与结果分析

1. 硫酸亚铁铵的制备

（1）称取 2.0 g 铁屑

（2）反应结束滤纸吸干后称量铁屑重量为：_____ g

（3）硫酸亚铁铵的制备

按关系式 $n[(NH_4)_2SO_4]:n[FeSO_4]=1:1$，计算所需的固体 $(NH_4)_2SO_4$ 量_____ g，硫酸亚铁铵晶体称重为：_____ g

产率计算：

（五）思考题

1. 制备硫酸亚铁时，为什么要使铁过量？

2.为什么制备硫酸亚铁铵晶体时,溶液必须呈酸性? 蒸发浓缩时是否需要搅拌?

三、高锰酸钾法测定水样中化学需氧量(COD)实验报告(分析测定实验)

(一)实验目的

1.掌握酸性高锰酸钾法测定水中 COD 的分析方法

2.了解测定 COD 的意义

(二)主要仪器设备及材料

仪器:托盘天平,万分之一电子天平,250 mL 容量瓶,酸式滴定管

试剂:0.013 mol·L^{-1} $Na_2C_2O_4$ 标准溶液 准确称取基准 $Na_2C_2O_4$ 0.42 g 左右溶于少量的蒸馏水中,定量转移至 250 mL 容量瓶中,稀释至刻度,摇匀,计算其浓度:

0.005000 mol·L^{-1} 高锰酸钾溶液,硫酸(1:2),硝酸银溶液($w=0.10$)

(三)实验原理及步骤

化学需氧量(COD)是指在特定条件下,采用一定的强氧化剂处理水样时,水样中需氧污染物所消耗的氧化剂的量,通常以相应的氧量(O_2,mg·L^{-1})来表示。COD 的测定分为酸性高锰酸钾法、碱性高锰酸钾法和重铬酸钾法,一般情况下多采用酸性高锰酸钾法。

在酸性条件下,向被测水样中定量加入高锰酸钾溶液,加热使高锰酸钾与水样中有机污染物充分反应,过量的高锰酸钾则加入一定量的草酸钠还原,最后用高锰酸钾溶液返滴定过量的草酸钠。反应方程式如下:

$$2MnO_4^- + 5C_2O_4^{2-} + 16H^+ =\!=\!= 2Mn^{2+} + 10CO_2(g) + 8H_2O$$

1.准确移取 50 mL 水样于 250 mL 锥形瓶中,加 1:2 硫酸 8 mL,再加入 w 为 0.10 硝酸银溶液 5 mL 以除去水样中 Cl^-,摇匀后准确加入 0.005 000 mol·L^{-1} 高锰酸钾溶液 10.00 mL(V_1),将锥形瓶置于沸水浴中加热 30 min。稍冷后($\approx$80℃),加 0.013 mol·L^{-1} $Na_2C_2O_4$ 标准溶液 10.00 mL,摇匀,在 70℃~80℃的水浴中用 0.005 000 mol·L^{-1} 高锰酸钾溶液滴定至微红色,30 s 内不褪色即为终点,记下高锰酸钾的用量为 V_2。

2.在 250 mL 锥形瓶中加入蒸馏水 50 mL 和 1:2 硫酸 8 mL,移入 0.013 00 mol·L^{-1} $Na_2C_2O_4$ 标准溶液 10.00 mL,摇匀,在 70℃~80℃的水浴中,用 0.005 000 mol·L^{-1} 高锰酸钾溶液滴定至溶液呈微红色,30 s 内不褪色即为终点,记下高锰酸钾的用量为 V_3。

3.在 250 mL 锥形瓶中加入蒸馏水 50 mL 和 1:2 硫酸 8 mL,在 70℃~80℃下,用 0.005 000 mol·L^{-1} 高锰酸钾溶液滴定至溶液呈微红色,30 s 内不褪色即为终点,记下高锰酸钾的用量为 V_4。

实验数据记录如下:

记录项目 ＼ 平行测定次数	Ⅰ	Ⅱ	Ⅲ
V_2/ mL			
平均 V_2/ mL			
V_3/ mL			
平均 V_3/ mL			
V_4/ mL			

(四)数据处理与结果分析

按下式计算化学需氧量 COD(Mn)

$$COD(Mn) = \frac{[(V_1 + V_2 - V_4) \times f - 10.00] \times c(Na_2C_2O_4) \times 16.00 \times 1\,000}{V_s}$$

式中 $f = 10.00/(V_3 - V_4)$，即每毫升高锰酸钾相当于 f mL 草酸钠标准溶液，V_s 为水样体积，16.00 为氧的相对原子量。

$$COD(Mn) =$$

（五）思考题

1. 哪些因素影响 COD 测定的结果，为什么？

2. 水中化学需氧量的测定有何意义？测定水中化学需氧量有哪些方法？

四、吸光光度法测定微量铁含量实验报告（光度分析实验）

（一）实验目的

1. 了解分光光度计的结构和正确的使用方法。

2. 学习如何选择吸光光度分析的实验条件。

3. 学习吸收曲线、工作曲线的绘制。

（二）主要仪器设备及材料

仪器：752 型分光光度计

试剂：$NH_4Fe(SO_4)_2$ 标准溶液：称取 0.2159 g 分析纯 $NH_4Fe(SO_4)_2 \cdot 12H_2O$，加入少量水及 20 mLHCl，使其溶解后，转移至 250 mL 容量瓶中，用蒸馏水稀释至刻度，摇匀。此溶液 Fe^{3+} 浓度为 100 mg $\cdot$ L^{-1}。吸取此溶液 25.00 mL 于 250 mL 容量瓶中，用蒸馏水稀释至刻度，摇匀。此溶液 Fe^{3+} 浓度为 10 mg $\cdot$ L^{-1}。

邻菲罗啉水溶液（ω 为 0.0015），盐酸羟胺水溶液（ω 为 0.10,），NaAc 溶液（1 mol $\cdot$ L^{-1}）、HCl（6 mol $\cdot$ L^{-1}）

（三）实验原理及步骤

亚铁离子在 pH＝3～9 的水溶液中与邻菲罗啉生成稳定的橙红色的 $[Fe(C_{12}H_8N_2)_3]^{2+}$，本实验就是利用该反应来测定溶液中的铁的含量。

如果用盐酸羟胺还原溶液中的高价铁离子为亚铁离子，此法还可测定总铁含量，从而求出高价铁离子的含量。

1. 吸收曲线的制作和测量波长的选择

用吸量管吸取 0.00 mL,10.00 mL 10 mg $\cdot$ L^{-1} 铁标准溶液，分别注入两个 50 mL 容量瓶中，各加入 1.0 mL 盐酸羟胺溶液，摇匀，再加入 5.0 mL 1 mol $\cdot$ L^{-1} NaAc 溶液，2.0 mL ω 为 0.0015 邻菲罗啉水溶液，最后用蒸馏水稀释至刻度，摇匀。放置 10 min 后，用 1 cm 比色皿，以试剂空白（即 0.00 mL 铁标准溶液配制的溶液）为参比溶液，在 430 nm～560 nm 之间，每隔 10 nm 测一次吸光度，在最大吸收峰附近，每隔 5 nm 测定一次吸光度。

波长 λ										
吸光度 A										

2. 溶液酸度的选择

取 7 个 50 mL 容量瓶（或比色管），分别加入 1.00 mL 铁标准溶液、1.00 mL 盐酸羟胺、2.00 mL 邻菲罗啉溶液，摇匀。然后，用滴定管分别加入 0.00,2.00,5.00,10.00,15.00,20.00,30.00 mL 浓度为 0.10 mol $\cdot$ L^{-1} NaOH 溶液，用水稀释至刻度，摇匀，放置 10 min。

用 1 cm 比色皿,以蒸馏水为参比溶液,在选择好的波长下测定各溶液的吸光度。同时,用 pH 计测量各溶液的 pH。

pH							
吸光度 A							

3. 显色剂用量的选择

取 7 个 50 mL 容量瓶(或比色管),各加入 1.00 mL 铁标准溶液,1.00 mL 盐酸羟胺,摇匀。再分别加入 0.10、0.30、0.50、0.80、1.00、2.00、4.00 mL 邻菲罗啉和 5.00 mL NaAc 溶液,以水稀释至刻度,摇匀,放置 10 min。用 1 cm 比色皿,以蒸馏水为参比溶液,在选择好的波长下测定各溶液的吸光度。

显色剂 V(mL)							
吸光度 A							

4. 显色时间的选择

在一个 50 mL 容量瓶(或比色管)中,加入 1.00 mL 铁标准溶液,1.00 mL 盐酸羟胺溶液,摇匀。再加入 2.00 mL 邻菲罗啉,5.00 mL NaAc,以水稀释至刻度,摇匀。立即用 1 cm 比色皿,以蒸馏水为参比溶液,在选择好的波长下测量吸光度。然后依次测量放置 5,10,30,60,120 min,…后的吸光度。

时间 t(min)								
吸光度 A								

5. 标准曲线的绘制

在 5 只 50 mL 容量瓶(或比色管)中,用吸量管分别加入 2.00、4.00、6.00、8.00、10.00 mL $NH_4Fe(SO_4)_2$ 标准溶液(浓度为 10 mg·L^{-1}),然后各加入 1.0 mL 盐酸羟胺溶液,摇匀,再加入 5.0 mL 1 mol·L^{-1} NaAc 溶液,2.0 mL ω 为 0.0015 邻菲罗啉水溶液,最后用蒸馏水稀释至刻度,摇匀。放置 10 min 后,在所选择的波长下,用 1 cm 比色皿,以试剂空白作为参比溶液测量各溶液的吸光度。

标准溶液 V(mL)					
吸光度 A					

6. 总铁的测定

吸取 25.00 mL 被测试液代替标准溶液,置于 50 mL 容量瓶中,其他步骤同上,测出吸光度为:_____。

(四)数据处理与结果分析

1. 吸收曲线的制作和测量波长的选择

用 Excel 或 Oringin 作图,以波长 λ 为横坐标,吸光度 A 为纵坐标,绘制 A 与 λ 关系的吸收曲线为:

2. 溶液酸度的选择

用 Excel 或 Oringin 作图,以 pH 为横坐标,吸光度 A 为纵坐标,绘制 A 与 pH 关系的曲线为:

3. 显色剂用量的选择

用 Excel 或 Oringin 作图,以显色剂用量 V 为横坐标,吸光度 A 为纵坐标,绘制 A 与 V 关系的曲线为:

4. 显色时间的选择

用 Excel 或 Oringin 作图,以显色时间 t 为横坐标,吸光度 A 为纵坐标,绘制 A 与 t 关系的曲线为:

5. 标准曲线的绘制

用 Excel 或 Oringin 作图,以铁含量为横坐标,吸光度 A 为纵坐标,绘制标准曲线:

6. 总铁的测定

吸取 25.00 mL 被测试液代替标准溶液,置于 50 mL 容量瓶中,其他步骤同上,测出吸光度并从标准曲线上查得相应于铁的含量为:_____ mg·L^{-1}。

(五) 思考题

1. 吸收曲线与标准曲线有何区别? 各有何实际意义?

2. 本实验中盐酸羟胺、醋酸钠的作用各是什么?

3. 怎样用吸光光度法测定水样中的全铁(总铁)和亚铁的含量? 试拟出简单步骤。

4. 制作标准曲线和进行其他条件实验时,加入试剂的顺序能否任意改变? 为什么?

参考文献

[1] 朱永泰主编. 化学实验技术基础(Ⅰ). 北京:化学工业出版社,1998

[2] 大连理工大学无机化学教研室编. 无机化学实验(第二版). 北京:高等教育出版社,2004

[3] 四川大学化工学院,浙江大学化工系编. 分析化学实验(第三版). 北京:高等教育出版社,2003

[4] 马卫兴,葛洪玉,周燕等. 分光光度法测定血清中的总蛋白含量. 淮海工学院学报(自然科学版)2003,13(1):38~40

[5] 马卫兴,贾海红,方剑慧等. 安乃近的 Fe(Ⅲ)-磺基水杨酸分光光度测定. 淮海工学院学报(自然科学版)2002,12(2):39~42

[6] 马卫兴,钱保华,杨绪杰等. 蛋白质的铬偶氮 KS 分光光度法测定. 分析测试学报,2003,22(4):42~44

[7] 殷学锋主编. 浙江大学等三校合编. 新编大学化学实验. 北京:高等教育出版社,2002

[8] 大连理工大学无机化学教研室编. 无机化学实验(第一版). 北京:高等教育出版社,1990

第四章　基础实验

实验一　酒精喷灯的使用及简单玻璃管加工

主 题 词　酒精喷灯　玻璃管

主要操作　酒精喷灯的使用　玻璃管的切割

背景材料

　　人们在实验室使用煤气灯时,总是对德国著名化学家本生(Bunsen)充满由衷的感激之情。这种被后人命名为"本生灯"的加热装置就是本生在 1853 年发明的。这种煤气灯构造简单,操作简便,使用安全,火焰温度可高达 2300℃,且火焰无色。本身就是利用自己发明的煤气灯验证和发现了许多物质的焰色反应,如他发现钠盐呈黄色,钾盐呈紫色,锶盐呈洋红色,钡盐呈黄绿色,铜盐呈蓝绿色等。正是本生对焰色反应的进一步研究,使他走上了一生最辉煌的时期。

　　本生(Bunsen)于 1811 年 3 月 31 日出生于德国名城哥廷根一个知识分子家庭,自幼受过良好的教育。1828 年中学毕业后升入哥廷根大学,学习化学、物理、矿物学和数学。在镉的发现者、当时著名化学家斯特罗迈尔的指导下,对化学产生了浓厚兴趣。他是一位勤奋多产的化学家和发明家,广泛涉猎于自然科学的各个领域,要一一列举他对科学的贡献是十分困难的。1836 年~1843 年间,关于二甲胂基$(CH_3)_2As^-$ 的研究成果成为当时有机化学"基团论"的实验支柱,也使本生一举成为有机化学领域的知名人物。

　　本生所组成的实验装置还有燃烧炉、水流唧筒、气体贮藏器、气体吸收计、气体流量计、恒温槽和水浴锅等等,本生所发明的这些仪器的共同特点是十分简便、容易掌握。本生灯(就是我们现在所用的酒精喷灯)也是这样。

实验目的

　　1. 了解酒精喷灯的构造,学会正确使用酒精喷灯;

　　2. 了解正常火焰各部分温度的高低 ;

　　3. 练习简单的玻璃加工操作。

实验原理

　　常用的酒精喷灯有座式(见图 4 - 1)及挂式两种。座式喷灯的酒精贮存在灯座内,而挂式喷灯的酒精贮存在悬挂于高处的贮罐内。

座式酒精喷灯由灯管、空气调节器、引火碗、螺旋盖、贮酒精罐等部分构成(见图4-1)，火焰温度在800℃左右，最高可达1000℃(见图4-2)，每30 min耗用酒精200 mL左右。

使用前，首先检查贮酒精罐中的酒精量。旋开加注酒精的螺旋盖，查看罐中酒精量，如不足，则通过漏斗把酒精倒入贮酒精罐。为了安全，酒精的量不可超过罐内容积的80%(约200 mL)。随即将盖旋紧，避免漏气。然后把灯身倾斜70度，使灯管内的灯芯沾湿，以免灯芯烧焦。其次，在引火碗内注2/3容量的酒精，然后点燃碗中的酒精以加热灯管(此时要转动空气调节器把入气孔调到最小)，待碗中酒精将近燃完，灯管温度足够高时，酒精汽化从喷口喷出时，引火碗内燃烧的火焰便可把喷出的酒精蒸气点燃。如不能点燃，也可用火柴来点燃。最后调节空气量，使火焰达到所需的温度。在一般情况下，进入的空气越多，也就是氧气越多，火焰温度越高。用毕后，可用事先准备的废木板平压灯管上口，火焰即可熄灭，然后垫着布旋松螺旋盖(以免烫伤)，使罐内温度较高的酒精蒸气逸出。

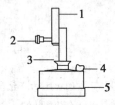

1. 灯管　2. 空气调节器　3. 引火碗　4. 螺旋盖　5. 贮酒精罐

图4-1　酒精喷灯的构造

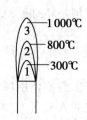

图4-2　正常火焰及火焰各区域的温度

简单的玻璃加工操作通常是指玻璃管或(棒)的截断、圆口、弯曲或拉伸。玻璃管或(棒)的截断是用锉刀按照正确的方式操作。玻璃管或(棒)的圆口、弯曲或拉伸是利用酒精喷灯加热使玻璃达到熔点后进行的一系列的操作。

仪器与材料

仪器：酒精喷灯、铁三脚架、石棉网、坩埚钳、锉刀

材料：玻璃棒1根、玻璃管1根

实验步骤

1. 酒精喷灯的使用

(1) 拆、装酒精喷灯以弄清其构造

(2) 酒精喷灯的点燃及火焰的调节

① 点燃酒精喷灯并观察火焰的形成　旋开螺旋盖(见图4-1)，往贮酒精罐内倒入适量灯用酒精。旋转空气调节器，关小空气入口。在引火碗内倒入适量酒精，点燃。使贮酒精罐内的酒精汽化并引燃。调节空气调节器，使火焰保持适当高度，这时火焰燃烧不完全，呈黄色。

② 调节正常火焰　旋转空气调节器，逐渐加大空气进入量，使火焰分为3层(见图4-2)，即得正常火焰。观察黄色火焰颜色变化及各层火焰的颜色，并调节火焰的大小。

(3) 了解正常火焰各部位的温度

① 把火柴梗横放至焰心，片刻后(不要等到它燃着)，观察火柴梗烧焦部位，说明火焰各

部分温度的高低。

②　将火柴头迅速插入焰心,何处先点燃?再用一段玻璃管伸入焰心,点燃玻璃管另一端逸出的酒精蒸气,将玻璃管上移,观察火焰熄灭的位置。两实验的现象说明什么?加热时器皿放在火焰的什么位置最好?

(4) 关闭酒精喷灯　关闭酒精喷灯的空气调节器,火焰即熄灭。

2. 简单的玻璃工操作

进行简单的玻璃加工前,必须用抹布将玻璃管(棒)擦干净。必要时,用水洗净,晒干后再加工。

(1) 截断(切割)玻璃管(棒)　将玻璃管(棒)平放在实验台上,左手按住要截断部位的左侧,右手持锉刀放在欲截断处,在与玻璃管(棒)垂直方向上,用锉刀锉出一道凹痕。注意应该向一个方向锉,不要来回锉。然后双手持玻璃管(棒),用两个拇指在凹痕的背面轻轻外推,同时把玻璃管(棒)向外拉,以折断玻璃管(棒)。(见图 4-3)

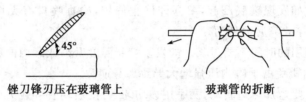

图 4-3　玻璃管(棒)的截断

注:图 4-3 引自参考文献[3]

(2) 熔光玻璃管(棒)口　玻璃管(棒)折断后其截断面很锋利,容易割破手和损坏橡皮管等,必须在火焰上熔光。把玻璃管(棒)截断面斜插入氧化焰中,不时转动玻璃管(棒),烧到微红时从火焰中取出,放在石棉网上冷却,就得到具有光滑截断面的玻璃管(棒)。注意熔烧时间不能太长,以免玻璃管管口收缩。

(3) 制作搅拌棒、玻璃钉　截取一根长约 150 mm、直径 4 mm～5 mm 的玻璃棒一根,断口熔烧至圆滑。制作一根长约 130 mm 的玻璃钉搅拌棒。

(4) 弯曲玻璃管　截取一根长约 200 mm 的玻璃管,(见图 4-4)两手持玻璃管把要弯曲的部位斜插入氧化焰中,边加热边转动,两手用力要匀。当玻璃管烧到发出黄光并充分软化时,立即取出,轻轻地在石棉网上将玻璃管弯成所需的角度。120°以上的角度可以一次完成,90°或 60°等较小的角度的弯曲可分几次完成,不过每次加热的部位应稍有偏移。一个合格的玻璃管不仅做到角度符合要求,还应做到弯曲处圆而不扁,使整个玻璃管侧面在同一水平面上。

用鱼尾灯加热玻璃管　　　　弯管操作

图 4-4　玻璃管的弯曲

注:图 4-4 引自参考文献[3]

(5) 拉细玻璃管　截取一根长约 150 mm 的玻璃管。用双手持玻璃管将要拉细的部位插入氧化焰中(为扩展受热面积可斜插入),不停地转动玻璃管,使它受热均匀。待玻璃管烧到发出黄光并充分软化时,立即取出,边转动边沿着水平方向向两旁拉,一直拉到所需的细度为止。放在石棉网上冷却。在拉细部分截断使之成为两个尖嘴。尖嘴也必须熔光。

可利用拉成尖嘴的玻璃管按下述操作做成滴管,先将拉细的玻璃管粗的一端烧至红软,然后垂直地往石棉网上轻压一下,做成比玻璃管直径稍大的小檐儿。冷却后,装上橡皮帽,即成滴管。

实验说明与指导

1. 酒精喷灯工作时,灯座下绝不能有任何热源,环境温度一般应在35℃以下,周围不要有易燃物。

2. 当罐内酒精耗剩20 mL左右时,应停止使用,如需继续工作,要把喷灯熄灭后再增添酒精,不能在喷灯燃着时向罐内加注酒精,以免引燃罐内的酒精蒸气。

3. 使用喷灯时如发现罐底凸起,要立即停止使用,检查喷口有无堵塞,酒精有无溢出等,待查明原因,排除故障后再使用。

4. 每次连续使用的时间不要过长。如发现灯身温度升高或罐内酒精沸腾(有气泡破裂声)时,要立即停用,避免由于罐内压强增大导致罐身崩裂。

5. 弯曲玻璃管要边加热边转动,两手用力均匀,否则玻璃管会在火焰中扭曲。

思考题

1. 为什么酒精喷灯管会被烧热,怎样避免?
2. 加热时器皿应放在火焰的什么位置最好?

参考文献

[1] 大连理工大学无机化学教研室编.无机化学实验(第二版).北京:高等教育出版社,2004

[2] 辛剑,孟长功 主编.基础化学实验.北京:高等教育出版社,2004

[3] 殷学锋主编,浙江大学等三校合编.新编大学化学实验.北京:高等教育出版社,2002

实验二　溶液的配制

主 题 词　溶液 配制

主要操作　称量　溶解

背景材料

化学试剂有优级纯(G. R.,一级试剂)、分析纯(A. R.,二级试剂)、化学纯(C. P.,三级试剂)三个等级见表4-1。

表 4 - 1 试剂规格和适用范围

等级	名称	英文名称	符号	适用范围	标签标志
一级品	优级纯 保证试剂	Guaranteed Reagent	G. R.	纯度很高,适用于精密分析工作和科学研究工作	绿色
二级品	分析纯 分析试剂	Analytical Pure	A. R.	纯度仅次于一级品,适用于多数分析工作和科学研究工作	红色
三级品	化学纯	Chemically Pure	C. P.	纯度较二级品差些,适用于一般分析工作	蓝色
四级品	实验试剂 医用	Laboratorial Reagent	L. R.	纯度较低,适用做实验辅助试剂	棕色或其他颜色
	生物试剂	Biological Reagent	B. R. C. R.		黄色或其他颜色

实验目的

1. 学会配制洗液、一般试液及标准溶液的方法;
2. 掌握台秤、量筒、烧杯等仪器的使用;
3. 巩固配制溶液的基本知识。

实验原理

配制不同用途的溶液需选用不同规格的化学试剂。配制一般试液、指示液、缓冲溶液等可采用分析纯或化学纯试剂。配制标准溶液有两种方法:

1. 直接配制法

用分析天平以减重法准确称取计算量的基准试剂或优级纯试剂,溶解后转移至容量瓶稀释至一定体积,可以得到准确浓度的标准溶液。这种溶液一般用来作杂质的限量检查、比色分析或分光光度法的标准溶液。

2. 间接配制法

用台秤称取所需试剂,置于烧杯中,用量筒加入所需量的溶剂,溶解后得到近似浓度的溶液,通过标定确定其准确浓度。这一类标准溶液一般用作滴定溶液。

配制溶液之前应先计算,然后称出或量取所需量的溶质,按规定方法配制,并及时贴上标签。

仪器与试剂

仪器:分析天平、台秤、量筒、容量瓶、烧杯、试剂瓶、塑料瓶等

试剂:重铬酸钾($K_2Cr_2O_7$)(工业用)、浓硫酸(H_2SO_4)、氢氧化钠(NaOH)、碳酸钠($Na_2CO_3 \cdot 10H_2O$)、浓氨水($NH_3 \cdot H_2O$)、氯化铵(NH_4Cl)、硫酸铁铵[$Fe(NH_4)(SO_4)_2 \cdot 12H_2O$]

实验内容

1. 洗液的配制

用称量纸在台秤上称取 $K_2Cr_2O_7$ 2 g,置小烧杯中,加入少许热水(约 4 mL),搅拌,再趁

热缓慢加入浓 H_2SO_4 30 mL,并不断搅拌直至全溶,即为洗液。

2. Na_2CO_3 溶液($1\ mol \cdot L^{-1}$)的配制

按计算量称取 $Na_2CO_3 \cdot 10H_2O$,置 50 mL 小烧杯中,加适量水使溶解,转移至量筒,加水至 20 mL,摇匀即得。

3. H_2SO_4 溶液($3\ mol \cdot L^{-1}$)的配制

量取计算量的浓硫酸缓缓注入盛有少量水的烧杯中,边加酸边搅拌,冷却后,再加适量水至总量为 20 mL,即得。

4. NaOH 标准溶液($0.1\ mol \cdot L^{-1}$)的配制

用经过预先干燥的小烧杯称取氢氧化钠适量,加水搅拌使溶解成饱和溶液,冷却后,置聚乙烯塑料瓶中,静置数日,备用。取饱和 NaOH 溶液的上层清液 0.56 mL,加新煮沸过的冷水使体积为 100 mL,其准确浓度要通过标定来确定。

5. HCl 标准溶液($0.1\ mol \cdot L^{-1}$)的配制

量取计算量的浓盐酸注入有适量水的烧杯中搅匀后移至量筒中,用少量水冲洗烧杯并移至量筒,再加水至总量为 20 mL,摇匀即得。

6. NH_3—NH_4Cl 缓冲溶液的配制

用干燥的小烧杯称取 NH_4Cl 固体 2.7 g,加水 10 mL,搅拌溶解后,加浓氨水 17.5 mL,搅拌均匀后转移至量筒,再加水稀释至 50 mL 即得。

实验说明与指导

1. 浓硫酸腐蚀性强,量取时要小心!并不得将水加到浓硫酸中。

2. 易水解的盐溶液配制时应先用其对应的酸(碱)溶解,再加水稀释至一定体积。

思考题

1. 配制 NaOH 溶液($0.1\ mol \cdot L^{-1}$),为何要"先配成饱和溶液,取上层清液稀释"?NaOH 饱和溶液的浓度约为多少?为什么要用"新烧过的冷水稀释"?

2. 计算实验内容"6"中所得缓冲溶液的 pH。

参考文献

[1] 侯振雨主编.无机及分析化学实验.北京:化学工业出版社,2004

[2] 武汉大学化学与分子科学学院《无机及分析化学实验》编写组编.无机及分析化学实验(第二版).武汉:武汉大学出版社,2002

[3] 大连理工大学无机化学教研室编,无机化学实验(第二版).北京:高等教育出版社,2004

[4] 浙江大学普通化学教研组编.普通化学实验(第三版).北京:高等教育出版社,1996

[5] 大连理工大学 辛剑,孟长功主编.基础化学实验.北京:高等教育出版社,2004

[6] 武汉大学,吉林大学等校的无机化学实验编写组编.无机化学实验.北京:高等教育出版社,1990

[7] 古国榜,李朴编.无机化学实验.北京:化学工业出版社,1998

[8] 袁书玉编.无机化学实验.北京:清华大学出版社,1996

[9] 南京大学《无机及分析化学实验》编写组编. 无机及分析化学实验(第三版). 北京：高等教育出版社, 1998

[10] 陈烨璞主编. 无机及分析化学实验(第一版). 北京：化学工业出版社, 1998

实验三　解离平衡

主 题 词　解离平衡　同离子效应　缓冲溶液　盐的水解　沉淀的生成和溶解　分步沉淀

主要操作　pH 试纸的使用　离心机的使用　pH 计的使用

背景材料

电解质溶液的解离理论是由瑞典物理化学家阿仑尼乌斯(S. Arrhenius)提出的, 他因此而获得 1903 年诺贝尔化学奖。阿仑尼乌斯 24 岁时在他的博士论文中提出电解质分子在水溶液中会"离解"成带正电荷和带负电荷的离子, 而这一过程并不需给溶液通电。然而这一见解有悖于当时流行的观点, 完全超出了当时学术界的认识, 因此在进行论文答辩时引起了他所在的乌普萨拉大学一些知名教授的不满。答辩结果, 他的论文只得了四等, 而答辩得了三等。最后, 因考虑到论文的思想新颖以及论文的实验部分数据可靠而且丰富, 才算勉强通过。由于论文仅以低分通过, 他毕业后未能在大学谋求到讲师职务。阿仑尼乌斯所在学校当时是瑞典最有名的大学, 既然校内得不到支持, 在国内也就没指望了。为此他把论文的副本分寄给了国外的一些著名化学家, 其中有德国化学家奥斯特瓦尔德(Wilhelm Ostwald)和荷兰化学家范特霍夫(Jacobus Hendricus Van't Hoff), 他们对阿仑尼乌斯的观点表示热情赞赏和支持, 尤其是奥斯特瓦尔德于 1884 年亲自到瑞典去会见他, 与他共商研究计划, 帮助他继续进行电离理论的研究, 再次于 1887 年发表完整的有关电离理论的论文。电离理论正式发表后, 一些国家的科学家仍然表示怀疑和反对, 其中有俄国的化学家门捷列夫。但由于奥斯特瓦尔德和范特霍夫的一贯支持, 再加上这两位科学家本身的崇高威望, 电离学说才逐渐被人们所接受, 最终在 1903 年以阿仑尼乌斯获得诺贝尔化学奖而宣告电离理论争论的结束。

实验目的

1. 了解同离子效应和盐类水解及抑制水解的方法；
2. 掌握缓冲溶液的配制并试验其性质；
3. 试验沉淀的生成、溶解及转化的条件。

实验原理

1. 同离子效应　弱酸(碱)在水溶液中存在着解离平衡, 且当加入与弱酸(碱)解离出的离子相同的离子时, 弱酸(碱)的解离度将减小, 这种现象叫作同离子效应。

2. 缓冲溶液　缓冲溶液是一种能抵抗外加少量酸、碱和水的稀释而保持体系的 pH 基本不变的溶液。适当比例的弱酸及其共轭碱或弱碱及其共轭酸就可以构成缓冲溶液。缓冲溶液 pH 的计算公式为：

$$pH = pK_a + \lg \frac{c_{\text{盐}}}{c_{\text{酸}}}$$

当缓冲溶液的浓度较高,溶液中共轭酸碱的比例比较接近时,缓冲溶液的缓冲能力(或称缓冲容量)也比较大。

3. 盐类的水解反应　盐类的水解反应是指盐类的组分离子与水解离出的 H^+ 或 OH^- 结合成弱电解质的反应。影响盐类水解的因素有:

(1) 盐的浓度　盐的浓度越小,水解度越大。

(2) 温度　水解反应为吸热反应,所以升高温度,水解度增大。

(3) 溶液的酸碱度　加酸(碱)可以引起盐类水解平衡的移动。

4. 沉淀的生成和溶解

(1) 溶度积规则

$$A_mB_n(s) \Longleftrightarrow mA^{n+} + nB^{m-}; \quad J = \{c(A^{m+})\}^n\{c(B^{n-})\}^m$$

$J < K_{sp}^{\ominus}$,沉淀溶解或无沉淀析出;

$J = K_{sp}^{\ominus}$,平衡态;

$J > K_{sp}^{\ominus}$,生成沉淀。

(2) 影响沉淀反应的因素　同离子效应,酸效应,配位效应。

(3) 分步沉淀　若体系中同时含有多种离子,均能与加入的某一沉淀剂发生沉淀反应,这时离子积首先超过溶度积的难溶电解质先沉淀出来。这种在混合溶液中多种离子发生先后沉淀的现象称为分步沉淀。

(4) 沉淀的转化　借助于某一试剂的作用,把一种难溶电解质转化为另一难溶电解质的过程称为沉淀的转化。一般来说,溶度积较大的难溶电解质容易转化为溶度积较小的难溶电解质。两种沉淀物的溶度积相差越大,沉淀转化越完全。

仪器、试剂与材料

仪器:烧杯、试管、离心试管、离心机

试剂:HAc(0.1 mol·L⁻¹)、NaAc(0.1 mol·L⁻¹)、甲基橙、NH₄Ac(3 mol·L⁻¹)、NH₄Ac(6 mol·L⁻¹)、NH₃·H₂O(0.1 mol·L⁻¹、2 mol·L⁻¹)、酚酞、HCl(0.1 mol·L⁻¹、2 mol·L⁻¹、6 mol·L⁻¹)、NaOH(0.1 mol·L⁻¹、2 mol·L⁻¹)、SnCl₂ 固体、Fe(NO₃)₃·9H₂O 晶体、HNO₃(6 mol·L⁻¹)、NaCl(0.5 mol·L⁻¹)、AgNO₃(0.1 mol·L⁻¹)、Na₂CO₃(0.5 mol·L⁻¹)、K₂CrO₄(0.5 mol·L⁻¹)、Na₂SO₄(0.5 mol·L⁻¹)、Al₂(SO₄)₃(0.5 mol·L⁻¹)、BaCl₂(0.5 mol·L⁻¹)、HAc(2 mol·L⁻¹)、MgCl₂(0.1 mol·L⁻¹)、FeCl₃(0.1 mol·L⁻¹)

材料:pH 试纸

实验步骤

(一)同离子效应

1. 取 2 支试管,各加 1 mL 0.1 mol·L⁻¹ HAc 及 1 滴甲基橙指示剂,摇匀,观察溶液的颜色。然后在 1 支试管中加入少量 3 mol·L⁻¹ NH₄Ac 溶液,摇匀后与另 1 支试管比较,溶液颜色有何变化?解释之。

2. 用 0.1 mol·L⁻¹ NH₃·H₂O、酚酞指示剂、NH₄Ac 溶液同样进行上述实验,有何现象发生？并说明 NH_4Ac 对 $NH_3 \cdot H_2O$ 电离平衡有何影响？

（二）缓冲溶液的配制和性质

1. 取两支试管，各加入 5 mL 蒸馏水，用 pH 试纸测定其 pH。然后分别加入 1 滴 $0.1\ mol \cdot L^{-1}$ HCl 溶液和 1 滴 $0.1\ mol \cdot L^{-1}$ NaOH 溶液，搅匀后再用 pH 试纸测定 pH。

2. 用 5 mL $0.1\ mol \cdot L^{-1}$ HAc 和 5 mL $0.1\ mol \cdot L^{-1}$ NaAc 溶液配制 pH 为 4.7 的缓冲溶液 10 mL，测定它的实际 pH。将缓冲溶液分为两份，第一份加入 1 滴 $0.1\ mol \cdot L^{-1}$ NaOH 溶液，混合均匀后测定它的 pH。往第二份缓冲溶液中加 1 滴 $0.1\ mol \cdot L^{-1}$ HCl 溶液，测定其 pH。

比较上述两个实验，说明了什么？

（三）盐类水解和影响水解平衡的因素

1. 在三支小试管中分别加入 1 mL 浓度均为 $0.5\ mol \cdot L^{-1}$ 的 Na_2CO_3、NaCl 及 $Al_2(SO_4)_3$ 溶液，用 pH 试纸试验它们的酸碱性。解释原因，并写出有关反应方程式。

2. 将少量 $SbCl_3$ 固体加到盛有 1 mL 蒸馏水的小试管中，有何现象产生？用 pH 试纸试验溶液的酸碱性。向试管中滴加 $6\ mol \cdot L^{-1}$ HCl，沉淀是否溶解？最后将所得溶液稀释，又有什么变化？解释上述现象，写出有关反应方程式。

（四）沉淀的生成和溶解

1. AgCl 和 $Ag(NH_3)_2^+$ 的生成

取 0.5 mL $0.5\ mol \cdot L^{-1}$ NaCl 溶液，加几滴 $0.1\ mol \cdot L^{-1}$ 的 $AgNO_3$ 溶液，观察 AgCl 沉淀的产生，再往其中加 $2\ mol \cdot L^{-1}$ $NH_3 \cdot H_2O$。观察实验现象，并解释原因。

2. $Mg(OH)_2$、$Fe(OH)_3$ 沉淀的生成和溶解

用 $2\ mol \cdot L^{-1}$ NaOH 溶液分别与 $MgCl_2$、$FeCl_3$ 溶液作用、制得沉淀量相近的 $Mg(OH)_2$ 和 $Fe(OH)_3$，离心，弃去溶液，往 $Mg(OH)_2$ 中滴加 $6\ mol \cdot L^{-1}$ NH_4Ac 溶液至沉淀溶解。再往 $Fe(OH)_3$ 中加入同量的 NH_4Ac 溶液，沉淀是否溶解？从平衡

$$M(OH)_n + nNH_4^+ \Longrightarrow M^{n+} + nNH_3 \cdot H_2O$$

解释实验现象。

3. $BaCO_3$，$BaCrO_4$，$BaSO_4$ 的生成和溶解

在 3 支离心管中分别加入 2 滴 $0.5\ mol \cdot L^{-1}$ Na_2CO_3、K_2CrO_4、Na_2SO_4 溶液，各加 2 滴 $0.5\ mol \cdot L^{-1}$ $BaCl_2$ 溶液，观察 $BaCO_3$、$BaCrO_4$、$BaSO_4$ 沉淀的生成；试验沉淀能否溶于 $2\ mol \cdot L^{-1}$ HAc 中，将不溶者离心分离，弃去清液，试验沉淀在 $2\ mol \cdot L^{-1}$ 盐酸中的溶解情况。

用化学平衡原理解释实验 1、2、3 的现象，总结沉淀生成和溶解的条件。

（五）沉淀的转化和分步沉淀

1. 取两支离心管，分别加几滴 $0.5\ mol \cdot L^{-1}$ K_2CrO_4 和 NaCl 溶液，均滴入 2 滴 $0.1\ mol \cdot L^{-1}$ $AgNO_3$ 溶液，观察 Ag_2CrO_4 和 AgCl 沉淀的生成和颜色。离心，弃去溶液，往 Ag_2CrO_4 沉淀中加入 $0.5\ mol \cdot L^{-1}$ NaCl 溶液，往 AgCl 沉淀中加入 $0.5\ mol \cdot L^{-1}$ K_2CrO_4 溶液，充分搅动，哪种沉淀的颜色发生变化？实验说明 Ag_2CrO_4 和 AgCl 中何种溶解度较小？

2. 往试管中加 2 滴 $0.5\ mol \cdot L^{-1}$ NaCl 和 K_2CrO_4 溶液，混合均匀后，逐滴加入 $0.1\ mol \cdot L^{-1}$ $AgNO_3$ 溶液，并随即摇荡试管，观察沉淀的出现与颜色的变化。最后得到外观为砖红色的沉淀中有无 AgCl？用实验证实你的想法（提示：可往沉淀中加 $6\ mol \cdot L^{-1}$

HNO₃,使其中的 Ag_2CrO_4 溶解后观察之)。

用溶度积规则解释实验现象.并总结沉淀转化条件。

实验说明与指导

实验步骤(三)2 项中 SbCl₃ 固体加入量不能多,芝麻粒大小即可,否则实验现象不明显。

思考题

1. 同离子效应与缓冲溶液的原理有何异同?

2. 如何抑制或促进水解? 举例说明。

3. 是否一定要在碱性条件下,才能生成氢氧化物沉淀? 不同浓度的金属离子溶液,开始生成氢氧化物沉淀时,溶液的 pH 是否相同?

参考文献

[1] 南京大学.无机及分析化学实验编写组编.无机及分析化学实验(第三版).北京:高等教育出版社,1998

实验四　醋酸解离常数和解离度的测定

主 题 词　解离常数　解离度

主要操作　pH 计基本操作　移液管的基本操作　容量瓶的使用

背景材料

乙酸,又名冰醋酸,是一种重要的有机羧酸,俗称醋酸。

乙酸是一种典型的脂肪酸(饱和脂肪酸),由甲基(—CH₃)和羧基(—COOH)直接连接而构成,乙酸的官能团是羧基(—COOH)。它是食醋的主要成分,普通的食醋中含乙酸 3%～5.7%(质量分数)。乙酸在常温下是一种有强烈刺激性酸味的无色液体,熔点为 16.5℃(289.6 K)。沸点为 118.1℃ (391.2 K)。纯的乙酸在低于熔点时会冻结成冰状晶体,所以无水乙酸又称为冰醋酸。乙酸易溶于水和乙醇,其水溶液呈弱酸性。乙酸盐也易溶于水。

乙酸有多种制取方法:

(1) 发酵法,发酵法是乙酸最原始的制造方法。这种方法采用含糖类物质的植物果实发酵制乙醇,乙醇经过发酵氧化成乙醛,再将乙醛进一步氧化制得乙酸。食用的醋就是用这种方法制成的。

(2) 乙醇氧化法,由乙醇在有催化剂的条件下和氧气发生氧化反应制得。

(3) 乙醛氧化法,由乙醛在有催化剂的条件下[催化剂为乙酸锰(CH₃COO)₂Mn]和氧气发生氧化反应制得。除上述方法之外,还有许多制取乙酸的方法和途径。

乙酸是一种重要的有机化工原料,用途十分广泛。可以作溶剂(如喷漆溶剂)。制造乙酸盐(醋酸盐),合成乙酸乙酯以及进一步合成乙酰乙酸乙酯,合成纤维,生产醋酸纤维,制造香料、染料、医药、农药等。

实验目的

1. 测定醋酸的解离常数和解离度,加深对解离常数和解离度的理解;
2. 学习与熟悉 pH 计的使用;
3. 巩固移液管的基本操作,学习容量瓶的使用。

实验原理

醋酸是弱电解质,在水溶液中存在以下的解离平衡:$HAc \rightleftharpoons H^+ + Ac^-$

若 c 为 HAc 的起始浓度,$[H^+]$、$[Ac^-]$ 和 $[HAc]$ 分别为 H^+、Ac^- 和 HAc 的平衡浓度,α 为解离度,K_a 为解离常数,平衡时 $[H^+]=[Ac^-]$,

因为平衡时 $[HAc]=c(1-\alpha)$,　$[H^+]=[Ac^-]=c\alpha$,　$\alpha=\dfrac{[H^+]}{C}$

则 $K_a=\dfrac{[H^+][Ac^-]}{[HAc]}=\dfrac{[H^+]^2}{C-[H^+]}=\dfrac{(c\alpha)^2}{c-c\alpha}=\dfrac{c\alpha^2}{1-\alpha}$

若 $\alpha \leqslant 5\%$,则 $c-[H^+] \approx c$ 上式可以简写为:$K_a=\dfrac{[H]^2}{c}=c\alpha^2$ 或者 $\alpha=\sqrt{\dfrac{K_a}{c}}$

测定出已知浓度的醋酸溶液的 pH,即可计算其离解度和解离常数。

仪器与试剂

仪器:酸度计、容量瓶(50 mL)、烧杯(50 mL)、移液管(25 mL)、吸量管(5 mL)、洗耳球

试剂:HAc 标准溶液(0.1 mol·L^{-1}实验室标定浓度)

实验步骤

1. 不同浓度 HAc 溶液的配制

用移液管(或吸量管)分别量取上述 HAc 标准溶液 25.00 mL、10.00 mL、5.00 mL 和 2.50 mL 置于 50 mL 容量瓶中,分别用蒸馏水稀释到刻度,摇匀。

2. 不同浓度 HAc 溶液 pH 的测定

将以上四种不同浓度的 HAc 溶液分别转入四只干燥的 50 mL 烧杯中,按由稀至浓的顺序用 pH 计分别测定它们的 pH,记录数据和室温如表 4-2。计算 HAc 的解离度和解离常数。

表 4-2　醋酸解离常数和解离度的测定

HAc 溶液编号	c	pH	$[H^+]$	解离度 α	解离常数	
					测得值	平均值
1						
2						
3						
4						

实验说明与指导

1. 电极在测量前必须用已知 pH 的标准缓冲溶液进行定位校准,其值愈接近被测值愈好。

2. 标定的缓冲溶液第一次应用 pH = 6.86 的溶液,第二次应接近被测溶液的值,如被测溶液为酸性时,缓冲溶液应选 pH = 4.00;如被测溶液为碱性时,则选 pH = 9.18 的缓冲溶液。一般情况下,在 24 h 内仪器不需再标定。

思考题

1. 若所用醋酸溶液的浓度极稀,是否还可用 $K_a \approx \dfrac{[H^+]^2}{C}$ 求解离常数? 为什么?

2. 改变所测醋酸的浓度或温度,则解离度和解离常数有无变化? 若有变化,会有怎样的变化?

3. 为什么 HAc 溶液的 pH 要用 pH 计来测定? HAc 的浓度与 HAc 溶液的酸度有何区别?

4. 如何使用酸度计测量溶液的 pH? 请写出主要的操作步骤。

5. 298 K 时 HAc 的电离常数的文献值为 1.754×10^{-5} mol·L^{-1},求本实验测得值的相对误差,并分析产生误差的原因。

参考文献

[1] 武汉大学化学与分子科学学院《无机及分析化学实验》编写组编,无机及分析化学实验(第二版).武汉:武汉大学出版社,2002

实验五   配合物的生成及性质

主 题 词   配合物   配位平衡

主要操作   离心操作   过滤与洗涤操作

背景材料

配位化学是在无机化学基础上发展起来的一门边缘学科。它所研究的主要对象为配位化合物(Coordination Compounds,简称配合物)。早期的配位化学集中在研究以金属阳离子受体为中心(作为酸)和以含 N、O、S、P 等给予原子的配体(作为碱)而形成的所谓"Werner 配合物"。第二次世界大战期间,无机化学家在围绕耕耘周期表中某些元素化合物的合成中得到发展。在工业上,美国实行原子核裂变曼哈顿(Manhattan)工程基础上所发展的铀和超铀元素溶液配合物的研究,以及在学科上,1951 年 Panson 和 Miller 对二茂铁的合成打破了传统无机和有机化合物的界限,从而开始了无机化学的复兴。当代的配位化学沿着广度、深度和应用三个方向发展。在深度上表现在有众多与配位化学有关的学者获得了诺贝尔奖,如 Werner 创建了配位化学,Ziegler 和 Natta 的金属烯烃催化剂,Eigen 的快速反应,Lipscomb 的硼烷理论,Wilkinson 和 Fischer 发展的有机金属化学,Hoffmann 的等瓣理论,Taube 研究配合物和固氮反应机理,Cram,Lehn 和 Pedersen 在超分子化学方面的贡献,Marcus 的电子传递过程。在以他们为代表的开创性成就的基础上,配位化学在其合成、结构、性质和理论的研究方面取得了一系列进展。在广度上表现在自 Werner 创立配位化学以来,配位化学处于无机化学研究的主流,配位化合物还以其花样繁多的价键形式和空间结构在化学理论发展中,及其与其他学科的相互渗透中,而成为众多学科的交叉点。在应用方面,结合生产实践,配合物的传统应用继续得到发展,例如金属簇合物作为均相催化剂,螯合物稳定性差异在湿法冶金和元素分析、分离中的应用等。随着高新技术的日益发展,具有特殊物理、化学和生物化学功能的所谓功能配合物在国际上得到蓬勃的发展。自从 Werner 创建配位化学至今 100 年以来,以 Lehn 为代表的学者所倡导的超分子化学将成为今后配位化学发展的另一个主要领域。人们熟知的化学主要是研究以共价键相结合的分子的合成、结构、性质和变换规律。超分子化学可定义为分子间弱相互作用和分子组装的化学。分子间的相互作用形成了各种化学、物理和生物中高选择性的识别、反应、传递和调制过程。而这些过程就导致超分子的光电功能和分子器件的发展。

实验目的

1. 比较配合物与简单化合物和复盐的区别;
2. 了解配合物的生成和组成,比较配离子的稳定性;
3. 了解配位平衡与沉淀反应、氧化还原反应的关系以及介质的酸碱性、浓度对配位平衡的影响;
4. 了解螯合物的特性和在金属离子鉴定方面的应用。

实验原理

1. 配合物和配离子的形成

由一个简单的正离子与一个或多个其他中性分子或负离子结合而形成的复杂离子叫作配离子。带有正电荷的配离子叫作正配离子,带有负电荷的配离子叫作负配离子,含有配离子的化合物叫作配位化合物,简称配合物。

2. 配离子配合-离解平衡

配离子在水溶液中存在配合和离解的平衡,例如$[Cu(NH_3)_4]^{2+}$在水溶液中存在:

$$Cu^{2+} + 4NH_3 \rightleftharpoons [Cu(NH_3)_4]^{2+}$$

相应反应的标准平衡常数 K_f^θ 称为配合物的稳定常数。

配离子在水溶液中或多或少地离解成简单离子,K_f^θ 越大,配离子越稳定,离解的趋势越小。在配离子溶液中加入某种沉淀剂或某种能与中心离子配合形成更稳定的配离子的配位剂时,配位平衡将发生移动,生成沉淀或更稳定的配离子。

仪器与试剂

仪器:点滴板、试管、试管架、石棉网、酒精灯、电动离心机

试剂:HCl(1 mol·L^{-1})、NH$_3$·H$_2$O(2 mol·L^{-1}、6 mol·L^{-1})、KI(0.1 mol·L^{-1})、

KBr($0.1\ mol \cdot L^{-1}$)、$K_4[Fe(CN)_6]$($0.1\ mol \cdot L^{-1}$)、$K_3[Fe(CN)_6]$($0.1\ mol \cdot L^{-1}$)、NaCl（$0.1\ mol \cdot L^{-1}$）、Na_2S（$0.1\ mol \cdot L^{-1}$）、$Na_2S_2O_3$（$0.1\ mol \cdot L^{-1}$）、乙二胺四乙酸二钠盐（$0.1\ mol \cdot L^{-1}$）、NH_4SCN（$0.1\ mol \cdot L^{-1}$）、$(NH_4)_2C_2O_4$（饱和）、NH_4F（$2\ mol \cdot L^{-1}$）、$AgNO_3$（$0.1\ mol \cdot L^{-1}$）、$CuSO_4$（$0.1\ mol \cdot L^{-1}$）、$HgCl_2$（$0.1\ mol \cdot L^{-1}$）、$FeCl_3$（$0.1\ mol \cdot L^{-1}$）、Ni^{2+}试液、Fe^{3+}和Co^{2+}混合试液、碘水、锌粉、二乙酰二肟（$\omega=0.01$）、乙醇（$\omega=0.95$）、戊醇等

实验步骤

1. 简单离子与配离子的区别

在分别盛有 2 滴 $0.1\ mol \cdot L^{-1}$ $FeCl_3$ 溶液和 $K_3[Fe(CN)_6]$ 溶液的两支试管中，分别滴入 2 滴 $0.1\ mol \cdot L^{-1}$ NH_4SCN 溶液，有何现象？两种溶液中都有 Fe^{3+}，如何解释上述现象？

2. 配离子稳定性的比较

（1）往盛有 2 滴 $0.1\ mol \cdot L^{-1}$ $FeCl_3$ 溶液的试管中，加 $0.1\ mol \cdot L^{-1}$ NH_4SCN 溶液数滴，有何现象？然后再逐滴加入饱和$(NH_4)_2C_2O_4$ 溶液，观察溶液颜色有何变化？写出有关反应方程式，并比较 Fe^{3+} 的两种配离子的稳定性大小。

（2）往盛有 10 滴 $0.1\ mol \cdot L^{-1}$ $AgNO_3$ 溶液的试管中，加入 10 滴 $0.1\ mol \cdot L^{-1}$ NaCl 溶液，微热，分离除去上层清液，然后在该试管中按下列的次序进行实验：

① 加 $6\ mol \cdot L^{-1}$ 氨水（不断摇动试管）至沉淀刚好溶解；

② 加 10 滴 $0.1\ mol \cdot L^{-1}$ KBr 溶液，有何沉淀生成？

③ 除去上层清液，滴加 $0.1\ mol \cdot L^{-1}$ $Na_2S_2O_3$ 溶液至沉淀溶解；

④ 滴加 $0.1\ mol \cdot L^{-1}$ KI 溶液，又有何沉淀生成？

写出以上反应的方程式，并根据实验现象比较：

(a) $[Ag(NH_3)_2]^+$，$[Ag(S_2O_3)_2]^{3-}$ 的稳定性的大小。

(b) AgCl，AgBr，AgI 的 K_{sp}^{θ} 的大小。

（3）在 0.5 mL 碘水中，逐滴加入 $0.1\ mol \cdot L^{-1}$ $K_4[Fe(CN)_6]$溶液，振荡，有何现象？写出反应方程式。

结合 Fe^{3+} 可以把 I^- 氧化成 I_2 这一实验结果，试比较 $E^{\theta}(Fe^{3+}/Fe^{2+})$ 与 $E^{\theta}([Fe(CN)_6]^{3-}/[Fe(CN)_6]^{4-})$ 的大小，并根据两者电极电势的大小，比较$[Fe(CN)_6]^{3-}$ 和 $Fe(CN)_6^{4-}$ 稳定性的大小。

3. 配位离解平衡的移动

在盛有 5 mL $0.1\ mol \cdot L^{-1}$ $CuSO_4$ 溶液的小烧杯中加入 $6\ mol \cdot L^{-1}$ 氨水，直至最初生成的碱式盐 $Cu_2(OH)_2SO_4$ 沉淀又溶解为止。然后加入 6 mL ω 为 0.95 的乙醇。观察晶体的析出。将晶体过滤，用少量乙醇洗涤晶体，观察晶体的颜色，写出反应式。

取上面配制的$[Cu(NH_3)_4]SO_4$ 晶体少许溶于 4 mL $2\ mol \cdot L^{-1}$ $NH_3 \cdot H_2O$ 中，得到含$[Cu(NH_3)_4]^{2+}$ 的溶液。今欲破坏该配离子，请按下述要求，自己设计实验步骤进行实验，并写出有关反应式。

（1）利用酸碱反应破坏$[Cu(NH_3)_4]^{2+}$；

（2）利用沉淀反应破坏$[Cu(NH_3)_4]^{2+}$；

(3) 利用氧化还原反应破坏$[Cu(NH_3)_4]^{2+}$；

提示：

$[Cu(NH_3)_4]^{2+}+2e^- \!\!=\!\!= Cu + 4NH_3$　　$E^\theta = -0.02$ V

$[Zn(NH_3)_4]^{2+}+2e^- \!\!=\!\!= Zn + 4NH_3$　　$E^\theta = -1.02$ V

(4) 利用生成更稳定的配合物(如螯合物)的方法破坏$[Cu(NH_3)_4]^{2+}$。

4. 配合物的某些应用

(1) 利用生成有色配合物定性鉴定某些离子　Ni^{2+}与二乙酰二肟作用生成鲜红色螯合物沉淀：

从上面反应可见，H^+不利于Ni^{2+}的检出。二乙酰二肟是弱酸，H^+浓度太大，Ni^{2+}沉淀不完全或不生成沉淀。但OH^-的浓度也不宜太大，否则会生成$Ni(OH)_2$的沉淀。合适的酸度是$pH=5\sim10$。

实验：在白色点滴板上加入Ni^{2+}试液 1 滴，$6\ mol\cdot L^{-1}$氨水 1 滴和w为 0.01 的二乙酰二肟溶液 1 滴，有鲜红色沉淀生成表示有Ni^{2+}存在。

(2) 利用生成配合物掩蔽干扰离子　在定性鉴定中如果遇到干扰离子，常常利用形成配合物的方法把干扰离子掩蔽起来。例如Co^{2+}的鉴定，可利用它与SCN^-反应生成$[Co(SCN)_4]^{2-}$，该配离子易溶于有机溶剂呈现蓝绿色。若Co^{2+}溶液中含有Fe^{3+}，因Fe^{3+}遇SCN^-生成红色的配离子而产生干扰。这时，我们可利用Fe^{3+}与F^-形成更稳定的无色$[FeF_6]^{3-}$，把Fe^{3+}"掩蔽"起来，从而避免它的干扰。

实验：取Fe^{3+}和Co^{2+}混合试液 2 滴于一试管中，加 8 滴～10 滴饱和NH_4SCN溶液，有何现象产生？逐滴加入$2\ mol\cdot L^{-1}\ NaF$溶液，并摇动试管，有何现象？最后加戊醇 6 滴，振荡试管，静置，观察戊醇层的颜色(这是Co^{2+}的鉴定方法)。

实验说明与指导

1. 复盐是由两种或两种以上的同种晶型的简单盐类所组成的化合物。复盐与形成它的简单盐相比一般都是以结晶水合物的形式存在，复盐在水溶液中几乎完全离解成简单离子。而配合物在水溶液中不能完全离解成简单离子，而是以稳定的配离子形式存在，判断某化合物是否是配合物，可采用最简单的定性检验金属离子的方法。

2. 解释配位平衡受其他化学平衡影响的实验现象时应清楚说明：配合物或配离子的中心离子或配体的浓度受其他化学平衡的影响而改变，破坏原有的配位平衡，促使配位平衡移动，从而产生新的实验现象。

(1) 在弱酸性或弱碱性溶液中,K^+ 与 $Na_3[Co(NO_2)_6]$ 反应生成黄色沉淀(可用玻璃棒摩擦试管内壁,促进沉淀生成)。反应式为:

$$2K^+ + Na^+ + [Co(NO_2)_6]^{3-} \Longrightarrow K_2Na[Co(NO_2)_6]\downarrow$$

(2) $[FeCl_6]^{3-}$ 黄色;$[FeSCN]^{2+}$ 血红色;$[FeF_6]^{3-}$ 无色;$[Fe(C_2O_4)]^{3-}$ 黄色

思考题

1. 衣服上沾有铁锈时,常用草酸去洗,试说明原理。
2. 用哪些不同类型的反应,使 $[FeSCN]^{2+}$ 的红色褪去?
3. 在印染业的染浴中,常因某些离子(如 Fe^{3+},Cu^{2+} 等)使染料颜色改变,加入 EDTA 便可纠正此弊,试说明原理。

参考文献

[1] 侯振雨主编. 无机及分析化学实验. 北京:化学工业出版社,2004

实验六 粗食盐的提纯

主 题 词 粗食盐 提纯

主要操作 溶解 减压过滤 蒸发 浓缩 结晶 干燥

背景材料

氯化钠,化学式 NaCl,食盐的主要成分,离子型化合物。无色透明的立方晶体,熔点为801℃,沸点为1413℃,相对密度为2.165。有咸味,含杂质时易潮解;溶于水或甘油,难溶于乙醇,不溶于盐酸,水溶液中性。在水中的溶解度随着温度的升高略有增大。当温度低于0.15℃时可获得二水合物 $NaCl \cdot 2H_2O$。氯化钠大量存在于海水和天然盐湖中,可用来制取氯气、氢气、盐酸、氢氧化钠、氯酸盐、次氯酸盐、漂白粉及金属钠等,是重要的化工原料;可用于食品调味和腌鱼肉蔬菜,以及供盐析肥皂和鞣制皮革等;经高度精制的氯化钠可用来制生理盐水,用于临床治疗和生理实验,如失钠、失水、失血等情况。可通过浓缩结晶海水或天然的盐湖或盐井水来制取氯化钠。

实验目的

1. 学习提纯粗食盐的原理和方法;
2. 掌握溶解、减压过滤、蒸发、浓缩、结晶、干燥等基本操作;
3. 掌握有关化学平衡原理在化学方法提纯氯化钠过程中的应用。

实验原理

粗食盐中除 NaCl 外,还含有不溶性杂质(如泥沙等)和可溶性杂质(主要是 Ca^{2+},Mg^{2+})。

不溶性杂质可以将粗食盐溶于水后用过滤的方法除去。Ca^{2+}、Mg^{2+}、SO_4^{2-}等离子可选择适当的试剂使它们分别生成难溶化合物的沉淀而被除去。

首先，在粗食盐溶液中加入稍微过量的 $BaCl_2$ 溶液，除去 SO_4^{2-}，其反应式是：

$$Ba^{2+}+SO_4^{2-}==BaSO_4$$

然后，在滤除掉 $BaSO_4$ 沉淀的溶液中再加入 $NaOH$ 和 Na_2CO_3 溶液，除去 Ca^{2+}、Mg^{2+} 和过量 Ba^{2+}：

$$Ca^{2+}+CO_3^{2-}==CaCO_3$$
$$Mg^{2+}+2OH^-==Mg(OH)_2$$
$$Ba^{2+}+CO_3^{2-}==BaCO_3$$

此滤液中过量的 $NaOH$ 和 Na_2CO_3 用盐酸中和。

粗食盐中的 K^+ 和上述沉淀剂不起作用，仍留在溶液中。由于 KCl 在粗食盐中含量少，溶解度大，在蒸发浓缩和结晶过程中绝大部分仍留在溶液中，与结晶分离。

仪器、试剂与材料

仪器：150 mL 烧杯、蒸发皿、布氏漏斗、抽滤瓶、真空泵、滤纸、台秤、试管、玻璃砂芯漏斗等

试剂：$HCl(2\ mol \cdot L^{-1})$、$NaOH(2\ mol \cdot L^{-1})$、$BaCl_2(1\ mol \cdot L^{-1})$、$Na_2CO_3(1\ mol \cdot L^{-1})$、$(NH_4)_2C_2O_4$（饱和溶液）、镁试剂

材料：pH 试纸

实验步骤

（一）粗食盐的提纯

1. 在台秤上称取 8 g 粗食盐，放入小烧杯中，加 30 mL 水，用玻璃棒搅拌，并加热使其溶解。继续加热至溶液微沸，一边搅拌一边逐滴加入 $1\ mol \cdot L^{-1}$ $BaCl_2$ 溶液，直至 SO_4^{2-} 完全形成沉淀（约 2 mL），继续加热，使 $BaSO_4$ 颗粒长大而易于沉淀和过滤。为了检验沉淀是否完全，可将烧杯从石棉网上取下，待沉淀沉降后，沿烧杯壁滴加 1 滴～2 滴 $BaCl_2$ 溶液，观察上层清液中是否有混浊现象，如无混浊，说明已沉淀完全；如仍有混浊，则需继续滴加 $BaCl_2$ 溶液，直至沉淀完全为止。沉淀完全后，继续加热 5 min。用常压过滤，将 $BaSO_4$ 沉淀和原来的不溶性杂质一起除去。

2. 将滤液转移至另一干净的 150 mL 烧杯中，然后加入 1 mL $2\ mol \cdot L^{-1}$ $NaOH$ 和 3 mL $1\ mol \cdot L^{-1}$ Na_2CO_3溶液，加热至沸，待沉淀沉降后，在上层清液中滴加 $1\ mol \cdot L^{-1}$ Na_2CO_3 溶液直至不再产生沉淀为止，常压过滤。

3. 在滤液中逐滴加入 $2\ mol \cdot L^{-1}$ HCl 溶液，并用 pH 试纸测试，直到溶液呈微酸性（pH=6）为止。

4. 将溶液倒入蒸发皿中，加热蒸发，浓缩至糊状的稠液为止（切不可将溶液蒸干）。

5. 冷却后，用布氏漏斗抽滤，尽量将结晶抽干。将结晶转至蒸发皿中，在石棉网上小火烘干。

6. 冷却后称量，计算产率。

（二）产品纯度的检验

取原料和产品各 1 g,分别用 6 mL 水溶解。然后各盛于 3 支试管中,组成三组,对照检查其纯度。

1. SO_4^{2-}:在第一组溶液中,分别加入 2 滴 1 mol·L^{-1} $BaCl_2$ 溶液,在产品溶液中应该无沉淀产生。

2. Ca^{2+}:在第二组溶液中,各加 2 滴饱和（NH_4）$_2C_2O_4$ 溶液,产品溶液中应无沉淀产生。

3. Mg^{2+}:在第三组溶液中,分别加入 2 滴~3 滴 2 mol·L^{-1} NaOH 溶液,使溶液呈碱性,再各加 2 滴~3 滴镁试剂,产品溶液中应无天蓝色沉淀产生。

实验说明与指导

1. 加热和烘干食盐水时,应注意将过滤除杂后的滤液,调整其 pH 为 4~5,然后转移至蒸发皿中,把蒸发皿放在铁三脚架上的泥三角上加热蒸发,边加热边搅拌,待蒸发皿中的 NaCl 溶液快变成浓溶液时将泥三角换成石棉网,使溶液缓慢均匀受热,当蒸发皿中有少量 NaCl 晶体出现时,停止加热,加速搅拌,防止局部受热不均使 NaCl 晶体飞溅,然后将蒸发皿转移到烘箱,进行烘干。

2. 加 HCl 除去 CO_3^{2-} 时,其目的是要把 CO_3^{2-} 离子转化成 H_2CO_3,而 H_2CO_3 不稳定分解为 CO_2,为使体系的 pH 必须小于 $pK_{a1}=6.35$,所以在实际中调整溶液的 pH 在 4~5,调到中性是不行的,因为在中性时溶液中同时有 HCO_3^- 的型体存在,这时不能将 CO_3^{2-} 离子完全转化为 H_2CO_3,达不到提纯的目的。

思考题

1. 在除去 Ca^{2+}、Mg^{2+}、SO_4^{2-} 时,为什么要先加 $BaCl_2$ 溶液,然后再加 Na_2CO_3 溶液?
2. 溶液浓缩时为什么不能蒸干?

参考文献

[1] 武汉大学化学与分子科学学院《无机及分析化学实验》编写组编. 无机及分析化学实验(第二版). 武汉:武汉大学出版社,2002

实验七　硫酸亚铁铵的制备

主 题 词　硫酸亚铁铵　制备

主要操作　水浴加热　蒸发　浓缩　结晶　减压过滤　称量

背景材料

硫酸盐的复盐:复盐是由两种或两种以上的简单盐类所组成的晶形化合物,可溶性硫酸盐从溶液中析出的晶体常带有结晶水,如 $CuSO_4$·$5H_2O$、$FeSO_4$·$7H_2O$、Na_2SO_4·

$10H_2O$ 等,这些带结晶水的盐通常称为矾,如 $CuSO_4 \cdot 5H_2O$ 称为胆矾或蓝矾,$FeSO_4 \cdot 7H_2O$ 称为绿矾,$ZnSO_4 \cdot 7H_2O$ 称为皓矾等。多数硫酸盐有形成复盐的趋势。常见的复盐有两类:

一类的组成通式是 $M_2^I SO_4 \cdot M^{II} SO_4 \cdot 6H_2O$,其中 $M^I = NH_4^+$、Na^+、K^+、Rb^+、Cs^+,$M^{II} = Fe^{2+}$、Ni^{2+}、Zn^{2+}、Cu^{2+}、Mg^{2+}。著名的摩尔盐 $(NH_4)_2 SO_4 \cdot FeSO_4 \cdot 6H_2O$,镁钾矾 $K_2SO_4 \cdot MgSO_4 \cdot 6H_2O$ 就属于这一类的复盐,

另一类的组成通式是 $M_2^I SO_4 \cdot M_2^{III} (SO_4)_3 \cdot 24H_2O$,其中 $M^I = $ 碱金属(Li 除外)、NH_4^+、Tl^+,$M^{III} = Fe^{3+}$、Cr^{3+}、Ga^{3+}、V^{3+}、Co^{3+}。大家十分熟悉的明矾 $K_2SO_4 \cdot Al_2(SO_4)_3 \cdot 24H_2O$ 属于这一类的复盐。许多硫酸盐都有很重要的用途,例如硫酸铝是净水剂、造纸充填剂和媒染剂,胆矾是消毒剂和农药,绿矾是农药和治疗贫血的药剂,也是制造蓝黑墨水的原料,硫酸亚铁铵在空气中一般比较稳定,不易被氧化,溶于水而又不溶于乙醇,受热到 100℃ 时失去结晶水。由于硫酸亚铁铵在空气中比较稳定,因此它的用途较广。一方面,在做定量分析时常用作标定重铬酸钾、高锰酸钾等溶液的基准物质。另一方面,还用作染料的媒染剂,农用杀虫剂等应用到工农业生产中。

实验目的

1. 了解复盐的一般特性及硫酸亚铁铵的制备方法;
2. 掌握水浴加热、蒸发、浓缩、结晶和减压过滤等基本操作;
3. 了解无机物制备的投料、产量、产率的有关计算,以及产品纯度的检验方法。

实验原理

硫酸亚铁铵 $(NH_4)_2 Fe(SO_4)_2 \cdot 6H_2O$ 俗称摩尔盐,是浅绿色单斜晶体。一般亚铁盐在空气中容易被氧化,但形成复盐后就比较稳定,不易被氧化,因此在定量分析中常用来配制亚铁离子的标准溶液。

本实验采用铁屑与稀硫酸作用生成硫酸亚铁溶液:

$$Fe + H_2SO_4 \Longrightarrow FeSO_4 + H_2(g)$$

等物质的量的硫酸亚铁与硫酸铵作用,能生成溶解度较小的硫酸亚铁铵 $(NH_4)_2 Fe(SO_4)_2 \cdot 6H_2O$。

表 4-3　三种盐的溶解度(单位 g/100 g 水)

温度	$(NH_4)SO_4$	$FeSO_4 \cdot 7H_2O$	$(NH_4)_2 Fe(SO_4)_2 \cdot 6H_2O$
10℃	73.0	40.0	17.23
20℃	75.4	48.0	36.47
30℃	78.0	60.0	45.0

仪器、试剂与材料

仪器:100 mL 和 250 mL 烧杯、蒸发皿、布氏漏斗、吸滤瓶、台秤、恒温水浴、真空泵、试管等

试剂:Na_2CO_3(1 mol·L^{-1})、H_2SO_4(3 mol·L^{-1})、NaOH(2 mol·L^{-1})、$K_3[Fe(CN)_6]$

（0.1 mol·L^{-1}）、HCl（2 mol·L^{-1}、6 mol·L^{-1}）、BaCl$_2$（1 mol·L^{-1}）、铁屑

材料：红色石蕊试纸或 pH 试纸、滤纸

实验步骤

1. 硫酸亚铁铵的制备

（1）铁屑的净化　在台秤上称取 2.0 g 铁屑，放入 100 mL 小烧杯中，加 20 mL 1 mol·L^{-1} Na$_2$CO$_3$ 溶液，小火加热约 10 min，以除去铁屑表面的油污。用倾泻法除去碱液，再用水洗净铁屑。

（2）硫酸亚铁的制备　在盛有洗净铁屑的烧杯中加入 15 mL 3 mol·L^{-1} H$_2$SO$_4$ 溶液，盖上表面皿，于通风橱中放在水浴上加热，温度控制在 50℃～60℃，直至不再有气泡放出。释放的少量气体用 0.1 mol·L^{-1} 高锰酸钾酸性溶液吸收。反应过程中，添加适量蒸馏水，以保持原体积。趁热用玻璃漏斗过滤，用少量去离子水洗涤残渣，用滤纸吸干后称量，从而计算出溶液中所溶解铁屑的质量。滤液倒入蒸发皿中。

（3）硫酸亚铁铵的制备　根据溶液中 FeSO$_4$ 的量，按关系式 $n[(NH_4)_2SO_4]$：$n[FeSO_4]=1：1$，称取所需的固体$(NH_4)_2SO_4$，将其加入上述制得的 FeSO$_4$ 溶液中，在水浴上加热搅拌，使硫酸铵全部溶解，调节 pH 为 1～2，蒸发浓缩至液面出现一层晶膜为止，取下蒸发皿，冷却至室温，使$(NH_4)_2Fe(SO_4)_2\cdot6H_2O$ 结晶出来。用布氏漏斗减压抽滤并尽量吸干，把晶体转移到表面皿上晾干片刻，称重，计算产率。

2. 产品定性检验

取少量产品溶于水，配成溶液用以定性检验 NH$_4$$^+$、Fe^{2+} 和 SO$_4$$^{2-}$ 离子。

（1）NH$_4$$^+$　取 10 滴试液于试管中，加入 2 mol·L^{-1} NaOH 溶液碱化，微热，并用润湿的红色石蕊试纸（或用 pH 试纸）检验逸出的气体，如试纸显蓝色，表示有 NH$_4$$^+$ 存在。

（2）Fe^{2+}　取 1 滴试液于点滴板上，加 1 滴 2 mol·L^{-1} HCl 溶液酸化，加 1 滴 0.1 mol·L^{-1} K$_3$[Fe(CN)$_6$] 溶液，如出现蓝色沉淀，表示有 Fe^{2+} 存在。

（3）SO$_4$$^{2-}$　取 5 滴试液于试管中，加 6 mol·L^{-1} HCl 溶液至无气泡产生，再多加 1 滴～2 滴。加入 1 滴～2 滴 1 mol·L^{-1} BaCl$_2$ 溶液，若生成白色沉淀，表示有 SO$_4$$^{2-}$ 存在。

实验说明与指导

1. 铁屑与酸反应温度控制在 50℃～60℃。反应中若温度超过 60℃ 易生成 FeSO$_4$·H$_2$O 白色晶体。

2. 将普通漏斗改为短颈漏斗以防止过滤时漏斗堵塞，并将漏斗置于沸水中预热后进行快速热过滤。

3. 热过滤后，检查滤液的 pH 是否在 5～6，若 pH 较高，可以用稀硫酸调节防止 Fe^{2+} 氧化与水解。

4. 为了能形成晶膜，蒸发浓缩过程中要尽可能不搅动。

5. 硫酸亚铁铵一般采用铁粉为原料，与稀硫酸反应生成硫酸亚铁，再与等量的硫酸铵反应制备。

思考题

　1. 制备硫酸亚铁时,为什么要使铁过量?

　2. 为什么制备硫酸亚铁铵晶体时,溶液必须呈酸性? 蒸发浓缩时是否需要搅拌?

参考文献

　[1] 大连理工大学无机化学教研室编. 无机化学实验(第二版). 北京:高等教育出版社,2004

　[2] 南京大学《无机及分析化学实验》编写组编. 无机及分析化学实验(第三版). 北京:高等教育出版社,1998

　[3] 姜述芹,马荔,梁竹梅. 硫酸亚铁铵制备实验的改进探索. 实验室研究与探索. 2005,24(7):18~20

实验八　分析天平的使用和称量练习

主 题 词　分析天平　称量练习　减量法

主要操作　分析天平的使用　称量瓶的使用　减量法称量的操作

背景材料

　　近代科学的历史上,曾经有过许多具有重大意义的意外实验。用“意外”这个词,指的是实验未能取得预期的成果,可能在某种程度上,也可以称为“失败”实验吧。也许我们可以从拉瓦锡(Antoine Laurent Laroisier)谈起。当时的人们普遍相信,物体燃烧是因为有“燃素”离开物体的结果。但是 1774 年的某一天,拉瓦锡决定测量一下这种“燃素”的具体重量是多少。他用他的天平称量了一块锡的重量,随即点燃它。等金属完完全全地烧成了灰烬之后,拉瓦锡小心翼翼地把每一粒灰烬都收集起来,再次称量了它的重量。结果使得当时的所有人都瞠目结舌。按照燃素说,燃烧是燃素离开物体的结果,所以显然,燃烧后的灰烬应该比燃烧前要轻。退一万步,就算燃素完全没有重量,也应该一样重。可是拉瓦锡的天平却说:灰烬要比燃烧前的金属重,测量燃素重量成了一个无稽之谈。然而拉瓦锡在吃惊之余,却没有怪罪于自己的天平,而是将怀疑的眼光投向了燃素说这个庞然大物。在他的推动下,近代化学终于在这个体系倒台的轰隆声中建立了起来。

实验目的

　1. 了解分析天平的构造;

　2. 学会用直接法和减量法称量试样;

　3. 加深对有效数字的认识;

　4. 培养准确、简明地记录实验原始数据的习惯。

实验原理

使用杠杆原理制成的分析天平可直接称取不易吸水,在空气中稳定的试样的质量如金属、矿石等;也可利用减量法称取某些易吸水、易吸收空气中 CO_2 的物质,即先称量称量瓶加样品的总质量,然后倒出部分样品后,再称量一次称量瓶和样品的总质量,两次称重之差就是倒出的样品的质量。

仪器与试剂

仪器:托盘天平、分析天平、称量瓶、小坩埚

试剂: Na_2CO_3 固体(仅供称量使用)

实验步骤

(一)外观检查

1. 检查砝码是否齐全,各砝码位置是否正确,圈码是否完好并正挂在圈码钩上,读数盘的读数是否在零位。

2. 检查天平是否处于休止状态,天平梁和吊耳的位置是否正常。

3. 检查天平是否处于水平位置,如不水平,可调节天平箱前下方的两个调水平螺丝,使气泡水准器中的气泡位于正中。

4. 天平盘上如有灰尘或其他落入的物体,应该用软毛刷轻扫干净。

(二)称量练习

1. 直接法称量　用叠好的纸条从干燥器中取出干燥的小坩埚,先在托盘天平上粗称其质量(准确至 0.1 g)记在记录本上。然后按照粗称质量在分析天平上添加砝码,调节指数盘,精确称量,准确读取砝码质量,指数盘读数及投影屏读数(准确至 0.1 mg),记录下质量 m_1。

2. 减量法称量　本实验要求用减量法从称量瓶中准确称量出 0.2 g ～ 0.3 g 固体试样(精确至 0.1 mg)。

取 1 只装有试样的称量瓶,粗称其质量,再在分析天平上精确称量,记下质量 m_2。然后自天平中取出称量瓶,将试样慢慢倾入上面已称出精确质量的小坩埚中。倾样时,由于初次称量,缺乏经验很难一次倾准,因此要试称,即第 1 次倾出少一些,粗称此量,根据此质量估计不足的量,继续倾出直至符合要求,准确称量,记下质量 m_3,则 $m_2 - m_3$ 即为试样的质量。

3. 再称出"小坩埚 ＋ 试样"的质量,记为 m_4。则 $m_4 - m_1$ 也为试样的质量。

以同样方法准确称出另一小坩埚的质量 m_5 和"称量瓶＋试样"的质量 m_6。从称量瓶中转移 0.2 g ～ 0.3 g 试样于小烧杯中,再准确称量出倾出试样后"称量瓶＋试样"的质量 m_7 和"小坩埚 ＋ 试样"的质量 m_8。则 $m_6 - m_7$ 和 $m_8 - m_5$ 即为试样的质量。

4. 称量记录及数据处理和检验

(1)称样记录　见表 4 - 4

表 4 - 4　称量结果记录

记录项目	I	II
称量瓶＋试样重（倾出试样前）(g)	m_2	m_6
称量瓶＋试样重（倾出试样后）(g)	m_3	m_7
倾出试样	$m_2 - m_3$	$m_6 - m_7$
小坩埚＋试样重(g)	m_4	m_8
空小坩埚重(g)	m_1	m_5
称取试样重(g)	$m_4 - m_1$	$m_8 - m_5$
绝对差值(g)		

（2）结果检验

检查 $m_2 - m_3$ 是否等于第一只小坩埚中增加的质量 $m_4 - m_1$；$m_6 - m_7$ 是否等于第二只小坩埚中增加的质量 $m_8 - m_5$；如不相等，求出差值，要求称量的绝对差值每份小于 0.5 mg。若大于此值实验不符合要求，其原因可能是基本操作不仔细，或是试样撒出外边。若超差太大时，则可能是砝码记错，或是天平有故障等。分析原因后，注意改正，继续反复练习，直到符合要求为止。

（三）天平称量后的检查

1. 天平是否关好，托盘板是否滑落；
2. 天平盘内有无脏物，如有用毛刷刷净；
3. 检查砝码盒内的砝码是否如数放回；
4. 检查圈码有无脱落，读数转盘是否回至零位；
5. 是否登记天平使用情况；
6. 检查天平罩是否罩好。

实验说明与指导

1. 调定零点和记录称量读数后，都要随手关闭天平。加、减砝码和放置被称物都必须在关闭状态下进行，砝码未调定时不可完全开启天平。

2. 开、关天平，开、关天平的侧门，加、减砝码，放、取被称物等操作，动作要轻、缓，且不可用力过猛，否则，可能造成天平部件脱落。

3. 天平出现故障或调不到零点时，应及时报告指导老师，不要擅自处理。

思考题

1. 无论把物体或砝码从盘上取下或放上去，为什么必须把天平梁完全托起？
2. 什么情况下用直接法称量？什么情况下则需要用减量法称量？
3. 电光分析天平称量前一般要调好零点，如偏离零点标线几小格，能否进行称量？

参考文献

[1] 南京大学.《无机及分析化学实验》编写组编. 无机及分析化学实验(第三版).北京：高等教育出版社,1998

实验九　滴定分析基本操作练习

主 题 词　滴定　基本操作

主要操作　常用仪器的洗涤　滴定管的使用　滴定分析基本操作

背景材料

　　滴定分析法是在 18 世纪中叶从法国诞生和发展起来的。它最初的含义(C. J. Geof-froy)只是一种对化工原料及产品的纯度进行简易而快速测定的方法。1729 年,法国化学家日夫鲁瓦第一次利用滴定分析的原则,以碳酸钾为基准物,测定了醋酸的相对浓度。1750年,法国化学家文乃尔(G. F. Venel)在滴定实验中运用了指示剂;1767 年英国化学家路易斯(W. Lewis)在滴定实验中不仅采用了指示剂,而且还提供了分析的绝对结果,但他测量滴定溶液耗量的方法采用的则是称重法。法国化学家德克劳西(F. A. H. Descroizilles)较早地在酸碱滴定中采用体积量度,他发明的"碱量计"可以说是最原始的滴定管。随着人工合成指示剂的出现,到了 19 世纪 30 年代~50 年代,滴定分析法的发展达到了极盛时期,其应用范围显著扩大,准确度大为提高,接近了重量分析法所能达到的程度。在这一时期,盖·吕萨克(J. L. Gay-Lussac)发明的银量法大大提高了滴定分析法的信誉,滴定分析法的种类更加繁多,除酸碱中和滴定法外,人们还发明和发展了沉淀滴定法、氧化还原滴定法、配位滴定法等一些具体的滴定方法。到了 19 世纪 50 年代,又出现了带有玻璃磨口塞和用剪式夹控制流速的滴定管。这种方法更趋完善。

实验目的

　　1. 认识滴定分析常用仪器(滴定管、移液管、容量瓶等);
　　2. 掌握滴定分析常用仪器的正确洗涤方法和操作技术;
　　3. 初步掌握确定终点的方法、酸碱指示剂的使用方法和终点的颜色变化;
　　4. 练习正确读数。

实验原理

　　标准溶液是指已经准确知道浓度可用来进行滴定的溶液。一般采用下列两种方法来配制:准确称取一定量的物质溶解后转移入容量瓶中,并稀释到刻度,混匀,溶液的准确浓度可以从计算得到。这种方法称为直接法。适用这个方法配制的标准溶液的物质必须是基准物质。但是,大多数物质不宜用直接法来配制,可先配制接近所需要浓度的该种物质的溶液,然后用基准物来标定其浓度,这种方法称为间接法。本实验是用间接法来配制酸、碱标准溶液。

　　酸、碱滴定中常用 HCl 和 NaOH 溶液作为标准溶液,由于浓 HCl 容易挥发,NaOH 易吸收空气中的水分和 CO_2,故无法直接配制成标准溶液,只能用间接法配制,然后用基准物质标定其浓度。

强酸 HCl 与强碱 NaOH 溶液的滴定反应,突跃范围 pH 约为 4～10,在这一范围中可采用甲基橙(变色范围:pH 3.1～4.4)和酚酞(变色范围 pH 8.0～10.0)指示剂来指示终点,通过盐酸与氢氧化钠溶液体积比的测定,学会配制酸碱滴定剂的方法和滴定终点的确定方法。

仪器与试剂

仪器:移液管、烧杯、试剂瓶、锥形瓶、托盘天平、碱式滴定管、酸式滴定管

试剂:浓盐酸(相对密度 $1.19 g \cdot L^{-1}$)、固体 NaOH(分析纯)、$K_2Cr_2O_7$、浓 H_2SO_4、甲基橙指示剂、酚酞指示剂

实验步骤

(一) 准备工作

1. 配制 50 mL 洗液,保存好供自己在今后实验时使用。

具体配制方法:将 2.5 g $K_2Cr_2O_7$ 固体溶于 5 mL 水中,然后向溶液中加入 45 mL 浓 H_2SO_4,边加边搅拌,切勿将 $K_2Cr_2O_7$ 溶液加到浓 H_2SO_4 中。

2. 洗涤滴定分析常用的滴定管、移液管、容量瓶、锥形瓶等玻璃器皿直至内壁完全为蒸馏水均匀润湿,不挂水珠为止。

3. 酸式滴定管旋塞涂油,直至旋塞与旋塞槽接触的地方呈透明状态,转动灵活,不漏水为止。

4. 为碱式滴定管配装大小合适的玻璃珠和橡皮管,直至不漏水,液滴能够灵活控制为止。

5. 酸式滴定管、碱式滴定管内装入假设溶液,检查旋塞附近或橡皮管内有无气泡,若有气泡应排除,学会调节液面至 0.00 mL,学会正确读取滴定管读数。

6. 学会熟练地从酸式滴定管和碱式滴定管内逐滴连续滴出溶液,学会一滴,半滴(液滴悬而未落)地滴出溶液。

7. 将配制溶液自烧杯中全部定量转移入容量瓶内,用蒸馏水稀释至刻度线,溶液勿洒出容量瓶外,稀释时勿超过刻度线。

8. 练习用移液管,正确吸放一定体积的假设溶液,学会用食指灵活控制调节液面高度。

9. 练习滴定操作的正确姿势,左手用正确手势控制滴定的旋塞(或橡皮管中的玻璃珠),右手握住锥形瓶,边滴边向一个方向作圆周旋转,两手动作应配合协调。

注意每次滴定结束后,滴定管内的剩余溶液应弃去,不得将其倒回原瓶,以免污染整瓶操作溶液,随即洗净滴定管,并用蒸馏水充满全管,备用。

10. $0.1 mol \cdot L^{-1}$ HCl 溶液的配制 用洁净量筒量取浓盐酸约 9 mL,转入装有 100 mL 蒸馏水的烧杯中,并稀释至 1000 mL,贮于试剂瓶中,充分摇匀,贴好标签待标定。

11. $0.1 mol \cdot L^{-1}$ NaOH 溶液的配制 用托盘天平称取固体纯 NaOH 4.0 g 左右于烧杯中,加 100 mL 水使之全部溶解,移入 1000 mL 试剂瓶中,再加水稀释至 1000 mL,摇匀,贴好标签待标定。

(二) 酸碱溶液的相互滴定

1. 润洗碱式滴定管 用 $0.1 mol \cdot L^{-1}$ NaOH 溶液润洗碱式滴定管 2 次～3 次,每次用

5 mL～10 mL 溶液润洗.润洗液从管口放出弃去,然后将 NaOH 溶液倒入碱式滴定管中,驱除气泡,调节滴定管液面至 0.00 刻度。

2. 润洗酸式滴定管 用 0.1 mol·L^{-1} HCl 溶液润洗酸式滴定管 2 次～3 次,每次用 5 mL～10 mL HCl 溶液润洗,然后将 HCl 溶液倒入酸式滴定管中,并调节至 0.00 刻度。

3. 反复滴定、判别终点 由碱式滴定管中放出 NaOH 溶液 20 mL～25 mL 于 250 mL 的洁净锥形瓶中,准确记录所加碱液体积(精确至 0.01 mL)。滴入 1 滴～2 滴甲基橙指示剂,然后用 0.1 mol·L^{-1} HCl 溶液滴定,并不断摇荡,直到加入 1 滴或半滴 HCl 溶液,使溶液恰由黄色转变为橙色为止,记下读数。如此反复练习滴定操作和观察滴定终点,直至所测 V_{HCl}/V_{NaOH} 体积比的相对偏差在 ±0.1%～±0.2% 范围内为止。

4. 用移液管移取 25.00 mL 0.1 mol·L^{-1} HCl 溶液于 250 mL 锥形瓶中,滴入 2 滴～3 滴酚酞指示剂,然后用 0.1 mol·L^{-1} NaOH 溶液滴定,并不断摇荡,直到加入 1 滴或半滴 NaOH 溶液,使溶液恰由无色转变为粉红色,此粉红色保持 30 s 不褪色即为终点。如此平行测定三份,要求三次之间所消耗 NaOH 的体积的最大差值不超过 ±0.02 mL。

实验说明与指导

1. 本实验中所配制的 HCl 和 NaOH 溶液并非标准溶液,仅限于在滴定分析练习中使用。

2. 本实验中洗液可反复使用。

3. 滴定管读数应精确至 0.01 mL。

思考题

1. 怎样洗涤移液管?为什么最后要用需移取的溶液来洗涤移液管?滴定管和锥形瓶最后是否也需要用同样方法洗涤?滴定分析仪器洁净的标志是什么?为什么?

2. 遗留在移液管口内部的少量溶液,最后是否应当吹出?

3. 在滴定管中装入溶液后,为什么先要把滴定管下端的空气泡赶净,然后读取滴定管中液面的读数?如果没有赶净空气泡,将对实验的结果产生什么影响?如何检查碱式滴定管橡皮管内是否充满溶液?

4. 在滴定过程中,为什么应该用蒸馏水将溅在锥形瓶壁上的溶液洗下去?

5. 滴定管在装入标准溶液前为什么要用此溶液润洗内壁 2 次～3 次?用于滴定的锥形瓶或烧杯是否需要干燥?要不要用标准溶液润洗?为什么?

6. 配制 HCl 标准溶液和 NaOH 标准溶液所用水的体积是否需要准确度量?为什么?

参考文献

[1] 陈烨璞,杨丽萍,商少平编.无机分析化学实验.北京:化学工业出版社,1998

[2] 刘宏毅编.分析化学实验.北京:中国纺织工业出版社,1997

实验十　氢氧化钠(NaOH)标准溶液的标定及铵盐中铵态氮含量的测定

关 键 词　NaOH 溶液　标定　铵盐　铵态氮测定

基本操作　滴定操作　移液操作　称量操作

背景材料

　　酸、碱标准溶液的配制有直接法和标定法两种。基准物质可用直接法配制标准溶液,准确称取一定量的基准物质,用容量瓶定容到一定体积即可;非基准物质的标准溶液都必须用标定法,即先粗配,再标定。

　　氢氧化钠容易吸收空气中的 CO_2 使配得溶液中含有少量 Na_2CO_3,Na_2CO_3 的存在会使 NaOH 溶液的标定和对酸样品的测定产生误差,配制不含 Na_2CO_3 的 NaOH 标准溶液最常用的方法是取一定量的 NaOH 的饱和水溶液稀释制成。Na_2CO_3 在饱和 NaOH 溶液中很难溶解,待 Na_2CO_3 沉降后,量取一定量上层澄清液,稀释至所需浓度,即可得含 Na_2CO_3 很少的 NaOH 溶液。

实验目的

1. 学会用基准物质标定标准碱溶液的方法;
2. 进一步熟悉滴定操作,正确判断滴定终点;
3. 巩固用减量法称量的操作;
4. 掌握甲醛法测定铵盐中铵态氮含量的原理和方法。

实验原理

　　标定 NaOH 常用的基准物质有 $H_2C_2O_4 \cdot 2H_2O$、KHC_2O_4、苯甲酸、邻苯二甲酸氢钾等,但最常用的是邻苯二甲酸氢钾。这种基准物容易用重结晶方法制得纯品,不含结晶水,不吸潮,容易保存,摩尔质量较大,称量误差小。标定反应为:

　　化学计量点时由于弱酸盐的水解,溶液呈微碱性,应采用酚酞为指示剂。

　　含有铵态氮的氮肥,主要是各类铵盐,如硫酸铵、氯化铵、碳酸氢铵等。除碳酸氢铵可以用标准酸直接滴定外,其他铵盐由于 NH_4^+ 是一种极弱酸($K_a = 5.6 \times 10^{-10}$),不能用标准碱直接滴定。

　　甲醛法:铵盐与甲醛作用能定量地生成六次甲基四胺酸和强酸,其反应如下:

$$4NH_4^+ + 6HCHO \Longrightarrow (CH_2)_6N_4H^+ + 6H_2O + 3H^+$$

再以酚酞为指示剂,用 NaOH 标准溶液滴定反应中生成的酸。

仪器及试剂

仪器：分析天平、50 mL 滴定管、250 mL 锥形瓶、称量瓶

试剂：酚酞指示剂、邻苯二甲酸氢钾（G. R.）、NaOH 溶液（约 0.1 mol·L^{-1}）、甲醛溶液（40 ％）

实验步骤

1. 0.1 mol·L^{-1} 的 NaOH 溶液的配制

配制 1000 mL 0.1 mol·L^{-1} 的 NaOH 溶液本应取 5.00 mL 饱和溶液稀释，为保证其浓度略大于 0.1 mol·L^{-1}，规定取 5.6 mL 饱和溶液，用新加热煮沸冷却的蒸馏水稀释，以除去水中的 CO_2。

2. 0.1 mol·L^{-1} 的 NaOH 溶液的标定

准确称取已在 105℃～110℃ 干燥至恒重的基准邻苯二甲酸氢钾 0.4 g～0.6 g，放入 250 mL 锥形瓶中，加入 30 mL 新煮沸刚刚冷却的水使之溶解，加 2 滴酚酞指示剂，用 NaOH 标准溶液滴定至溶液呈粉红色 30 s 内不褪色，即为终点。

平行标定三份，计算出 NaOH 标准滴定溶液的浓度。

3. 铵盐中铵态氮的测定

准确称取 1.5 g～2.0 g 铵盐试样于 100 mL 烧杯中，加入少量水使之溶解，转入 250 mL 容量瓶中，用水稀释至刻度，摇匀。

用移液管移取 25.00 mL 混匀的试液于 250 mL 锥形瓶中，加入 5 mL 预先用 0.1 mol·L^{-1} NaOH 溶液中和（以酚酞为指示剂）的 40％甲醛溶液，再加入 2 滴酚酞指示剂，充分摇匀，静置 1 min，然后用 0.1 mol·L^{-1} 的 NaOH 标准溶液滴定至呈粉红色，30 s 内不褪色即为终点。

平行测定三次，计算出铵盐中铵态氮的含量。

实验说明与指导

1. 氢氧化钠易受二氧化碳影响，故标准溶液瓶口宜配装碱石灰管，且本液不宜多配。
2. 所用蒸馏水应煮沸 10 min 以上，并迅速冷却，以除去二氧化碳。
3. 邻苯二甲酸氢钾溶解缓慢，可加热促使其溶解，放冷后再滴定。
4. 其他相关的测定方法有线性滴定法，电位滴定法等。

思考题

1. 称取 0.5 g 邻苯二甲酸氢钾，估计大约消耗氢氧化钠液（0.1 mol·L^{-1}）多少毫升？
2. 溶解基准物的水中若含有较多 CO_2，使标定氢氧化钠液浓度的结果是偏高还是偏低？
3. 滴定管在使用前为什么要用欲盛的标准溶液润洗？加入蒸馏水的量是否要准确？
4. 除邻苯二甲酸氢钾外，标定氢氧化钠的基准物还有哪些？用邻苯二甲酸氢钾作基准物的优点是什么？
5. 本法加入甲醛的作用是什么？
6. 加入的甲醛溶液为什么预先要用 NaOH 溶液中和，并以酚酞为指示剂？如中和不完全，或者 NaOH 溶液加入过量，对结果各有什么影响？

参考文献

[1] 华中师范大学,东北师范大学,山西师范大学《分析化学》编写组编. 分析化学实验. 北京:高等教育出版社,1987

[2] 华东理工大学化学系,四川大学化工学院《分析化学》编写组编. 分析化学. 北京:高等教育出版社,2003

实验十一　HCl 标准溶液的标定及混合碱中 NaOH 和 Na₂CO₃ 含量的测定

关 键 词　HCl 溶液　标定　混合碱　测定

基本操作　滴定操作　移液操作　称量操作

背景材料

酸、碱标准溶液的配制有直接法和标定法两种。基准物质可用直接法配制标准溶液,准确称取一定量的基准物质,用容量瓶定容到一定体积即可;非基准物质的标准溶液都必须用标定法,即先粗配,再标定。

浓盐酸有挥发性,因此,HCl 标准溶液必须用间接法配制。配好的溶液需用基准物质进行标定。经常用来标定 HCl 溶液的基准物质有无水碳酸钠 Na_2CO_3 和硼砂($Na_2B_4O_7 \cdot 10H_2O$)。

无水碳酸钠(Na_2CO_3)易获纯品,但易吸收空气中的水分。市售的分析纯 Na_2CO_3 可作基准物质,但使用前应置于烘箱内于 180℃～200℃烘 2 h～3 h 后,在干燥器中冷却备用。

硼砂($Na_2B_4O_7 \cdot 10H_2O$)易得纯品,因硼砂含结晶水,在空气中易失去一部分水形成 $Na_2B_4O_7 \cdot 7.5H_2O$,因此使用前需将硼砂在水中重结晶二次,保存在相对湿度为 60％的恒湿器中(装有食盐和蔗糖饱和溶液的干燥器),即可获得符合要求的硼砂。

工业混合碱通常是 Na_2CO_3 与 NaOH 或 Na_2CO_3 与 $NaHCO_3$ 的混合物。常用双指示剂法测定其含量。

实验目的

1. 掌握用碳酸钠作基准物标定盐酸标准溶液的原理及方法;
2. 正确判断甲基橙指示剂的终点;
3. 学习用双指示剂法测定混合碱中氢氧化钠及碳酸钠含量的原理和方法。

实验原理

本实验采用基准无水碳酸钠标定酸液,滴定反应如下:

$$2HCl + Na_2CO_3 = 2NaCl + H_2O + CO_2$$

因化学计量点前溶液中碳酸钠与碳酸根组成缓冲体系,不易掌握化学计量点,故临近化学计量点时加热煮沸除去二氧化碳,使化学计量点敏锐,选用甲基橙为指示剂,滴定终点时溶液由黄色变成橙色。

混合碱中 NaOH 和 Na_2CO_3 的含量可采用双指示剂法进行测定。所谓双指示剂法,就是利用两种指示剂在不同等量点时颜色变化,得到两个化学计量点,分别根据各化学计量点时所消耗的标准酸溶液的体积,计算各成分的含量。

常用的两种指示剂是酚酞和甲基橙。在含有 NaOH 和 Na_2CO_3 混合碱的试液中,加入酚酞指示剂,用盐酸标准溶液滴定至红色刚刚褪去。由于酚酞的变色范围在 pH8～10,此时不仅 NaOH 完全被中和,Na_2CO_3 也被滴定成 $NaHCO_3$,记下此时 HCl 标准溶液的耗用量 V_1。再加入甲基橙指示剂,溶液呈黄色,滴定至终点时呈橙色,此时 $NaHCO_3$ 被滴定成 H_2CO_3,HCl 标准溶液的耗用量为 V_2。根据 V_1、V_2 可以计算出试液中 NaOH 及 Na_2CO_3 的含量。

仪器与试剂

仪器:分析天平、50 mL 酸式滴定管、250 mL 锥形瓶、250 mL 容量瓶、25 mL 移液管、电炉

试剂:无水碳酸钠(G. R.)、HCl 溶液($0.1\ mol \cdot L^{-1}$)、混合碱试液、甲基橙水溶液(0.1%)、酚酞乙醇溶液(0.1%)

实验步骤

1. $0.1\ mol \cdot L^{-1}$ HCl 溶液的配制

用量筒量取浓盐酸约 2 mL ～3 mL,转入装有 100 mL 蒸馏水的烧杯中,并稀释至 250 mL,贮存在试剂瓶中,充分摇匀。

2. $0.1\ mol \cdot L^{-1}$ HCl 溶液的标定

准确称取已在 270℃～300℃ 干燥至恒重的基准无水碳酸钠约 0.11 g ～0.16 g,放入 250 mL 锥形瓶中,加 30 mL 水使之溶解,加 1 滴甲基橙指示剂,用 HCl 标准溶液滴定至溶液由黄色变为橙色,即为终点。

平行标定三份,计算出 HCl 标准滴定溶液的浓度。

3. 混合碱液中 NaOH 及 Na_2CO_3 含量的测定

在分析天平上准确称取 1.5 g ～1.7 g 混合碱试样于洁净的 200 mL 烧杯中,加少量水,加热使其溶解。待液体冷却后,定量转移至 250 mL 容量瓶中,加水稀释至刻度,摇匀备用。

准确移取 25.00 mL 上述试液于 250 mL 锥形瓶中,加 1 滴～2 滴 0.1%酚酞指示剂,用盐酸标准溶液滴定,边滴加边充分摇动,以免局部 Na_2CO_3 被直接滴定成 H_2CO_3。慢慢地滴定到酚酞恰好褪色为止。记下所消耗的盐酸标准溶液体积 V_1。然后再加入 1 滴甲基橙指示剂,此时溶液呈黄色,继续用盐酸标准溶液滴定到转变为橙色。记下滴定管读数,算出从酚酞褪色到甲基橙变为橙色所消耗的盐酸标准溶液体积 V_2。

平行测定三份,计算出混合碱液中 NaOH 及 Na_2CO_3 的含量,结果以质量分数形式表示。

实验说明与指导

1. 混合碱系 NaOH 和 Na_2CO_3 组成时,酚酞指示剂可适当多加几滴,否则常因滴定不完全使 NaOH 的测定结果偏低,Na_2CO_3 的测定结果偏高。

2. 在邻近第一终点的时候,如果滴定的速度太快,摇动不均匀,试液局部 HCl 过浓,会

与 NaHCO$_3$ 反应生成的 H$_2$CO$_3$ 从而分解为 CO$_2$ 而逸出。因此滴定开始至第一终点前摇动要均匀,而当酚酞指示剂从红色变为粉红色的时候,应该慢滴、慢摇,使生成的(或者原试液中的)NaHCO$_3$ 在未加甲基橙指示剂前不被滴定。另外最好采用 NaHCO$_3$ 的酚酞溶液(浓度相当)做对照。

3. 在邻近第二终点时,一定要充分摇动,以防止形成 CO$_2$ 的过饱和溶液而使终点提前到达。

4. 其他相关的测定方法有电位滴定法等。

思考题

1. 硼砂 Na$_2$B$_4$O$_7$·10H$_2$O 因保存不当,失去部分结晶水,对标定盐酸溶液的浓度有何影响?

2. 计算 0.1 mol·L^{-1}HCl 溶液滴定 20.00 mL 0.050 mol·L^{-1} Na$_2$B$_4$O$_7$ 溶液时等量点的 pH(H$_3$BO$_3$ 的 pK_{a1}=9.4)。

3. Na$_2$CO$_3$ 和 NaHCO$_3$ 的混合试液,先以酚酞为指示剂,用盐酸标准溶液滴定,消耗 V_1 mL;继续以甲基橙为指示剂,又消耗 V_2 mL,选择 V_1 和 V_2 的关系为下列哪一种:

(1) $V_1=V_2$　　　　　(2) $V_1=2V_2$　　　　　(3) $2V_1=V_2$
(4) $V_1>V_2$　　　　　(5) $V_1<V_2$

4. 有一碱液,可能为 NaOH、Na$_2$CO$_3$、NaHCO$_3$ 或它们的混合物。用标准酸滴定至酚酞化学计量点时消耗 V_1 mL,继续以甲基橙为指示剂,滴定又消耗 V_2 mL,若 V_1 小于 V_2,则此碱液为下列哪一种:

(1) NaOH　　　　　(2) Na$_2$CO$_3$　　　　　(3) NaHCO$_3$
(4) NaOH+ Na$_2$CO$_3$　　　(5) Na$_2$CO$_3$+NaHCO$_3$

参考文献

[1] 武汉大学化学与分子科学学院《无机及分析化学实验》编写组编. 无机及分析化学实验(第二版). 武汉:武汉大学出版社,2002

[2] 华东理工大学化学系,四川大学化工学院《分析化学》编写组编. 分析化学. 北京:高等教育出版社,2003

实验十二　EDTA 标准溶液的标定及钙、镁的测定

主 题 词　配位滴定法　硬度

主要操作　滴定操作

背景材料

乙二胺四乙酸(ethylene diamine tetraacetic acid EDTA)

钙和镁是人们熟知的两种无机质营养素,对人体健康起着十分重要的作用。钙在保护

骨骼的强壮与健康方面起着重要作用,如果人体其他部位缺钙而又未及时补充,人体就会从骨骼中摄取,这样会引来很多麻烦。镁也是保证骨骼健康与强壮的一种必要的营养成分,同时对于保护神经系统、调节放松肌肉具有重要作用。由于在鸡蛋壳、贝壳等壳类物质中富含丰富的钙、镁,近年来国内外研究者已利用蛋壳、鱼骨粉等为原料研制出了不同的活性钙产品。

尽管钙镁有以上对人体健康有利的一面,但是如果水中钙镁含量过高,则会对人的生活带来不利的一面。若水中的钙和镁盐是可溶性的酸式碳酸盐加热就可以分解为碳酸盐沉淀,经过过滤便可将钙和镁离子从水中除去,含有这些钙和镁的酸式碳酸盐所形成的水的硬度称暂时硬度。若水中含有钙和镁的硫酸盐或氯化物,虽然经过加热也不能使钙和镁盐产生沉淀而从水中除去,水中含有这些由硫酸盐和氯化物所形成的硬度称为永久硬度。用硬水洗出来的衣服看上去暗黑、邋遢,摸上去感觉粗糙、僵硬。硬性的矿物质和灰尘结合成了不溶解的盐,使得污渍较难去除。而衣物上的灰土又向(洗衣用)水中引入了更多硬性的矿物质,使水质更硬。经常用硬水洗衣会损坏衣服的纤维,使衣物的使用寿命缩短达 40%。用硬水洗澡会在皮肤上留下一层肥皂凝结微粒黏膜,这层黏性的膜会使得皮肤上的脏东西和细菌等难以清除。另外,肥皂凝结微粒会使皮肤不能恢复正常的酸性状态,并有可能导致湿疹。留在头发上的肥皂凝结微粒会使头发凌乱、生涩、无光泽。

由于钙镁与人们的健康和日常生活密切相关,因此物质中钙镁含量的测定引起广大研究者的关注,而最常见的分析法多采用配位滴定法。

实验目的

1. 掌握 EDTA 标准溶液的配制和标定方法;
2. 掌握配位滴定的原理,了解配位滴定的特点;
3. 了解水的硬度测定方法和常用的硬度表示方法;
4. 掌握 EDTA 法测定水硬度的原理;
5. 掌握铬黑 T 和钙指示剂的使用条件和终点变化,了解缓冲溶液的应用。

实验原理

配位滴定中通常使用的配位剂是 EDTA 的二钠盐($Na_2H_2Y \cdot 2H_2O$,习惯上也称作 EDTA),其水溶液 pH 为 4.4 左右。若 pH 偏低,应该用 NaOH 溶液中和到 pH=5 左右,以免溶液配制后有乙二胺四乙酸析出。通常采用间接法配制标准溶液,然后进行标定。

标定 EDTA 溶液的基准物常用的有 Zn,ZnO,Cu,Pb,$CaCO_3$,$MgSO_4 \cdot 7H_2O$ 等。选用标定条件应尽可能与测定条件一致,以免引起系统误差。如果用被测元素的纯金属或化合物作基准物就更理想。

用金属锌为基准物,先把金属 Zn 溶解制成 Zn^{2+} 标准溶液,用铬黑 T(EBT)作指示剂,在 $NH_3 \cdot H_2O - NH_4Cl$ 缓冲溶液(pH=10)中进行标定,其反应如下:

滴定前:　　　　　　Zn^{2+} 　+　 HIn^{2-} 　=== 　$ZnIn + H^+$
　　　　　　　　　　　　　　　 (纯蓝色) 　　　　(酒红色)

滴定开始至终点前:　Zn^{2+} 　+　 Y^{4-} 　=== 　ZnY^{2-}

终点时:　　　　　　$ZnIn$ 　+　 Y^{4-} 　=== 　$ZnY^{2-} + HIn^{2-}$
　　　　　　　　　 (酒红色) 　　　　　　　　　　　　(纯蓝色)

所以终点时溶液从酒红色变为纯蓝色。

用 Zn 作基准物也可用二甲酚橙为指示剂,六亚甲基四胺作缓冲剂,在 pH＝5～6 进行标定,终点时溶液颜色由紫红色变为亮黄色。

用 $CaCO_3$ 作为基准物时,首先用盐酸把 $CaCO_3$ 溶解制成钙标准液,用 K－B 指示剂在氨性缓冲溶液中进行标定,用 EDTA 溶液滴定至溶液由紫红色变为蓝绿色即为终点。

水的总硬度指水中 Ca^{2+}、Mg^{2+} 的含量,国际上硬度的表示方法很多,常以水中钙镁总量换算为 CaO 含量表示,单位为 $mg \cdot L^{-1}$ 和(°)。水的硬度 1° 表示 1 L 水中含有 10 mg CaO。工农业用水、饮用水对硬度都有一定要求,饮用水中硬度过高会影响肠胃的消化功能等,因此测定水的总硬度有很重要的实际意义。

在 pH＝10 的氨性缓冲溶液中,以铬黑 T 为指示剂,用 EDTA 滴定法测定水的总硬度是国际规定的标准方法。适用于生活饮用水、锅炉用水、冷却水、地下水及没有严重污染的地表水的测定。

测定 Ca^{2+}、Mg^{2+} 总量时,在 pH＝10 的缓冲溶液中,加入铬黑 T 指示剂,然后用 EDTA 滴定,铬黑 T 和 EDTA 分别都能与 Ca^{2+}、Mg^{2+} 生成配合物,它们的稳定性有下列次序:$CaY^{2-} > MgY^{2-} > MgIn > CaIn$。因此,当加入铬黑 T 后,铬黑 T 首先与 Mg^{2+} 结合生成稳定的紫红色配合物,而当滴入 EDTA 时,EDTA 则先与游离的 Ca^{2+} 结合,其次与游离的 Mg^{2+} 结合,最后夺取与铬黑 T 结合的 Mg^{2+},使铬黑 T 的阴离子 HIn^{2-} 游离出来,这时溶液由紫红色变为纯蓝色,即为滴定终点。由 EDTA 标准溶液的浓度和用量,可计算出水中 Ca^{2+}、Mg^{2+} 的总量。

再在 pH＝12 的溶液中,将 Mg^{2+} 沉淀为 $Mg(OH)_2$ 后,以钙红为指示剂,用 EDTA 滴定,可测得水中 Ca^{2+} 含量,根据总硬度.就可算出 Mg^{2+} 含量。

测定时,Fe^{3+},Al^{3+},Cu^{2+},Pb^{2+},Zn^{2+} 等有干扰,Fe^{3+} 和 Al^{3+} 可用三乙醇胺掩蔽,Cu^{2+},Pb^{2+} 和 Zn^{2+} 等重金属则可用 KCN 或 Na_2S 等掩蔽。

如果水样中没有或极少有 Mg^{2+} 时,终点变色不够敏锐,这时应加入少量的 $MgNa_2Y$ 溶液或改用酸性铬蓝 K 作指示剂。

仪器与试剂

仪器:150 mL、250 mL 和 500 mL 烧杯、250 mL 容量瓶、10 mL 量筒、250 mL 锥形瓶、25 mL 移液管、50 mL 酸式滴定管、高温电炉(200℃～1 000℃)(山东龙口制造)、1 L 量筒

试剂:乙二胺四乙酸二钠($Na_2H_2Y \cdot 2H_2O$,固体,AR);氨性缓冲溶液(pH＝10):67 g NH_4Cl 溶于 300 mL 蒸馏水中,加入 570 mL 氨水,稀释至 1 L;锌粉或锌片(固体.AR);1:1 HCl 溶液:一份浓盐酸注入一份纯水中,等体积混匀;1:1 氨水:一份浓氨水与一份纯水等体积混匀;铬黑 T:将 0.2 g 铬黑 T 溶于 15 mL 三乙醇胺及 5 mL 甲醇中;甲基红指示液

实验步骤

1. 0.02 $mol \cdot L^{-1}$ EDTA 溶液的配制

称取 7.5 g $Na_2H_2Y \cdot 2H_2O$ 置于烧杯中,加 500 mL 水,微热并搅拌使其完全溶解,冷却后转入细口瓶中,稀释至 1 L,摇匀。长期放置时,应贮存于聚乙烯瓶中。

2. 0.02 $mol \cdot L^{-1}$ 锌标准溶液的配制

准确称取纯金属锌 0.33 g～0.35 g，置于 150 mL 烧杯中，盖上表面皿，从杯嘴处缓慢加入 10 mL 1：1 HCl 溶液，在水浴上加热，使其完全溶解，冷却后，冲洗表面皿及杯壁，定量转移至 250 mL 容量瓶中，定容后摇匀。计算锌标准溶液的准确浓度。

3. EDTA 溶液浓度的标定

以铬黑 T 为指示剂，准确移取 25.00 mL 锌标准溶液于锥形瓶中，仔细滴加 1：1 氨水至开始出现白色 Zn(OH)₂ 沉淀，经摇动沉淀慢慢消失为止，加入 10 mL 氨性缓冲溶液和铬黑 T 3 滴，用 EDTA 溶液滴定，溶液由酒红色变成纯蓝色即为终点。平行测定 3 次，其体积之差不得超过 0.04 mL，计算 EDTA 的准确浓度。

4. 水的总硬度测定

用移液管吸取自来水样 100.00 mL 于锥形瓶中，加 5 mL 氨性缓冲溶液，再加少量铬黑 T 至溶液呈紫红色，立即用 EDTA 标准溶液滴定。要用力摇动，近终点时要慢滴多摇，至溶液由紫红色变为纯蓝色为终点。平行测定 3 次，所用体积相差不得超过 0.04 mL。

若水中 HCO₃⁻ 含量较高，加入缓冲溶液后会出现 CaCO₃ 等沉淀，使测定无法进行。可事先加入 1：1 HCl 溶液 2 滴，煮沸，除去 CO₂，冷却后再进行测定。结果用度(°)表示，1°＝10 mg·L⁻¹ CaO。

水的硬度计算公式为：$\dfrac{(cV)_{EDTA} \times M_{CaO}}{V_{水}} \times 1000/10$

5. 鸡蛋壳中钙含量的测定

将鸡蛋壳洗净，晾干，用研钵研细，精确称取细粉 5.53 g，置 50 mL 的瓷坩埚中，用电炉炭化，放冷，用硫酸 2 mL 润湿，小火蒸至无烟。置高温电炉内于 500℃～600℃ 炽灼至灰化，为白色，放冷，加稀盐酸使钙溶解，稀盐酸约 10 mL，定量移置 100 mL 的容量瓶中，用蒸馏水稀释至刻度，摇匀，过滤，弃去初滤液，准确量取 2 mL 置锥形瓶中，加甲基红指示液 2 滴，用氨试液调至微黄色，加三乙醇胺 5 mL，加蒸馏水 10 mL，加氨—氯化铵缓冲液（pH＝10）10 mL，为 A 液。

另取蒸馏水 10 mL，加稀硫酸镁试液 1 滴，铬黑 T 指示剂少许，用 EDTA 滴定液滴定至显纯蓝色，为 B 液，记下所用体积为 v_1。

将 B 液并入 A 液，用 EDTA 滴定至溶液显纯蓝色，记下所用去 EDTA 体积 v_2，根据 v_1、v_2 计算出鸡蛋壳中钙含量。

平行测定三次。

实验说明与指导

1. 滴定 Ca^{2+}、Mg^{2+} 总量时要用铬黑 T 作指示剂，铬黑 T 在 pH 为 8～11 之间为蓝色，与金属离子形成的配合物为紫红色，终点时溶液为蓝色，所以溶液的 pH 要控制为 10。测定 Ca^{2+} 时，要将溶液的 pH 控制至 12～13，主要是让 Mg^{2+} 完全生成 $Mg(OH)_2$ 沉淀。以保证准确测定 Ca^{2+} 的含量。在 pH 为 12～13 间钙指示剂与 Ca^{2+} 形成酒红色配合物，指示剂本身呈纯蓝色，当滴至终点时溶液为纯蓝色。但 pH＞13 时，指示剂本身为酒红色，而无法确定终点。

2. 其他测定方法有：应用 MIDK—冰醋酸体系 AAS 法直接测定添加剂和润滑油中钙、钡、锌含量；微波溶样原子吸收光谱法测定石油添加剂中钙、镁。

思考题

1. 以金属 Zn 为基准物,用二甲酚橙为指示剂标定 EDTA 的浓度时,溶液的酸度应控制的 pH 范围为多少?

2. 配位滴定法与酸碱滴定法相比有哪些不同点,操作中应注意哪些问题?

3. 测定水的总硬度时,EDTA 的标定可采用两种方法:

(1) 用纯金属锌为基准物,在 pH＝5 时,以二甲酚橙为指示剂进行标定;

(2) 用 CaCO₃ 作基准物,以 K－B 为指示剂,在 pH＝10 时,进行标定。问哪种标定方法更合理,为什么?

4. 用 EDTA 法测定水的总硬度时,哪些离子的存在有干扰? 如何消除?

5. 测定水的总硬度时,为什么有时要加入少量 Mg－EDTA 盐溶液? 它对测定有没有影响?

参考文献

[1] 沈志平. 重视人体补钙的营养. 中华医学杂志,1989,69:542

[2] 黎铭. 利用甲鱼骨研制活性钙的探讨. 食品工业科技,1998 (1):25～26

[3] 陈焕斌,陈焕曦. 微波溶样原子吸收光谱法测定石油添加剂中钙、镁. 石油化工,1999,28 (2):161

[4] 孙宝湖. 应用 MIDK－冰醋酸体系 AAS 法直接测定添加剂和润滑油中钙、钡、锌含量. 分析测试通报,1987,6 (2):41

实验十三　铁铝混合液中铁、铝含量的连续测定

主 题 词　配位滴定法　铁　铝　连续测定

主要操作　称量操作　滴定操作

背景材料

铁是古代就已知的金属之一。铁矿石是地壳主要组成成分之一,铁在地壳中的含量约为 5％,占第四位;在金属中仅次于铝,占第二位。地球岩心主要由铁组成,因此在整个地球中铁是丰度最高的元素。在地壳中铁通常以化合物状态存在。含铁的矿物有几百种,主要的有赤铁矿(Fe₂O₃)、褐铁矿(Fe₂O₃ · 3H₂O)、磁铁矿(Fe₃O₄)和菱铁矿(FeCO₃),它们多是容易还原的氧化物矿。其他如黄铁矿(FeS₂)、钛铁矿(FeTiO₃)和铬铁矿[Fe(CrO₂)₂]则是同时提取铁和硫、钛、铬的矿物。生物体中也含铁,每人平均含铁量为 4.5 g 左右,地下水中也含铁。

化学符号 Fe 来自铁的拉丁文名 ferrum。

在 100 多年前,铝曾是一种稀有的贵重金属,被称为"银色的金子",比黄金还珍贵。法国皇帝拿破仑三世,为显示自己的富有和尊贵,命令官员给自己制造一顶比黄金更名贵的王

冠——铝王冠。他戴上铝王冠,神气十足地接受百官的朝拜,这曾是轰动一时的新闻。拿破仑三世在举行盛大宴会时,只有他使用一套铝质餐具,而他人只能用金制、银制餐具。即使在化学界,铝也被看成最贵重的。英国皇家学会为了表彰门捷列夫对化学的杰出贡献,不惜重金制作了一只铝杯,赠送给门捷列夫。

铁、铝的聚合物是无机高分子絮凝剂。聚合氯化铝、聚合硫酸铁在絮凝过程中各有其优点,铝盐虽然水解速度慢,但形成的絮体大而疏松,脱色性能好;铁盐水解速度快,形成的絮体小而密实。聚硅酸铝铁是在聚硅酸和传统铝盐、铁盐絮凝剂的基础上发展起来的复合无机高分子絮凝剂,它综合了铁系、铝系和聚硅酸絮凝剂的多重优点,与上述絮凝剂相比,具有沉降速度快,絮体大而疏松,污泥体积小,污泥脱水性能好等诸多优点,对造纸废水、印染废水、合成洗涤剂废水、制革废水、炼油厂废水有较好的除浊、脱色、除油效果,是一种新型高效的复合絮凝剂。

实验目的

1. 熟悉控制酸度,用 EDTA 连续滴定多种金属离子的原理和方法;
2. 了解磺基水杨酸、PAN 指示剂的使用条件及终点颜色变化;
3. 掌握直接法配制标准溶液的方法。

实验原理

基准氧化锌可以直接配制成标准溶液,以 PAN 作指示剂,用锌标准溶液标定 EDTA 溶液。

Fe^{3+}、Al^{3+} 均能与 EDTA 形成稳定的配合物,其稳定常数分别为 $\lg K_{FeY} = 25.1$ 和 $\lg K_{AlY} = 16.1$。设溶液中有 M 和 N 两种金属离子,均与 EDTA 形成配合物,满足准确滴定 M 而 N 不干扰的一般要求:$\lg c_M K'_{MY} - \lg c_N K'_{NY} \geqslant 5$;若 $c_M = c_N$,$\Delta \lg K' \geqslant 5$ 的条件,可以用控制酸度法进行测定。控制不同的酸度,可连续测定出它们的含量。

在 Fe^{3+}、Al^{3+} 混合液中,首先调节 pH 为 $2 \sim 2.5$,以磺基水杨酸作指示剂,用 EDTA 标准溶液滴定 Fe^{3+};然后定量加入过量的 EDTA 标准溶液,调节 pH 为 4,煮沸,待 Al^{3+} 与 EDTA 配位完全后,用六次甲基四胺调节 pH 为 $5 \sim 6$,以 PAN 作指示剂,用锌标准溶液滴定过量的 EDTA,从而分别求出 Fe^{3+}、Al^{3+} 的含量。

仪器与试剂

仪器:酸式滴定管、25 mL 吸量管、250 mL 容量瓶、称量瓶

试剂:EDTA 标准滴定溶液($0.01 \, mol \cdot L^{-1}$)、基准氧化锌(ZnO),需在 800℃灼烧至恒重,磺基水杨酸指示剂($100 \, g \cdot L^{-1}$ 水溶液)、PAN 指示剂($3 \, g \cdot L^{-1}$ 水溶液)、六次甲基四胺溶液[$(CH_2)_6N_4 \, 200 \, g \cdot L^{-1}$]、HCl($4 \, mol \cdot L^{-1}$)、$NH_3 \cdot H_2O$($6 \, mol \cdot L^{-1}$)

实验步骤

1. $0.01 \, mol \cdot L^{-1}$ 锌标准滴定溶液的制备

准确称取 0.2 g 基准氧化锌放入 100 mL 烧杯中,加入 3 mL 4 $mol \cdot L^{-1}$ HCl 和 25 mL 水,微热使其溶解。冷却后定量转移至 250 mL 容量瓶中,以水稀释至刻度,摇匀,计算出锌

标准滴定溶液的浓度。

2. 0.1 mol·L^{-1} EDTA 溶液的标定

准确移取 25.00 mL 锌标准滴定溶液于 250 mL 锥形瓶中,用少量水稀释,加入 3 滴 PAN 指示剂。用六次甲基四铵调节溶液呈稳定的红色,再过量 5 mL。用 EDTA 标准滴定溶液滴定至溶液由红色变为黄色时为终点。

平行标定三份,计算出 EDTA 标准滴定溶液的浓度。

3. 混合液中 Fe^{3+}、Al^{3+} 含量的测定

移取 25.00 mL 试样溶液于 250 mL 锥形瓶中,用 6 mol·L^{-1} HCl 调节试液 pH 为 2～2.5(用精密 pH 试纸检验)。加热至 70℃～80℃,加入 10 滴磺基水杨酸指示剂,这时溶液呈紫红色。用 0.01 mol·L^{-1} EDTA 标准滴定溶液滴定至溶液由紫红色变为淡黄色为终点。记下消耗 EDTA 标准滴定溶液体积(V_1)。

在测定 Fe^{3+} 后的溶液中,准确加入 35.00 mL EDTA 标准滴定溶液体积(V_2),滴加六次甲基四胺溶液至溶液 pH 为 3.5～4。煮沸 2 min,稍冷,用六次甲基四胺溶液调节溶液 pH 为 5～6,再过量 5 mL。加入 6 滴～8 滴 PAN 指示剂,用锌标准滴定溶液滴定至溶液呈紫红色为终点。记下消耗锌标准滴定溶液体积(V_3)。

平行测定三次,计算试液中 Fe^{3+}、Al^{3+} 含量(以 g·L^{-1} 表示)。

实验说明与指导

1. 由于磺基水杨酸铁配合物也较稳定,故在 EDTA 取代过程中不能立即反应,使终点滞后,测量值偏高。为使反应迅速达成,必须加热被测溶液,在 70℃～80℃ 的温度下滴定,同时滴定速度应放慢,终点颜色突变为准。

2. 其他相关的测定方法有等离子体发射光谱法,X 荧光谱法。

思考题

1. 测 Al^{3+} 时为什么要先加 EDTA 溶液,后加缓冲溶液?先加缓冲溶液行不行?

2. 测定 Fe^{3+}、Al^{3+} 时为什么要加热?测定的酸度分别为多少?怎样控制?

3. 说明磺基水杨酸和 PAN 指示剂使用的 pH 条件和终点颜色变化?

4. 测定 Al^{3+} 时 EDTA 溶液过量多少为好?为什么?

参考文献

[1] 丁敬敏主编. 化学实验技术(I). 北京:化学工业出版社,2002

实验十四　高锰酸钾溶液的标定及双氧水含量的测定

关 键 词　高锰酸钾　标定　双氧水　测定

基本操作　滴定操作　移液操作　称量操作

背景材料

高锰酸钾（potassium permanganate）深紫色近乎黑色、有金属光泽的晶体。化学式 $KMnO_4$。俗称灰锰氧。密度 2.703 g/cm^3。加热到 240℃ 以上，分解放出氧气。高锰酸钾溶液不稳定，在中性或弱碱性溶液中，或在不见光的条件下分解较慢。在酸性溶液中分解速率加快：

$$4MnO_4^- + 4H^+ \rule[0.5ex]{1.5em}{0.4pt} 3O_2 + 4MnO_2 + 2H_2O$$

高锰酸钾是强氧化剂，它与还原剂的反应会因溶液酸度的不同而变化。高锰酸钾的生产方法为：先用空气中的氧气为氧化剂，在碱性介质中将二氧化锰（软锰矿）氧化为锰酸钾，然后进行电解就可得到高锰酸钾。它在分析化学中用于测定铁矿中铁的含量。它的氧化性还被用于消毒，用作杀菌剂、木材防腐剂、漂白剂。例如，很稀的高锰酸钾溶液可用来对水果、蔬菜杀菌和对食具进行消毒。

过氧化氢又名双氧水（hydrogen peroxide），化学式 H_2O_2，相对分子量 34.02，密度 1.438 g/cm^3。无色的液体，能与水、乙醇或乙醚以任何比例混合。在不同的情况下可有氧化作用或还原作用。可用作氧化剂、漂白剂、消毒剂、脱氯剂，并供火箭燃料、有机或无机过氧化物、泡沫塑料和其他多孔物质等。可由硫酸作用于过氧化钡，或电解氧化硫酸成过硫酸或硫酸盐成过硫酸盐再经水解，或由 2－乙基蒽醌经氢化再经氧化而制得。

市售的商品一般是 30% 或 3% 的水溶液。贮存时分解为水和氧。可加入少量 N－乙酰苯胺、N－乙酰乙氧基苯胺等稳定剂。

实验目的

1. 了解 $KMnO_4$ 标准溶液的配制和标定方法；
2. 熟悉 $KMnO_4$ 与 $Na_2C_2O_4$ 的反应条件，正确判断滴定终点；
3. 学会用高锰酸钾法测定双氧水的含量。

实验原理

高锰酸钾在酸性溶液中与草酸的反应如下：

$$2MnO_4^- + 5C_2O_4^{2-} + 16H^+ \rule[0.5ex]{1.5em}{0.4pt} 2Mn^{2+} + 8H_2O + 10CO_2$$

市售的 $KMnO_4$ 常含有 MnO_2 杂质，蒸馏水中也会有少量的有机物能还原 $KMnO_4$，故不能用直接法配制标准溶液。因此，应将配成的溶液放置数天，待 $KMnO_4$ 将还原性物质充分氧化后，用玻璃砂芯漏斗过滤，除去生成的 MnO_2，然后用基准物质 $Na_2C_2O_4$ 标定其浓度，将溶液密闭存放在棕色瓶中，避开阳光和灰尘，以免 $KMnO_4$ 分解。

上述标定反应要在酸性介质、溶液预热 75℃～85℃ 和 Mn^{2+} 催化的条件下进行，滴定开始时，反应很慢，$KMnO_4$ 溶液必须逐滴加入，如果滴加过快，$KMnO_4$ 在热溶液中能部分分解而造成误差。

$$4KMnO_4 + 6H_2SO_4 \rule[0.5ex]{1.5em}{0.4pt} 2K_2SO_4 + 4MnSO_4 + 6H_2O + 5O_2$$

在滴定过程中，由于溶液中逐渐有 Mn^{2+} 的生成，使反应速度逐渐加快，所以，滴定速度可稍加快些。

由于 $KMnO_4$ 溶液本身有颜色，滴定时，溶液中有稍微过量的 $KMnO_4$，即呈微红色，故不需另加指示剂。

双氧水是医药上常用的消毒剂。市售的双氧水含 H_2O_2 约 $330\,g \cdot L^{-1}$，药用双氧水含 H_2O_2 $25\,g \cdot L^{-1} \sim 35\,g \cdot L^{-1}$，在酸性溶液中，$H_2O_2$ 很容易被 $KMnO_4$ 氧化，反应如下：

$$2MnO_4^- + 5H_2O_2 + 6H^+ =\!=\!= 2Mn^{2+} + 5O_2 + 8H_2O$$

因为 H_2O_2 受热易分解，故上述反应在室温下进行，其滴定过程与上述 $KMnO_4$ 滴定 $Na_2C_2O_4$ 相似。

仪器与试剂

仪器：台秤、分析天平、5 mL 和 20 mL 移液管、250 mL 锥形瓶、200 mL 和 250 mL 烧杯、10 mL 和 100 mL 量筒、250 mL 棕色试剂瓶、100 mL 和 250 mL 容量瓶、称量瓶、酸式滴定管

试剂：H_2SO_4（$3\,mol \cdot L^{-1}$）、双氧水待测液（药用双氧水）、固体 $KMnO_4$（A.R.）、固体 $Na_2C_2O_4$（A.R.）

实验步骤

1. $0.02\,mol \cdot L^{-1}$ $KMnO_4$ 溶液的配制

在台秤上称取 $0.80\,g$ 固体 $KMnO_4$，溶于 250 mL 水中，盖上表面皿，加热煮沸 20 min～30 min。冷却后放在暗处静置 7 天～10 天（如果溶液经煮沸并保持微沸状态 1 h，放置 2 天～3 天），然后用玻璃砂芯漏斗过滤，存入棕色瓶中储存待标定。

2. $0.02\,mol \cdot L^{-1}$ $KMnO_4$ 溶液的标定

准确称取 $0.15\,g \sim 0.20\,g$ 基准物质 $Na_2C_2O_4$ 于 250 mL 锥形瓶中，加入 10 mL 蒸馏水溶解后，再加入 10 mL $3\,mol \cdot L^{-1}$ H_2SO_4 溶液，在水浴上加热到 $75\,℃ \sim 85\,℃$（锥形瓶口有蒸气冒出），立即用待标定的 $KMnO_4$ 溶液滴定。开始滴定时反应速度慢，应逐滴滴加 $KMnO_4$ 溶液，充分振摇，待第一滴紫红色褪去，再滴加第二滴。此后，待溶液中产生了 Mn^{2+}，滴定速度可加快，滴定速度控制在 2 滴～3 滴/s 为宜。接近化学计量点时，紫红色褪去较慢，应减慢滴定速度，同时充分摇匀，直至最后半滴 $KMnO_4$ 溶液滴入摇匀后，显粉红色并保持 30 s 不褪色，即为终点（$KMnO_4$ 滴定使化学计量点不太稳定，由于空气中含有还原性气体及尘埃等杂质，落入溶液中能使 $KMnO_4$ 慢慢分解而使粉红色消失，所以在 30 s 内不褪色，即可认为已达终点）。记下读数。

平行测定三次，计算出 $KMnO_4$ 溶液的准确浓度。

3. 双氧水中 H_2O_2 含量的测定

用移液管吸取 1.00 mL 30% H_2O_2 于 250 mL 容量瓶中，用水稀释至刻度，摇匀。用移液管移取 25.00 mL 溶液于 250 mL 锥形瓶中，加入 10 mL $3\,mol \cdot L^{-1}$ H_2SO_4，用 $KMnO_4$ 标准溶液滴定溶液至微红色在 30 s 不褪色，即为终点。

平行测定三次，计算试样中 H_2O_2 的含量，以 $g \cdot L^{-1}$ 表示结果。

实验说明与指导

1. $KMnO_4$ 常含有 MnO_2 杂质，蒸馏水中也会有少量的有机物能还原 $KMnO_4$，故不能用直接法配制标准溶液。应将配成的溶液放置数天，待 $KMnO_4$ 将还原性物质充分氧化后，用玻璃砂芯漏斗过滤，除去生成的 MnO_2，再标定其浓度。并将溶液密闭存放在棕色瓶中，

避开阳光和灰尘,以免 $KMnO_4$ 分解。

2. 所用蒸馏水应煮沸 10 min 以上,并迅速冷却,以除去二氧化碳。

3. 由于反应在 Mn^{2+} 催化的条件下进行,滴定开始时,反应很慢,$KMnO_4$ 溶液必须逐滴加入,如果滴加过快,$KMnO_4$ 的部分分解会造成误差。

4. 其他相关的测定方法有碘量法,分光光度法。

思考题

1. 配制 $KMnO_4$ 溶液应注意什么? 用 $Na_2C_2O_4$ 标定 $KMnO_4$ 溶液时,应注意哪些重要的反应条件?

2. 用 $KMnO_4$ 滴定双氧水时,溶液能否加热?

3. 用 $KMnO_4$ 法测定 H_2O_2 时,能否用 HNO_3、HCl 和 HAc 控制酸度? 为什么?

参考文献

[1] 武汉大学化学与分子科学学院《无机及分析化学实验》编写组编. 无机及分析化学实验(第二版). 武汉:武汉大学出版社,2002

[2] 华东理工大学化学系, 四川大学化工学院《分析化学》编写组编. 分析化学. 北京:高等教育出版社,2003

实验十五　高锰酸钾溶液的标定及钙含量的测定

主 题 词　氧化还原滴定法　标定　钙测定

主要操作　称量操作　滴定操作　沉淀操作

背景材料

钙离子是机体的重要元素,同时作为细胞内第二信使通过与钙调蛋白(Calmodulin,CaM)结合激活多种蛋白激酶(如腺苷酸环化酶、磷酸二酯酶、钙调蛋白激酶等)及诸多蛋白水解酶和核酸酶,从而参与包括细胞代谢、细胞周期等多种细胞功能的调节。在细胞的许多生命活动中担当着重要的角色。因此,钙离子测定在医学实验研究中有着重要意义。钙离子测定技术得益于两种近代实验技术,一是钙激活蛋白及荧光指示剂(或称荧光探针),二是荧光检测及成像分析。

食品,特别是保健食品是人们摄取钙的途径之一,食品中钙的测定方法常以火焰原子吸收分光光度法或 EDTA 法定量,钙含量较低的(以 mg/kg 计)以火焰原子吸收分光光度法(GB12398 - 90)定量,对含量较高的(以 g/100 g 计)保健食品如:牦牛骨髓粉、骨粉等,以EDTA 法(GB12398 - 90)定量。

实验目的

1. 了解 $KMnO_4$ 标准溶液的配制和标定方法;

2. 熟悉 $KMnO_4$ 与 $Na_2C_2O_4$ 的反应条件，正确判断滴定终点；

3. 学习沉淀分离的基本知识和操作（沉淀、过滤及洗涤等）；

4. 了解用高锰酸钾法测定石灰石中钙含量的原理和方法，尤其是结晶形草酸钙沉淀和分离的条件及洗涤 CaC_2O_4 沉淀的方法。

实验原理

高锰酸钾在酸性溶液中与草酸的反应如下：

$$2MnO_4^- + 5C_2O_4^{2-} + 16H^+ \Longrightarrow 2Mn^{2+} + 8H_2O + 10CO_2$$

市售的 $KMnO_4$ 常含有 MnO_2 杂质，蒸馏水中也会有少量的有机物能还原 $KMnO_4$，故不能用直接法配制标准溶液。因此，应将配成的溶液放置数天，待 $KMnO_4$ 将还原性物质充分氧化后，用玻璃砂芯漏斗过滤，除去生成的 MnO_2，然后用基准物质 $Na_2C_2O_4$ 标定其浓度，将溶液密闭存放在棕色瓶中，避开阳光和灰尘，以免 $KMnO_4$ 分解。

上述标定反应要在酸性介质、溶液预热 $75℃\sim85℃$ 和 Mn^{2+} 催化的条件下进行，滴定开始时，反应很慢，$KMnO_4$ 溶液必须逐滴加入，如果滴加过快，$KMnO_4$ 在热溶液中能部分分解而造成误差。

$$4KMnO_4 + 6H_2SO_4 \Longrightarrow 2K_2SO_4 + 4MnSO_4 + 6H_2O + 5O_2$$

在滴定过程中，由于溶液中逐渐有 Mn^{2+} 的生成，使反应速度逐渐加快，所以，滴定速度可稍加快些。

由于 $KMnO_4$ 溶液本身有颜色，滴定时，溶液中有稍微过量的 $KMnO_4$，即呈微红色，故不需另加指示剂。

石灰石的主要成分是 $CaCO_3$，较好的石灰石含 CaO $45\%\sim53\%$，此外还含有 SiO_2、Fe_2O_3、Al_2O_3 及 MgO 等杂质。

测定钙的方法很多，快速的方法是配位滴定法，较精确的方法是本实验采用的高锰酸钾法。本法是将 Ca^{2+} 离子沉淀为 CaC_2O_4，将沉淀滤出并洗净后，溶于稀 H_2SO_4 溶液，再用 $KMnO_4$ 标准溶液滴定与 Ca^{2+} 离子相当的 $C_2O_4^{2-}$ 离子，根据 $KMnO_4$ 标准溶液的浓度和体积计算试样中钙或氧化钙的含量，主要反应如下：

$$Ca^{2+} + C_2O_4^{2-} \Longrightarrow CaC_2O_4$$
$$CaC_2O_4 + H_2SO_4 \Longrightarrow CaSO_4 + H_2C_2O_4$$
$$2MnO_4^- + 5C_2O_4^{2-} + 16H^+ \Longrightarrow 2Mn^{2+} + 8H_2O + 10CO_2$$

CaC_2O_4 是弱酸盐沉淀，其溶解度随酸度增大而增加，在 $pH\approx4$ 时，CaC_2O_4 的溶解损失可以忽略。一般采用在酸性溶液中加入 $(NH_4)_2C_2O_4$，再滴加氨水逐渐中和溶液中的 H^+ 离子，使 $C_2O_4^{2-}$ 缓缓增大，CaC_2O_4 沉淀缓慢形成，最后控制溶液 pH 在 $3.5\sim4.5$。这样，既可使 CaC_2O_4 沉淀完全，又不致生成 $Ca(OH)_2$ 或 $(CaOH)_2C_2O_4$ 沉淀，能获得组成一定、颗粒粗大而纯净的 CaC_2O_4 沉淀。

仪器与试剂

仪器：台秤、分析天平、10 mL 移液管、250 mL 锥形瓶、400 mL 烧杯、10 mL 和 100 mL 量筒、250 mL 棕色试剂瓶、称量瓶、酸式滴定管

试剂：H_2SO_4（$3\ mol\cdot L^{-1}$）、HCl（$1\ mol\cdot L^{-1}$）、固体 $KMnO_4$（A. R.）、固体 $Na_2C_2O_4$

(A. R.)、HNO_3(2 mol·L^{-1})、甲基橙(0.1%)、氨水(3 mol·L^{-1})、$(NH_4)_2C_2O_4$(0.25 mol·L^{-1})、$(NH_4)_2C_2O_4$(0.1%)、钙试液

实验步骤

1. 0.02 mol·L^{-1} $KMnO_4$ 溶液的配制

在台秤上称取 0.80 g 固体 $KMnO_4$,溶于 250 mL 水中,盖上表面皿,加热煮沸 20 min～30 min。冷却后放在暗处静置 7 天～10 天(如果溶液经煮沸并保持微沸状态 1 h,放置 2 天～3 天),然后用玻璃砂芯漏斗过滤,存入棕色瓶中储存待标定。

2. 0.02 mol·L^{-1} $KMnO_4$ 溶液的标定

准确称取 0.15 g～0.20 g 基准物质 $Na_2C_2O_4$ 于 250 mL 锥形瓶中,加入 10 mL 蒸馏水溶解后,再加入 10 mL 3 mol·L^{-1} H_2SO_4 溶液,在水浴上加热到 75℃～85℃(锥形瓶口有蒸气冒出),滴加 1 滴 Mn^{2+} 溶液,立即用待标定的 $KMnO_4$ 溶液滴定。开始滴定时反应速度慢,应逐滴滴加 $KMnO_4$ 溶液,充分振摇,待第一滴紫红色褪去,再滴加第二滴。此后,待溶液中产生了 Mn^{2+},滴定速度可加快,滴定速度控制在 2 滴～3 滴/s 为宜。接近化学计量点时,紫红色褪去较慢,应减慢滴定速度,同时充分摇匀,直至最后半滴 $KMnO_4$ 溶液滴入摇匀后,显粉红色并保持 30 s 不褪色,即为终点($KMnO_4$ 滴定使化学计量点不太稳定,由于空气中含有还原性气体及尘埃等杂质,落入溶液中能使 $KMnO_4$ 慢慢分解而使粉红色消失,所以在 30 s 内不褪色,即可认为已达终点)。记下读数。

平行测定三次,计算出 $KMnO_4$ 溶液的准确浓度。

3. 石灰石中钙含量的测定

用移液管吸取 10.00 mL 钙试液于 400 mL 烧杯中,加入 60 mL 水,加入 2 滴甲基橙指示剂,加 6 mol·L^{-1} HCl 溶液 6 mL 至溶液呈红色,加入 20 mL 0.25 mol·L^{-1} $(NH_4)_2C_2O_4$。(若此时有沉淀生成,应在搅拌下滴加 6 mol·L^{-1} HCl 溶液至沉淀溶解,注意不要多加)。加热至 70℃～80℃,在不断搅拌下以 1 滴～2 滴/s 的速度滴加 3 mol·L^{-1} 氨水至溶液由红色变为橙黄色,继续保温约 30 min 并随时搅拌,放置冷却。

用中速滤纸(或玻璃砂芯漏斗)以倾泻法过滤。用 0.1% $(NH_4)_2C_2O_4$ 溶液用倾泻法将沉淀洗涤 3 次,再用冷水洗涤至洗液不含 Cl^- 离子为止。

将带有沉淀的滤纸贴在贮沉淀的烧杯内壁(沉淀向杯内)。用 20 mL 3 mol·L^{-1} H_2SO_4 溶液仔细将滤纸上沉淀洗入烧杯,用水稀释至 100 mL,加热至 75℃～85℃,用 0.02 mol·L^{-1} $KMnO_4$ 标准溶液滴定溶液至粉红色在 30 s 不褪色,即为终点。

根据 $KMnO_4$ 用量,计算试样中 Ca(或 CaO)的含量,以 g·L^{-1} 表示结果。

实验说明与指导

1. $KMnO_4$ 标定时,注意加热温度不能超过 90℃,否则会引起草酸分解;酸度应保持在 0.5 mol·L^{-1}～1 mol·L^{-1};滴定速度是起始时慢,然后逐渐加快,临近终点时又变慢;终点颜色保持粉红色 30 s 不褪色即可。

2. 本实验中使用两种浓度的 $(NH_4)_2C_2O_4$ 溶液,0.25 mol·L^{-1} $(NH_4)_2C_2O_4$ 溶液是沉淀剂,0.1% $(NH_4)_2C_2O_4$ 溶液是洗涤剂,在沉淀钙时用 0.25 mol·L^{-1} $(NH_4)_2C_2O_4$,误用 0.1% $(NH_4)_2C_2O_4$ 溶液则导致实验失败。

3. 沉淀过滤一定采用倾泻法,否则,影响过滤速度。

4. 过滤沉淀使用的滤纸,应在临近滴定终点时加入,否则,滤纸消耗 $KMnO_4$ 溶液。

5. 其他相关的测定方法有:常量钙测定多采用配位滴定法,微量、痕量钙采用荧光显微镜测定法,荧光分光光度测定法,原子吸收分光光度法,钙指示剂分光光度法。

思考题

1. 配制 $KMnO_4$ 溶液应注意什么?用 $Na_2C_2O_4$ 标定 $KMnO_4$ 溶液时,应注意哪些重要的反应条件?

2. 沉淀 CaC_2O_4 时,为什么要先在酸性溶液中加入沉淀剂 $(NH_4)_2C_2O_4$,然后在 70℃～80℃时滴加氨水至甲基橙变橙黄色而使 CaC_2O_4 沉淀?中和时为什么用甲基橙指示剂来指示酸度?

3. 洗涤 CaC_2O_4 沉淀时,为什么先要用稀 $(NH_4)_2C_2O_4$ 作洗涤液,然后再用冷水洗?

4. CaC_2O_4 沉淀生成后为什么要陈化?

5. 如果将带有 CaC_2O_4 沉淀的滤纸一起用硫酸处理,再用 $KMnO_4$ 溶液滴定,会产生什么影响?

参考文献

[1] 杨琦,刘洁,崔泽实.荧光钙离子测定技术在医学研究中的意义及应用.中国医学装备,2005,2(9):11～13,14

[2] 曹海兰.保健食品中钙测定方法的改进.中国卫生检验杂志.2004,14(1):109

实验十六　硫代硫酸钠标准溶液的配制与标定

主 题 词　硫代硫酸钠　配制　标定　间接碘量法

主要操作　电子天平的使用　滴定管的使用

背景材料

硫代硫酸钠($Na_2S_2O_3$),又名大苏打、海波,分子式:$Na_2S_2O_3 \cdot 5H_2O$。它是透明的单斜晶体,有还原作用。用作照相定影剂、去氯剂和分析试剂,农药工业大量用于制造杀虫剂及农药含氮废水处理剂并用于鞣制皮革,由矿石中提取银等。临床用于治疗皮肤瘙痒症、慢性荨麻疹、药疹、氰化物和砷中毒等。

实验目的

1. 掌握 $Na_2S_2O_3$ 标准溶液的配制方法;

2. 掌握标定 $Na_2S_2O_3$ 标准溶液浓度的原理和方法。

实验原理

结晶的硫代硫酸钠($Na_2S_2O_3 \cdot 5H_2O$)一般含少量杂质,如 S、Na_2SO_3、Na_2SO_4、

Na_2CO_3、$NaCl$ 等,因此不能直接称量来配制标准溶液,而且 $Na_2S_2O_3$ 溶液不稳定,容易分解。其分解的原因是:

1. 与溶解在水中的 CO_2 的作用

$Na_2S_2O_3$ 在稀酸溶液中含有 CO_2($pH<4.6$)时,会促进 $Na_2S_2O_3$ 的分解而生成 SO_3^{2-},从而引起浓度改变:

$$Na_2S_2O_3 + CO_2 + H_2O \Longrightarrow NaHCO_3 + NaHSO_3 + S$$

此分解作用一般都在制成溶液的最初十天进行,为此,配制好的 $Na_2S_2O_3$ 溶液应放置 8 天~14 天后进行标定。

2. 空气的氧化作用

$$2Na_2S_2O_3 + O_2 \Longrightarrow 2Na_2SO_4 + 2S$$

3. 微生物的作用

$$Na_2S_2O_3 \xrightarrow{微生物} Na_2SO_3 + S$$

配制溶液时,为了减少溶解在水中的 CO_2 和杀死水中的微生物,应用新煮沸的冷蒸馏水配制溶液,并加入少量的 Na_2CO_3(约 0.02%),使溶液呈弱碱性,以防止 $Na_2S_2O_3$ 的分解。

日光能促使 $Na_2S_2O_3$ 溶液的分解,所以 $Na_2S_2O_3$ 溶液应贮存于棕色瓶中,放置暗处。

标定 $Na_2S_2O_3$ 溶液的基准物质有:纯 I_2、KIO_3、$KBrO_3$、$K_2Cr_2O_7$、$K_3Fe(CN)_6$、纯铜等。其中最常用的为 $K_2Cr_2O_7$。标定时准确称取一定质量的 $K_2Cr_2O_7$ 基准试剂,配成溶液,加入过量的 KI,在酸性溶液中定量地完成下列反应:

$$6I^- + Cr_2O_7^{2-} + 14H^+ \Longrightarrow 2Cr^{3+} + 3I_2 + 7H_2O$$

生成的游离 I_2 立即用 $Na_2S_2O_3$ 标准溶液标定:

$$I_2 + 2S_2O_3^{2-} \Longrightarrow 2I^- + S_4O_6^{2-}$$

这种标定方法是间接碘量法的应用。$Na_2S_2O_3$ 溶液的浓度按下式计算:

$$c(Na_2S_2O_3) = \frac{m(K_2Cr_2O_7)}{M(K_2Cr_2O_7) \times V(Na_2S_2O_3)} \times 6 \times 10^3$$

仪器与试剂

仪器:托盘天平、万分之一电子天平、细口试剂瓶、碱式滴定管、锥形瓶

试剂:$K_2Cr_2O_7$(s)、HCl(2 mol·L^{-1})、$Na_2S_2O_3 \cdot 5H_2O$(s)、KI(s)、淀粉溶液(0.005%)、Na_2CO_3(s)

实验步骤

1. 0.1 mol·L^{-1} $Na_2S_2O_3$ 标准溶液的配制

用托盘天平称取 $Na_2S_2O_3 \cdot 5H_2O$ 约 6.2 g,溶于适量刚煮沸并已冷却的蒸馏水中,加入 Na_2CO_3 约 0.05 g 后,加水稀释至 250 mL,倒入细口试剂瓶中,放置 1 周~2 周后标定。

2. $Na_2S_2O_3$ 标准溶液的标定

准确称取 0.15 g 左右 $K_2Cr_2O_7$ 基准试剂(预先干燥过)三份,分别置于三个 250 mL 碘量瓶中,加入 10 mL ~20 mL 水使之溶解。加 2 g KI,10 mL 2 mol·L^{-1} HCl,充分混合溶解后,盖好塞子以防止 I_2 因挥发而损失。在暗处放置 5 min,然后加 50 mL 水稀释,用 $Na_2S_2O_3$ 溶液滴定到溶液呈浅黄绿色时,加 2 mL 淀粉溶液。继续滴入 $Na_2S_2O_3$ 溶液,直至

蓝色刚刚消失而 Cr^{3+} 的绿色出现为止。

记下 $Na_2S_2O_3$ 溶液的体积，计算 $Na_2S_2O_3$ 溶液的浓度。

实验说明与指导

1. $Cr_2O_7{}^{2-}$ 和 I^- 的反应不是立刻完成，在稀溶液中进行得更慢。所以应待反应完成后再加水稀释，在上述条件下，大约需经 5 min 反应才能完成。

2. $Cr_2O_7{}^{2-}$ 还原后所生成的 Cr^{3+} 呈绿色，妨碍终点的观察，滴定前预先稀释可使 Cr^{3+} 浓度降低，绿色变浅，结果到达终点时溶液由蓝到绿的转变容易观察出来。同时稀释可降低酸度，以降低溶液中过量 I^- 离子被空气氧化的速度，避免引起误差。

3. 淀粉指示剂不宜加入过早，否则大量 I_2 与淀粉结合生成蓝色配合物，配合物中的 I_2 不易与 $Na_2S_2O_3$ 反应。

4. 滴定到终点的溶液，经过一些时间后会变成蓝色。如果不是很快变蓝，那是由于空气的氧化作用所造成。但是如果很快变蓝，而且又不断加深，那就说明溶液稀释得太早，$K_2Cr_2O_7$ 和 KI 的反应在滴定前进行得不完全，在这种情况下，实验应重做。

思考题

1. 为何 $Na_2S_2O_3$ 不能直接用于配制标准溶液？配制后为何要放置数日后才能进行标定？

2. 为什么要用刚煮沸放冷的蒸馏水配制 $Na_2S_2O_3$ 溶液？为什么要在配制的 $Na_2S_2O_3$ 溶液中加入少量的 Na_2CO_3？

3. 为什么要在滴定近终点时才加入淀粉，而不是在滴定开始的时候就加入？

参考文献

[1] 南京大学.《无机及分析化学实验》编写组编.无机及分析化学实验(第三版).北京：高等教育出版社,1998

实验十七　高锰酸钾法测定水样中化学需氧量(COD)

主 题 词　氧化还原滴定法　标定　COD 测定

主要操作　滴定操作

背景材料

水环境质量标准一般简称为水质标准，是根据《中华人民共和国环境保护法》、《中华人民共和国水污染防治法》和《中华人民共和国海洋环境保护法》的要求，为保护江河湖库等地面水域、地下水和海洋水环境免遭污染危害，保护饮用水水源和水资源的合理开发利用，保障人民身体健康，维护水生生态系统良性循环，结合不同水域功能用途和技术经济条件而制定的水质标准。

我国的水环境质量标准是根据不同水域及其使用功能分别制定不同的水环境质量标准。水环境质量标准根据所控制对象主要有：地表水环境质量标准、地下水质量标准、海水水质标准、渔业水质标准、农田灌溉水质标准、景观娱乐用水水质标准、饮用水标准等。也分强制性标准和推荐性标准两种，国家和行业两类，共计 19 项。

如在海洋环境监测中，海水的溶解氧（DO，Dissolved Oxygen）、生化需氧量（BOD，Bio-chemical Oxygen Demand）和化学需氧量（COD，Chemistry Oxygen Demand）等参数是衡量水质污染程度的重要指标，也是反映水体酸碱性和有机物、微生物等活动规律的理化因素。DO 是指水体中以溶解态存在的氧，是水中生长的动、植物和微生物的供氧来源；BOD 表示水中有机物在有氧条件下，被微生物分解代谢所消耗掉的溶解氧的量，间接地表示了生化物质的量；海洋环境监测中的 COD 是指在碱性条件下，用过量的强氧化剂高锰酸钾将水中的需氧物质（包括有机物与还原性无机盐）氧化为简单稳定的无机物所消耗氧的量。

实验目的

1. 学习环境水质中还原性无机和有机化合物的测定方法；
2. 掌握酸性高锰酸钾法测定水中 COD 的原理和方法；
3. 了解测定 COD 的意义。

实验原理

化学需氧量（COD）是指在特定条件下，采用一定的强氧化剂处理水样时，水样中需氧污染物所消耗的氧化剂的量，通常以相应的氧量（O_2，$mg \cdot L^{-1}$）来表示。COD 是表示水体或污水的程度的重要综合性指标之一，反映了水体受还原性物质污染的程度。水中除含有 NO_2^-、S^{2-}、Fe^{2+} 等无机还原性物质外，还含有少量的有机物质。有机物腐烂促使水中微生物繁殖，污染水质。

COD 的测定分为酸性高锰酸钾法、碱性高锰酸钾法和重铬酸钾法，一般情况下多采用酸性高锰酸钾法，此法简便、快速，适合于测定地面水、河水等污染不十分严重的水质。工业污水及生活污水中含有较多的成分复杂的污染物质，宜用重铬酸钾法。

本实验采用酸性高锰酸钾法。方法提要是：在酸性条件下，向被测水样中定量加入高锰酸钾溶液，加热使高锰酸钾与水样中有机污染物充分反应，过量的高锰酸钾则加入一定量的草酸钠还原，最后用高锰酸钾溶液返滴定过量的草酸钠。反应方程式如下：

$$2MnO_4^- + 5C_2O_4^{2-} + 16H^+ \Longrightarrow 2Mn^{2+} + 10CO_2(g) + 8H_2O$$

仪器与试剂

仪器：托盘天平、万分之一电子天平、250 mL 容量瓶、酸式滴定管

试剂：$Na_2C_2O_4$ 标准溶液（0.013 $mol \cdot L^{-1}$）准确称取基准 $Na_2C_2O_4$ 0.42 g 左右溶于少量的蒸馏水中，定量转移至 250 mL 容量瓶中，稀释至刻度，摇匀，计算其浓度，$KMnO_4$（0.005000 $mol \cdot L^{-1}$），H_2SO_4（1∶2），$AgNO_3$（w 为 0.10）。

实验步骤

1. 准确移取 50 mL 水样于 250 mL 锥形瓶中，加 1∶2 硫酸 8 mL，再加入 w 为 0.10 硝

酸银溶液 5 mL 以除去水样中 Cl⁻(当水样中 Cl⁻ 浓度很小时,可以不加硝酸银),摇匀后准确加入 0.005000 mol・L⁻¹ 高锰酸钾溶液 10.00 mL(V_1),将锥形瓶置于沸水浴中加热 30 min,氧化需氧污染物。稍冷后($\approx 80℃$),加 0.013 mol・L⁻¹ $Na_2C_2O_4$ 标准溶液 10.00 mL,摇匀(此时溶液应为无色),在 70℃~80℃ 的水浴中用 0.005000 mol・L⁻¹ 高锰酸钾溶液滴定至微红色,30 s 内不褪色即为终点,记下高锰酸钾的用量为 V_2。

2. 在 250 mL 锥形瓶中加入蒸馏水 50 mL 和 1：2 硫酸 8 mL,移入 0.01300 mol・L⁻¹ $Na_2C_2O_4$ 标准溶液 10.00 mL,摇匀,在 70℃~80℃ 的水浴中,用 0.005000 mol・L⁻¹ 高锰酸钾溶液滴定至溶液呈微红色,30 s 内不褪色即为终点,记下高锰酸钾的用量为 V_3。

3. 在 250 mL 锥形瓶中加入蒸馏水 50 mL 和 1：2 硫酸 8 mL,在 70℃~80℃ 下,用 0.005000 mol・L⁻¹ 高锰酸钾溶液滴定至溶液呈微红色,30 s 内不褪色即为终点,记下高锰酸钾的用量为 V_4。

平行测定三次。

按下式计算化学需氧量 COD(Mn)

$$COD(Mn)=\frac{[(V_1+V_2-V_4)\times f-10.00]\times c(Na_2C_2O_4)\times 16.00\times 1\,000}{V_S}$$

式中 $f=10.00/(V_3-V_4)$,即每毫升高锰酸钾相当于 f mL 草酸钠标准溶液,V_S 为水样体积,16.00 为氧的相对原子量。

实验说明与指导

1. 废水中有机物种类繁多,但对于主要含烃类、脂肪、蛋白质以及挥发性物质(如乙醇、丙酮等)的生活污水和工业废水,其中的有机物大多数可以氧化 90% 以上,像吡啶、甘氨酸等有机物则难以氧化,因此,在实际测定中,氧化剂种类、浓度和氧化条件等对测定结果均有影响,所以必须严格按规定操作步骤进行分析,并在报告结果时注明所用方法。

2. 本实验在加热氧化有机污染物时,完全敞开,如果废水中易挥发性化合物含量较高时,应使用回流冷凝装置加热,否则结果将偏低。

3. 水样中 Cl⁻ 在酸性高锰酸钾中能被氧化,使结果偏高。

4. 其他相关的测定方法有重铬酸钾硫酸回流法、电化学法、光度法及流动注射分析法。

思考题

1. 哪些因素影响 COD 测定的结果,为什么?

2. 水中化学需氧量的测定有何意义? 测定水中化学需氧量有哪些方法?

参考文献

[1] 南京大学《无机及分析化学实验》编写组编. 无机及分析化学实验(第三版). 北京:高等教育出版社,1998

[2] 武汉大学《分析化学实验》组编. 分析化学实验(第三版). 北京:高等教育出版社,1985

实验十八　苯酚含量的测定

主 题 词　氧化还原滴定法　苯酚　测定

主要操作　滴定操作　移液操作

背景材料

　　苯酚俗名石炭酸,纯苯酚为有特殊气味的无色针状晶体,熔点为 43℃,沸点为 182℃,相对密度为 1.0576,微溶于冷水,易溶于热水及乙醇、乙醚、苯等有机溶剂,在空气中易被氧化而常呈粉红色。

　　结构简式:　　　$\overset{\text{OH}}{\bigcirc}$　　或 C_6H_5—OH

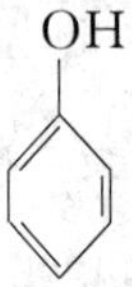

　　苯酚有毒,它的浓溶液对皮肤有强烈的腐蚀性,使用时要小心,如果不慎沾到皮肤上应立即用酒精洗涤。苯酚水溶液与三氯化铁作用呈紫色。有弱酸性,与碱反应成盐。医学上用作消毒防腐剂,苯酚是重要的工业原料,可用来合成炸药(如苦味酸)、医药(如阿司匹林)、杀菌剂、塑料(如酚醛树脂、环氧树脂等)。

　　苯酚显示一定的酸性,是因苯酚分子中羟基的氧原子含有孤对 p 电子,这 p 电子云可以跟苯环的大 π 键电子云从侧面有所重叠,使氧原子上的 p 电子云向苯环转移,氢氧原子之间的电子云向氧原子方向转移,羟基中氢原子较易电离,使苯酚有些酸性。

　　如右图所示:　　　$\bigcirc\!\!-\!\!\overset{..}{\underset{..}{O}}\!\leftarrow\!H$

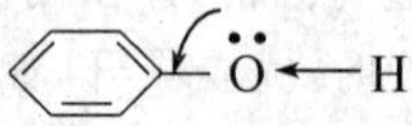

　　苯酚既是一种重要的化工原料,也是一种环境污染物质,是含酚废水中的主要成分,来源广,危害大,排入水体中会直接危害水中生物和人类健康。人类长期接触可以导致白血病和心脏病,更会损伤 DNA,产生遗传毒性影响。因此,美国、日本和我国都将苯酚列入优先监测物黑名单中。世界各国对环境水体中的挥发酚也都有明确规定。国家环保局已将其列为环境监测的重要项目。目前测定微量苯酚的方法有紫外分光光度法、荧光光度法、电化学氧化法、液相色谱法。

实验目的

　　1. 掌握溴酸钾标准溶液的配制方法;
　　2. 掌握溴酸钾法测定苯酚含量的原理和方法;
　　3. 了解"空白试验"的意义和作用,学会"空白试验"的实验方法及应用;
　　4. 掌握碘量瓶的使用方法。

实验原理

　　溴酸钾是一种强氧化剂,在酸性溶液中还原成 Br^-。半反应为:

$$BrO_3^- + 6H^+ + 6e^- \rightleftharpoons Br^- + 3H_2O$$

可利用 $KBrO_3$ 标准溶液直接测定 AsO_3^{3-}，Sn^{2+}，N_2O_4，Te^{4+}，Cu^{2+} 等的含量，用甲基橙作指示剂，过量的 BrO_3^- 与 Br^- 作用生成 Br_2，使甲基橙褪色指示终点。

溴酸钾常用于测定苯酚的含量。在酸性溶液中，一定量的 $KBrO_3$ 与过量的 KBr 反应产生一定量的 Br_2，然后 Br_2 与苯酚发生取代反应，生成稳定的三溴苯酚，反应式如下：

$$BrO_3^- + 5Br^- + 6H^+ \rightleftharpoons 3Br_2 + 3H_2O$$

剩余的 Br_2 用过量的 KI 还原，析出的 I_2 用 $Na_2S_2O_3$ 标准溶液滴定：

$$Br_2 + 2KI \rightleftharpoons I_2 + 2KBr$$

$$I_2 + 2S_2O_3^{2-} \rightleftharpoons 2I^- + S_4O_6^{2-}$$

由以上反应可以看出，被测物苯酚与滴定剂 $Na_2S_2O_3$ 之间存在以下的计量关系：

$$3n(C_6H_5OH) \backsim 1n(Br_2) \backsim 1n(I_2) \backsim \frac{1}{2}n(Na_2BrO_3)$$

$Na_2S_2O_3$ 溶液可用 $KBrO_3$ 通过间接碘法标定，它们之间存在以下的计量关系：

$$3n(BrO_3)^- \backsim 1n(Br_2) \backsim 1n(I_2) \backsim \frac{1}{2}n(Na_2BrO_3)$$

仪器和试剂

仪器：10 mL 移液管、250 mL 容量瓶、100 mL 容量瓶、250 mL 碘量瓶、酸式滴定管

试剂：$KBrO_3$-KBr 标准溶液（0.02 mol·L^{-1}）、NaOH 溶液（100 g·L^{-1}）、淀粉溶液（10 g·L^{-1}）、KI（100 g·L^{-1}）、HCl（6 mol·L^{-1}）、工业苯酚试样

实验步骤

1. 0.02 mol·L^{-1} $KBrO_3$-KBr 标准溶液的配制

准确称取 0.25 g～0.3 g $KBrO_3$ 基准物（或 A. R 级）于 100 mL 烧杯中，加入 1 g KBr，加入蒸馏水使之溶解后，定量转入 100 mL 容量瓶中，用水稀释至刻度，摇匀。

2. 测定及空白试验

准确称取 0.2 g 工业苯酚试样于 100 mL 烧杯中，加入 5 mL 100 g·L^{-1} NaOH，再加入少量水使之溶解后，定量转入 250 mL 容量瓶中，用水稀释至刻度，摇匀。

取两只碘量瓶，其中一只准确移取试液 10.00 mL，另一只中加入 10 mL 水作为空白，按以下步骤平行进行操作：

准确加入 10.00 mL $KBrO_3$-KBr 标准溶液，然后加入 10 mL HCl(1+1)，塞紧塞子，并加水封住瓶口，静置 5 min～10 min，此时生成白色的三溴苯酚沉淀和棕褐色的 Br_2。然后，稍微松开瓶塞，加入 10 mL 100 g·L^{-1} KI 溶液，塞紧，不时摇动，反应 5 min，用少量水冲洗瓶塞和瓶颈上的附着物，加入 25 mL 水，用 $Na_2S_2O_3$ 标准溶液滴定至溶液变成浅黄色，加入 1 mL 淀粉指示剂，继续滴定至溶液的蓝色消失，即为终点。分别记录试液和空白试验消耗的 $Na_2S_2O_3$ 标准溶液的体积，计算工业苯酚的含量。

实验说明与指导

1. Br_2 有毒，应在通风橱中加入 KI 溶液。

2. 为防止 I_2 的挥发,必须加水封。

3. 必须临近终点时加入淀粉指示剂。

4. 其他相关的测定方法有紫外分光光度法、荧光光度法、电化学氧化法、液相色谱法。

思考题

1. 分析溴酸钾测定苯酚的主要误差来源是哪些?

2. 溶解苯酚试样时,加入 NaOH 的作用是什么?

3. 苯酚试样应如何称取?

4. 能否以 Br_2 直接测定苯酚? 能否以 $Na_2S_2O_3$ 直接测定 Br_2?

5. 本实验的空白值如何测定? 由空白值怎样计算 $Na_2S_2O_3$ 标准溶液的浓度?

6. 实验中,加入 10 mL HCl 及 10 mL KI,应注意什么? 为什么?

参考文献

[1] 四川大学化工学院,浙江大学化学系分析化学编写组.分析化学实验(第三版).北京:高等教育出版社,2003

[2] 武汉大学《分析化学实验》组编.分析化学实验(第二版).北京:高等教育出版社,1985

实验十九　吸光光度法测定微量铁含量

主 题 词　吸光光度法　吸收曲线　工作曲线

主要操作　光度计的使用　溶液逐级稀释操作　移液管使用

背景材料

　　很多样品中存在铁,铁在样品中的作用不同,如人体中需要微量铁,但存在于其他一些样品中铁却是有害的,比如,钛白粉中的铁会使钛白粉的白度受影响,在生产过程中需要除去。又如铁是葡萄酒中的微量成分之一,正常工艺加工的葡萄酒含铁量在 $5\ mg \cdot L^{-1}$ 左右,主要来自葡萄浆果,其含量的高低取决于葡萄品种、生态环境等因素。而造成葡萄酒含铁量高的原因主要是外界的污染,即在葡萄酒的酿造过程中接触了含铁物质,铁虽然对人体不会构成危害,但对葡萄酒会产生不良影响。铁是一种催化剂,它能加速葡萄酒的氧化和衰败过程,使酒的稳定性下降,产生混浊、沉淀,因此,控制葡萄酒中的铁含量是葡萄酒质量控制必需的措施之一。

　　微量铁的测定只能用仪器分析方法,目前最常用的方法是采用吸光光度法来测定微量铁,该法目前已经为工农业各个部门和科学研究的各个领域所广泛采用,成为人们从事生产和科学研究的有力测试手段。

实验目的

1. 了解分光光度计的结构和正确的使用方法;

2. 学习如何选择吸光光度分析的实验条件；

3. 学习吸收曲线、工作曲线的绘制。

实验原理

邻二氮菲是测定微量铁的较好试剂。在 pH＝2～9 的溶液中，试剂与 Fe^{2+} 生成稳定的红色配合物，其 $lgK_稳＝21.3$，摩尔吸光系数 $\varepsilon＝1.1×10^4$，其反应式如下：

该红色配合物的最大吸收峰在 510 nm 波长处。本方法的选择性很强，相当于含铁量 40 倍的 Sn^{2+}、Al^{3+}、Ca^{2+}、Mg^{2+}、Zn^{2+}、SiO_3^{2-}，20 倍的 Cr^{3+}、Mn^{2+}、$V(v)$、PO_4^{3-}，5 倍的 Co^{2+}、Cu^{2+} 等均不干扰测定。

通过邻二氮菲吸光光度法测定铁的基本条件实验，可以更好地掌握某些比色条件的选择和实验方法。

如果用盐酸羟胺还原溶液中的高价铁离子为亚铁离子，此法还可测定总铁含量，从而求出高价铁离子的含量。

仪器与试剂

仪器：752 型分光光度计、50 mL 和 250 mL 容量瓶、1 cm 比色皿

试剂：$NH_4Fe(SO_4)_2$ 标准溶液（学生自配）：称取 0.2159 g 分析纯 $NH_4Fe(SO_4)_2 \cdot 12H_2O$，加入少量水及 20 mL HCl，使其溶解后，转移至 250 mL 容量瓶中，用蒸馏水稀释至刻度，摇匀。此溶液 Fe^{3+} 浓度为 $100 mg \cdot L^{-1}$。吸取此溶液 50.00 mL 于 250 mL 容量瓶中，用蒸馏水稀释至标线，摇匀。此溶液 Fe^{3+} 浓度为 $20 mg \cdot L^{-1}$；邻菲罗啉（邻二氮菲）水溶液（ω 为 0.0015）；盐酸羟胺水溶液（ω 为 0.10，此溶液只能稳定数日）；NaAc 溶液（$1 mol \cdot L^{-1}$）；$HCl(6 mol \cdot L^{-1})$。

实验步骤

1. 吸收曲线的制作和测量波长的选择

用移液管吸取 0.00 mL，10.00 mL 铁标准溶液，分别注入两个 50 mL 容量瓶（或比色管）中，各加入 1.00 mL 盐酸羟胺溶液，摇匀，再加入 5.00 mL $1 mol \cdot L^{-1}$ NaAc 溶液，2.00 mL ω 为 0.15% 邻菲罗啉水溶液，最后用蒸馏水稀释至刻度，摇匀。放置 10 min 后，用 1 cm 比色皿，以试剂空白（即 0.00 mL 铁标准溶液配制的溶液）为参比溶液，在 430 nm～560 nm 之间，每隔 10 nm 测一次吸光度，在最大吸收峰附近，每隔 5 nm 测定一次吸光度。以波长为横坐标，吸光度 A 为纵坐标，绘制 A 与 λ 关系的吸收曲线。从吸收曲线上选择测定铁的适宜波长，一般选用最大吸收波长 λ_{max} 为实验测量波长。

2. 溶液酸度的选择

取 7 个 50 mL 容量瓶(或比色管),分别加入 1.00 mL 铁标准溶液、1.00 mL 盐酸羟胺、2.00 mL 邻菲罗啉溶液,摇匀。然后,用滴定管分别加入 0.00,2.00,5.00,10.00,15.00,20.00,30.00 mL 浓度为 0.10 mol·L^{-1} NaOH 溶液,用水稀释至刻度,摇匀,放置 10 min。用 1 cm 比色皿,以蒸馏水为参比溶液,在选择的波长下测定各溶液的吸光度。同时,用 pH 计测量各溶液的 pH。以 pH 为横坐标,吸光度 A 为纵坐标,绘制 A 与 pH 关系的酸度影响曲线,得出测定铁的适宜酸度范围。

3. 显色剂用量的选择

取 7 个 50 mL 容量瓶(或比色管),各加入 1.00 mL 铁标准溶液,1.00 mL 盐酸羟胺,摇匀。再分别加入 0.10、0.30、0.50、0.80、1.00、2.00、4.00 mL 邻菲罗啉和 5.00 mL NaAc 溶液,以水稀释至刻度,摇匀,放置 10 min。用 1 cm 比色皿,以蒸馏水为参比溶液,在选择的波长下测定各溶液的吸光度。以所取邻菲罗啉溶液体积 V 为横坐标,吸光度 A 为纵坐标,绘制 A 与 V 的显色剂用量影响曲线。得出测定铁时显色剂的最适宜用量。

4. 显色时间的选择

在一个 50 mL 容量瓶(或比色管)中,加入 1.00 mL 铁标准溶液,1.00 mL 盐酸羟胺溶液,摇匀。再加入 2.00 mL 邻菲罗啉,5.00 mL NaAc,以水稀释至刻度,摇匀。立即用 1 cm 比色皿,以蒸馏水为参比溶液,在选择的波长下测量吸光度。然后依次测量放置 5,10,30,60,120 min,…后的吸光度。以时间 t 为横坐标,吸光度 A 为纵坐标,绘制 A 与 t 的显色时间影响曲线,得出铁与邻菲罗啉显色反应完全所需要的适宜时间。

5. 标准曲线的绘制

在 5 只 50 mL 容量瓶(或比色管)中,用吸量管分别加入 2.00,4.00,6.00,8.00,10.00 mL $NH_4Fe(SO_4)_2$ 标准溶液(浓度为 20 mg·L^{-1}),然后各加入 1.00 mL 盐酸羟胺溶液,摇匀,再加入 5.00 mL 1 mol·L^{-1} NaAc 溶液,2.00 mL ω 为 0.0015 邻菲罗啉水溶液,最后用蒸馏水稀释至刻度,摇匀。放置 10 min 后,在所选择的波长下,用 1 cm 比色皿,以试剂为空白作为参比溶液测量各溶液的吸光度。并以铁含量为横坐标,吸光度 A 为纵坐标,绘制标准曲线。

6. 总铁的测定

吸取 25.00 mL 被测试液代替标准溶液,置于 50 mL 容量瓶中,其他步骤同上,测出吸光度并从标准曲线上查得相应于铁的含量(单位为 mg·L^{-1})。

实验说明与指导

1. 数据处理说明:学生用计算机进行数据处理,绘制各种条件试验曲线、标准曲线以及计算试样中物质的含量,是学生应该掌握的实验基本方法。

2. 其他相关的测定方法有:应用 4,7-二苯基-1,10-菲罗啉作显色剂水相吸光光度法测定铁价态;应用流动注射—分光光度法测定水中铁的形态。

思考题

1. 吸收曲线与标准曲线有何区别? 各有何实际意义?

2. 本实验中盐酸羟胺、醋酸钠的作用各是什么?

3. 怎样用吸光光度法测定水样中的全铁(总铁)和亚铁的含量? 试拟出简单步骤。

4. 制作标准曲线和进行其他条件实验时,加入试剂的顺序能否任意改变? 为什么?

参考文献

[1] 符连社,任英,任惠娟等. 4,7-二苯基-1,10-菲罗啉作显色剂水相吸光光度法测定铁价态.理化检验-化学分册,1997,33(12):548～549

[2] 田莉玉,刘淑芹,高敏. 火焰原子吸收光谱法测定天然水中微量铁的形态. 理化检验—化学分册,2003,39(5):291～292

[3] 徐荃,袁秀顺. 流动注射-分光光度法测定水中铁的形态. 环境化学,1989,8(4):35～39

实验二十　莫尔(Mohr)法测定水样中的氯

主 题 词　莫尔法　氯离子　测定

主要操作　称量操作　间接法配制标准溶液　滴定操作

背景材料

盐类虽然很多,但可食用的却很少。以 NaCl 为主要成分的食盐,由于人体生理的需要,至今仍是人类唯一必需的食用盐。食盐中的氯元素(Cl)是重要的"成盐元素",它主要以 NaCl 的形式存在于海水和陆地的盐矿中。据探测,全球海洋中平均含盐 3% 左右,主要为 NaCl、$MgCl_2$、$MgSO_4$ 等盐类,致使海水又咸又苦,不能直接饮用。如果将海水中的盐类全部提取出来,铺在地球的陆地上,可以使陆地平均升高 150 m。

实验目的

1. 学习硝酸银标准溶液的配制和标定方法;

2. 掌握莫尔法测定氯含量的原理和方法。

实验原理

莫尔法是在中性或弱碱性(pH =6.5 ～ 10.5)溶液中,以 K_2CrO_4 为指示剂,用 $AgNO_3$ 标准溶液直接滴定 Cl^-。反应如下:

$$Ag^+ + Cl^- \!\!=\!\!=\!\! AgCl\downarrow(白色)$$
$$2Ag^+ + CrO_4{}^{2-} \!\!=\!\!=\!\! Ag_2CrO_4\downarrow(砖红色)$$

因为 AgCl 的溶解度小于 Ag_2CrO_4 的溶解度,所以,当 AgCl 沉淀完全后,稍过量的 $AgNO_3$ 与 K_2CrO_4 反应生成砖红色沉淀以指示终点。

仪器与试剂

仪器:酸式滴定管、100 mL 容量瓶、250 mL 锥形瓶、200 mL 烧杯、台秤、万分之一电子

天平

试剂：$AgNO_3$（分析纯）、$NaCl$（基准试剂）、K_2CrO_4（5％）

实验步骤

1. $NaCl$ 标准溶液的配制

准确称取 0.29 g～0.30 g $NaCl$ 基准物质，加入 30 mL 水使之溶解，转移至 100 mL 容量瓶中，定容。计算其准确浓度。

2. $AgNO_3$ 标准溶液的配制

称取 4.2 g～4.3 g $AgNO_3$ 固体，溶于 500 mL 不含氯离子的水中，将溶液转移至棕色细口瓶中，于暗处放置。

3. $AgNO_3$ 标准溶液的标定

准确移取 25.00 mL $NaCl$ 标准溶液于锥形瓶中，加 25 mL 水、1 mL 5％ K_2CrO_4 溶液，在不断摇动下，用 $AgNO_3$ 标准溶液滴定，至白色沉淀中出现砖红色即为终点，记录耗用 $AgNO_3$ 标准溶液的体积。平行测量三次，计算 $AgNO_3$ 标准溶液的浓度。

4. 水样中氯含量的测定

准确量取水样 100.00 mL 于锥形瓶中，加 5％ K_2CrO_4 溶液 2 mL，在充分摇动下以标定过的 $AgNO_3$ 标准溶液滴定至出现砖红色沉淀即为终点，记录耗用 $AgNO_3$ 标准溶液的体积。平行测定三次，计算水样中氯离子的含量（以 $mg \cdot L^{-1}$ 表示）。

实验说明与指导

1. 如果溶液 pH＞10.5，产生 Ag_2O 沉淀；若 pH＜6.5，CrO_4^{2-} 大部分转变为 $Cr_2O_7^{2-}$，使终点推迟出现。如果溶液中存在 NH_4^+，为了避免生成 $Ag(NH_3)_2^+$，溶液的 pH 应控制在 6.5～7.0 范围内进行滴定。当 NH_4^+ 浓度大于 0.1 mol $\cdot L^{-1}$ 时，便不能直接用莫尔法测定 Cl^-。

2. 为了避免试剂误差，本实验中使用二次蒸馏水。

3. $AgNO_3$ 溶液及 $AgCl$ 沉淀若洒到实验台或水池边上，应随即擦掉或冲掉，以免着色。含银废液应注意回收。

4. 当 $AgCl$ 沉淀开始凝聚时，表示已快到终点，此时需逐滴加入 $AgNO_3$ 标准溶液，并用力振摇。

5. 其他相关的测定方法有吸附指示剂（Fajans）法，离子选择性电极法，原子吸收法。

思考题

1. K_2CrO_4 溶液加得过多或过少对测定有何影响？

2. 当水样中含有 Ba^{2+} 时，能否用莫尔法测定 Cl^-？为什么？应当如何测定？

3. 在莫尔法中，能否用 $NaCl$ 标准溶液滴定 Ag^+？为什么？

参考文献

[1] 刘宏毅编. 分析化学实验. 北京：中国纺织出版社,1997

[2] 华中师范大学,东北师范大学,山西师范大学《分析化学实验》编写组编. 分析化学

实验. 北京: 高等教育出版社, 1987

[3] 李发美, 张阿慧编. 分析化学实验指导. 北京: 人民卫生出版社, 2004

[4] 陆员, 黄梓平. 离子选择电极法测定盐湖卤水中氯离子含量. 海湖盐与化工, 2005, 34(5): 12~14

实验二十一　水样中六价铬的测定

主 题 词　分光光度法　铬　测定

主要操作　移液操作　分光光度计的使用操作

背景材料

大气气溶胶中含有许多金属元素, 其中重金属对人体有直接和严重的生理影响。铬是自然界中普遍存在的重金属元素, 铬在空气中多数以三氧化铬及其衍生物铬酸盐及重铬酸盐形成的气溶胶状态存在。铬酸盐及重铬酸盐都对人具有毒性, 能刺激和烧灼黏膜及皮肤而致溃疡。六价铬是强氧化剂, 对人的毒性是三价铬的 100 倍。据统计, 当空气中含铬千分之几甚至万分之几时, 即可导致鼻黏膜变化和鼻中隔穿孔。大气中铬的测定方法有电感耦合等离子体发射光谱法、原子吸收分光光度法、催化极谱法、分光光度法等。

铬被广泛应用于钢铁冶炼、电镀、制革、印染、造纸、纺织、制药、冶金和染料等工业, 并随工业废水而流入环境, 主要通过水环境多途径的危害人体健康。如果将其工业废水排放或灌溉农田, 农业土壤就会被铬污染。食用含铬过高的植物和粮食, 人类和家畜的健康将受到不同程度的危害, 甚至会导致癌症。铬的毒性与其价态有关, 三价铬是人体必需的微量元素, 具有重要的营养作用; 六价铬对人体有严重的毒害作用, 可以干扰很多重要酶的活性, 损伤肝和肾脏, 可以诱发肺癌等恶性肿瘤。因此水中六价铬含量的分析一直都是环境监测重要项目之一。水中六价铬含量的分析采用的方法有分光光度法、催化光度法及共振光散射光谱法等。

实验目的

1. 了解六价铬的测定意义;
2. 掌握国标法测定水样中六价铬的方法;
3. 掌握分光光度计的使用。

实验原理

铬能以六价和三价两种形式存在水中。电镀、制革、制铬酸盐或铬酐等工业废水, 均可污染水源, 使水中含有铬。医学研究发现, 六价铬有致癌的危害。六价铬的毒性比三价铬强 100 倍。按规定, 生活饮用水中六价铬不得超过 $0.05\ \mathrm{mg \cdot L^{-1}}$(GB5749-85), 地面水中不得超过 $0.1\ \mathrm{mg \cdot L^{-1}}$(GB3828-88), 污水中六价铬和总铬量最高容许的排放量分别为 $0.5\ \mathrm{mg \cdot L^{-1}}$ 和 $1.5\ \mathrm{mg \cdot L^{-1}}$(GB8978-88)。

测定微量铬的方法很多,常采用分光光度法和原子吸收分光光度法。分光光度法中,选择合适的显色剂,可以测定三价铬,将三价铬氧化为六价,可以测定总铬含量。

分光光度法测定六价铬,国家标准(GB)采用二苯碳酰二肼(DPCI)分光光度法,在酸性条件下,六价铬与 DPCI 发生反应生成紫红色配合物,可以直接用分光光度法测定,最大吸收波长 540 nm 左右,摩尔吸光系数 ε 为 $2.6 \times 10^4 \sim 4.17 \times 10^4$ L·mol^{-1}·cm^{-1}。

DPCI 又名二苯卡巴肼或二苯氨基脲,它可以被氧化为二苯氨基一腙(DPCO)和二苯氨基二腙(DPCDO)。六价铬和 DPCI 的显色反应是 1900 年发现的,几十年来对该反应机理进行了许多研究,且有激烈的争论。争论的焦点主要是三个问题:

(1) 紫红色物质是铬的配合物还是显色剂 DPCI 的氧化产物;

(2) 是二价铬的配合物还是三价铬的配合物;

(3) 是生成铬的一腙还是二腙配合物。

这些问题尚待进一步研究。

低价汞离子和高价汞离子与 DPCI 试剂作用生成蓝色或蓝紫色化合物而产生干扰,但在所控制的酸度下,反应不甚灵敏。铁的浓度大于 1 mg·L^{-1} 时,将与试剂生成黄色化合物而引起干扰,可加入 H_3PO_4 与 Fe^{3+} 配合而消除,五价钒(V)的干扰与铁相似,与试剂形成的棕黄色化合物很不稳定,颜色很快褪去(约 20 min),可不考虑。少量 Cu^{2+}、Ag^+、Au^{3+} 等在一定程度上干扰。钼与试剂生成紫红色化合物,但灵敏度低,钼低于 100 μg 时不干扰。适量中性盐不干扰,还原性物质干扰测定。

用此法测定水中六价铬时,可用目视比色法,用 50 mL 比色管可以测出 0.004 mg·L^{-1} 的铬,用分光光度法(3 cm 比色皿)可以测出 0.01 μg·L^{-1} 的含量。

六价铬与 DPCI 的显色酸度为 0.1 mol·L^{-1} H_2SO_4 介质,显色温度以 15℃ 最适宜,温度低了显色慢,高了稳定性比较差。显色时间在 2 min$\sim$3 min 内可以完成。配合物在 1.5 h 内稳定。

仪器与试剂

仪器:752 型分光光度计

试剂:铬标准储备溶液:准确称取 110℃ 下干燥的基准物 $K_2Cr_2O_7$ 0.2830 g 于 50 mL 烧杯中,溶解后转移至 1000 mL 容量瓶中,稀释至刻度摇匀,此溶液含六价铬(Cr^{6+})为 0.100 mg·mL^{-1};铬标准操作溶液:吸管吸储备液 10.00 mL 于 500 mL 容量瓶中,水稀释至刻度,摇匀,此溶液含六价铬(Cr^{6+})为 2.0 μg·mL^{-1};DPCI 溶液(10%):称取 0.5 g DPCI,溶于丙酮,用工业酒精稀释至 50 mL,摇匀。储于棕色瓶,冰箱中保存。变色后不能使用;硫酸(1+2);盐酸羟胺。

实验步骤

1. 吸收曲线 在 50 mL 容量瓶中分别加入 6.00 mL 2.0 μg·mL^{-1} 的铬标准操作溶液,随后加入 1.00 mL(1+2)H_2SO_4 和 30 mL 蒸馏水,摇匀,再加入 1.00 mL DPCI,水定容,摇匀,5 min 后以试剂空白为参比,在 400 nm$\sim$640 nm 范围内测定吸光度,每隔 10 nm 测一次吸光度,在最大吸收峰附近,每隔 5 nm 测定一次吸光度。以波长为横坐标,吸光度为纵坐标绘制吸收曲线,确定 λ_{max}。

2. 标准曲线　在 6 个 50 mL 容量瓶中分别加入 0.00、2.00、4.00、6.00、8.00、10.00 mL 2.0 $\mu g \cdot mL^{-1}$ 的铬标准操作溶液,随后分别加入 1.00 mL(1+2)H_2SO_4 和 30 mL 蒸馏水,摇匀,再分别加入 1.00 mL DPCI,水定容,摇匀,5 min 后以试剂空白为参比测定吸光度,以浓度为横坐标,吸光度为纵坐标绘制工作曲线。

3. 水样中六价铬的测定

(1) 准确吸取 5.00 mL 水样于 50 mL 容量瓶中,加入 1.00 mL(1+2)H_2SO_4 及 1.00 mL DPCI,摇匀,定容。(5 份)

(2) 准确吸收 5.00 mL 水样于 50 mL 容量瓶中,加入 1.0 mL 盐酸羟胺($NH_2OH \cdot HCl$),摇匀。(1 份)

(3) 以(2)为参比,测定水样的吸光度并从标准曲线上查得相应于六价铬(Cr^{6+})的含量(单位为 $mg \cdot L^{-1}$)。

实验说明与指导

1. DPCI 应贮于棕色瓶中,置于冰箱中保存,颜色变深后不能使用。

2. 水样采集后,应加入 NaOH 使 pH 在 8 左右,并且要尽快测定,放置时间不能超过 24 h。

3. 其他相关的测定方法有:催化光度法、催化荧光法及共振光散射光谱法等。

思考题

1. 测定水样中铬含量时,为什么用(2)作比较?

2. 为什么水样采集后,要在当天进行测定?

参考文献

[1] 武汉大学分析化学实验组编. 分析化学实验(第二版). 北京:高等教育出版社,1985

第五章 元素化学实验

实验二十二 碱金属和碱土金属

关 键 词 碱金属,碱土金属

基本操作 水浴加热法

背景材料

周期系第一类主族元素叫作碱金属,它包括锂(Li)、钠(Na)、钾(K)、铷(Rb)、铯(Cs)和钫(Fr)六种元素;第二类主族元素叫作碱土金属,它包括铍(Be)、镁(Mg)、钙(Ca)、锶(Sr)、钡(Ba)、镭(Ra)等六种元素。这两族元素都是活泼金属,其中的锂、铷、铯、铍、钫和镭为稀有金属,而钫和镭还是放射性元素。碱金属和碱土金属单质除铍呈钢灰色外,其他都具有银白色光泽。碱金属具有密度小、硬度小、熔点低和导电性强的特点,是典型的轻金属。碱土金属的密度、熔点和沸点则较碱金属为高。

锂、钠和钾都比水轻,锂是固体单质中最轻的,它的密度约为水的一半。碱土金属的密度稍大些,但钡的密度比常见金属如 Cu、Zn、Fe 等小很多。Ⅰ A、Ⅱ A 族金属单质之所以比较轻,是因为它们在同一周期里比相应的其他元素原子量较小,而原子半径较大的缘故。

由于碱金属的硬度小,所以钠、钾都可以用刀切割。切割后的新鲜表面可以看到银白色的金属光泽,接触空气以后,由于生成氧化物、氮化物和碳酸盐的外壳,颜色变暗。碱金属具有良好的导电性。碱金属(特别是钾、铷、铯)在光照之下,能够放出电子,对光特别灵敏的是铯,是光电池的良好材料。铷、铯可用于制造最准确的计时器——铷、铯原子钟。1967 年正式规定用铯原子钟所定的秒为新的国际时间单位。

碱金属在常温下能形成液态合金(77.2%K 和 22.8%Na,熔点 260.7K)和钠汞齐(熔点236.2K),前者由于具有较高的比热和较宽的液化范围而被用作核反应堆的冷却剂,后者由于具有缓和的还原性而常在有机合成中用作还原剂。钠在实验室中常用来除去残留在各种有机溶剂中的微量水分。

锂的用途愈来愈广泛,如锂和锂合金是一种理想的高能燃料。锂电池是一种高能电池。

碱土金属中实际用途较大的是镁。主要用来制造合金。铍作为新兴材料日益被重视。

这两族元素中有几种元素在生物界有重要作用。钠和钾是生物必需的重要元素。镁对于所有有机界都是必需的。

实验目的

1. 比较碱金属、碱土金属的活泼性；
2. 比较碱土金属氢氧化物及其盐类溶解度；
3. 比较锂、镁盐的相似性；
4. 了解焰色反应的操作并熟悉使用金属钾、钠、汞的安全措施。

仪器与试剂

仪器：离心机、镊子、砂纸、镍丝、点滴板、钴玻璃片

试剂：金属钾、钠、镁、钙、汞、乙醇(95%)、凡士林、烧石膏、植物油、$KMnO_4$(0.01 mol·L^{-1})、$NaOH$(2 mol·L^{-1},新制)、氨水(2 mol·L^{-1},新制)、NH_4Cl(饱和)$K[Sb(OH)_6]$(饱和)、$NaHC_4H_4O_6$(饱和)、$(NH_4)_2C_2O_4$(饱和)、HAc(2 mol·L^{-1})、$(NH_4)_2CO_3$(0.05 mol·L^{-1})、$MgCl_2$(0.5 mol·L^{-1})、Na_3PO_4(0.5 mol·L^{-1})、$LiCl$、NaF、Na_2CO_3、Na_2HPO_4、$NaCl$、KCl、$CaCl_2$、$SrCl_2$、$BaCl_2$、K_2CrO_4、$MgCl_2$、Na_2SO_4、$NaHCO_3$(以上均为1 mol·L^{-1})

未知液(均为1 mol·L^{-1})：$NaOH$、$NaCl$、$MgSO_4$、K_2CO_3、Na_2CO_3

待鉴定的试剂(均为1 mol·L^{-1})：$(NH_4)_2SO_4$、HNO_3、Na_2CO_3、$BaCl_2$、$NaOH$、$NaCl$、H_2SO_4

混合离子溶液：K^+、Mg^{2+}、Ca^{2+}、Ba^{2+}

实验原理

碱金属、碱土金属的单质、氧化物、氢氧化物、重要盐类以及碱金属、碱土金属性质递变的规律小结于表 5-1。

表 5-1　碱金属、碱土金属性质

<table>
<tr><td colspan="2"></td><td>碱金属</td><td>碱土金属</td></tr>
<tr><td rowspan="3">单质</td><td>物理性质</td><td>密度小,硬度低,熔点低,具有良好的导电性</td><td>熔沸点较碱金属高,硬度较大,导电性低于碱金属</td></tr>
<tr><td>化学性质</td><td>性质活泼,易与活泼的非金属水反应,在液氨中能形成蓝色溶液,能得到电子成为负离子</td><td>可与活泼的非金属、水反应;在液氨中能形成蓝色溶液;但反应速度慢于碱金属</td></tr>
<tr><td>制备</td><td>熔盐电解法、热分解法、热还原法</td><td></td></tr>
<tr><td colspan="2">氧化物</td><td>普通氧化物,过氧化物,超氧化物,臭氧化物</td><td>普通氧化物,过氧化物,超氧化物</td></tr>
<tr><td colspan="2">氢氧化物</td><td colspan="2">从 LiOH 到 CsOH,从 Be(OH)_2 到 Ba(OH)_2,溶解度逐渐增大碱性逐渐增强</td></tr>
<tr><td colspan="2">盐类</td><td>一般为无色或白色,除锂盐外,多数易溶</td><td>一般为无色或白色,多数难溶</td></tr>
<tr><td colspan="2">配合物</td><td>碱金属离子一般难形成配合物</td><td>碱土金属离子 Be、Ca 可以形成多种配合物和螯合物</td></tr>
</table>

实验步骤

（一）碱金属、碱土金属活泼性的比较

1. 向教师领取一小块金属钠,用滤纸吸干表面的煤油,立即放在蒸发皿中,加热。一旦金属钠开始燃烧时即停止加热。观察现象,写出反应式。产物冷却后,用玻璃棒轻轻捣碎产

物,转移到试管中,加入少量水令其溶解、冷却,观察有无气体放出,检验溶液 pH。以 $1\ mol \cdot L^{-1}\ H_2SO_4$ 酸化溶液后加入 1 滴 $0.01\ mol \cdot L^{-1}\ KMnO_4$ 溶液,观察现象,写出反应式。

2. 取一小段金属镁条,用砂纸除去表面氧化层,点燃,观察现象,写出反应式。

3. 与水的作用

(1) 分别取一小块金属钠及金属钾,用滤纸吸干表面煤油后放入两个盛有水的烧杯中,并用合适大小的漏斗盖好,观察现象,检验反应后溶液的酸碱性,写出反应式。

(2) 取两小段镁条,除去表面氧化膜后分别投入盛有冷水和热水的两支试管中,对比反应的不同,写出反应式。

(3) 取一小块金属钙置于试管中,加入少量水,观察现象。检验水溶液的碱性,写出反应式。

4. 钠汞齐与水的反应

用带有钩嘴的滴管吸取两滴汞置于小坩埚中(切勿带入水),再取一小块金属钠,吸干表面煤油,放入汞滴中,用玻棒压入汞滴内,形成钠汞齐。由于反应放出大量的热,可能有闪光发生,同时发出响声。钠汞齐按钠汞比例的不同可呈固、液状态。将制得的钠汞齐转移入盛有少量水的烧杯中,观察反应情况并和钠与水的反应作比较。(反应后汞要回收,切勿散失)。

根据以上反应,总结碱金属、碱土金属的活泼性。

(二) 碱土金属氢氧化物溶解性比较

以 $MgCl_2$,$CaCl_2$,$BaCl_2$ 及新配制的 $2\ mol \cdot L^{-1}\ NaOH$ 及氨水溶液作试剂,设计系列试管实验,说明碱土金属氢氧化物溶解度的大小顺序。

(三) 碱金属及碱土金属的难溶盐

1. 碱金属微溶盐

(1) 锂盐　取少量 $1\ mol \cdot L^{-1}\ LiCl$ 溶液分别与 $1\ mol \cdot L^{-1}\ NaF$、Na_2CO_3 及 Na_2HPO_4 溶液反应,观察现象,写出反应式。(必要时可微热试管观察)

(2) 钠盐　于少量 $1\ mol \cdot L^{-1}\ NaCl$ 溶液中加入饱和 $K[Sb(OH)_6]$ 溶液,放置数分钟,如无晶体析出,可用玻棒摩擦试管内壁。观察现象,生成的晶型沉淀是 $Na[Sb(OH)_6]$ 晶体。

(3) 钾盐　于少量 $1\ mol \cdot L^{-1}\ KCl$ 溶液中加入 1 mL 饱和酒石酸氢钠($NaHC_4H_4O_6$)溶液,观察难溶盐 $KHC_4H_4O_6$ 晶体的析出。

2. 碱土金属难溶盐

(1) 碳酸盐　分别用 $MgCl_2$、$BaCl_2$ 溶液与 $1\ mol \cdot L^{-1}\ Na_2CO_3$ 溶液反应,制得的沉淀经离心分离后分别与 $2\ mol \cdot L^{-1}\ HAc$ 及 HCl 反应,观察沉淀是否溶解。

另分别取少量 $MgCl_2$、$CaCl_2$、$BaCl_2$ 溶液,加入 1 滴～2 滴饱和 NH_4Cl 溶液,2 滴 $1\ mol \cdot L^{-1}$ 氨水,2 滴 $0.5\ mol \cdot L^{-1}\ (NH_4)_2CO_3$,观察沉淀是否生成,写出反应式,并解释实验现象。

(2) 草酸盐　分别向 $MgCl_2$、$CaCl_2$、$BaCl_2$ 溶液中滴加饱和 $(NH_4)_2C_2O_4$ 溶液,制得的沉淀经离心分离后再分别与 $2\ mol \cdot L^{-1}\ HAc$ 及 HCl 反应,观察现象,写出反应式。

(3) 铬酸盐　分别向 $1\ mol \cdot L^{-1}\ CaCl_2$、$SrCl_2$、$BaCl_2$ 溶液中滴加 $1\ mol \cdot L^{-1}\ K_2CrO_4$ 溶液,观察沉淀是否生成?沉淀经离心分离后再分别与 $2\ mol \cdot L^{-1}\ HAc$、HCl 反应,观察现

象,写出反应式。

(4) 硫酸盐　分别向 $1\ mol\cdot L^{-1}$ $CaCl_2$、$MgCl_2$、$BaCl_2$ 溶液中滴加 $1\ mol\cdot L^{-1}$ Na_2SO_4 溶液,观察沉淀是否生成? 沉淀经离心分离后再试验其在饱和 $(NH_4)_2SO_4$ 溶液中及浓 HNO_3 中的溶解性。解释现象,写出反应式并比较硫酸盐溶解度的大小。

(5) 磷酸镁铵的生成　于 $0.5\ mL$ 的 $MgCl_2$ 溶液中加入几滴 $2\ mol\cdot L^{-1}$ HCl 及 $0.5\ mL$ $0.1\ mol\cdot L^{-1}$ Na_2HPO_4 溶液,4 滴~5 滴 $2\ mol\cdot L^{-1}$ 氨水,振荡试管,观察现象,写出反应式。

(四) 锂盐镁盐的相似性

1. 分别向 $1\ mol\cdot L^{-1}$ $LiCl$、$MgCl_2$ 溶液中滴加 $1.0\ mol\cdot L^{-1}$ NaF 溶液,观察现象,写出反应式。

2. $1\ mol\cdot L^{-1}$ $LiCl$ 溶液与 $0.1\ mol\cdot L^{-1}$ Na_2CO_3 溶液作用及 $0.5\ mol\cdot L^{-1}$ $MgCl_2$ 溶液与 $1\ mol\cdot L^{-1}$ $NaHCO_3$ 溶液作用各有什么现象? 写出反应式。

3. $1\ mol\cdot L^{-1}$ $LiCl$ 溶液与 $0.5\ mol\cdot L^{-1}$ $MgCl_2$ 溶液中分别滴加 $0.5\ mol\cdot L^{-1}$ Na_3PO_4 溶液,观察现象,写出反应式。

由以上实验说明锂、镁盐的相似性并给予解释。

(五) 焰色反应

取一根镍丝,反复蘸取浓盐酸溶液后在氧化焰中烧至近于无色。在点滴板上分别滴入 1 滴~2 滴 $1\ mol\cdot L^{-1}$ $LiCl$、$NaCl$、KCl、$CaCl_2$、$SrCl_2$、$BaCl_2$ 溶液,用洁净的镍丝分别蘸取溶液后在氧化焰中灼烧,观察火焰颜色。对于钾离子的焰色,应通过钴玻璃片观察。记录各离子的焰色。

(六) 未知物及离子的鉴别

1. 现有六种溶液,分别为 $NaOH$、$NaCl$、$MgSO_4$、K_2CO_3、Na_2CO_3,试选用合适试剂加以鉴别。

2. 现有 $(NH_4)_2SO_4$、HNO_3、Na_2CO_3、$BaCl_2$、$NaOH$、$NaCl$、H_2SO_4 试剂,试利用它们之间的相互反应加以鉴别。

3. 混合溶液中含有 K^+、Mg^{2+}、Ca^{2+}、Ba^{2+} 离子,请设计分离检出步骤。

(七) 应用实验

(1) 石膏的硬化　把烧石膏加水调成糊状,然后把表面涂有一层很薄的凡士林的硬币压在石膏上,数小时后,取出硬币,观察现象,写出反应式,并作解释。

(2) 肥皂的制作　于一小烧杯中放入约 $5\ g$ 植(动)物油,再加入 $20\ mL$ $95\%(\omega)$ 的乙醇和 $15\ mL$ $40\%(\omega)$ 的 $NaOH$ 溶液,然后小心加热,微沸,不断搅拌至溶液黏稠为止。(皂化完成后检验皂化是否彻底。方法是取几滴试液,加入 $5\ mL$ 蒸馏水,加热,试样应完全溶解,没有油滴出现。)将已皂化完全的肥皂液倒入盛有 $150\ mL$ 饱和食盐溶液的烧杯中,静置。待肥皂全部浮到溶液表面上时,即可取出,用少量水冲洗后再用布包好,压缩成块,经自然干燥,制成肥皂。

实验说明与指导

1. 尽管这两族元素有很多相似之处,但是它们毕竟由于原子结构上的差异,在某些性质方面也有差别。例如,碱土金属的熔点和沸点比相应碱金属的高,密度和硬度也比相应碱金属的大,这是由于碱土金属原子最外电子层上的价电子比碱金属的多,而原子半径却比碱金属的小,在晶体中,它们的金属键显然比碱金属的强得多的缘故。这两族元素的离子都系稀有气体原子结构(即8电子结构),但是碱土金属离子的离子势比碱金属的大(离子势=离子电荷/离子半径),所以碱土金属离子的极化能力较大,在化合物中对阴离子的引力较大,从而使一些化合物的性质和碱金属的有差别。例如,碱金属的氧化物、盐类都溶于水,而碱土金属的氧化物较难溶于水;碱金属的氢氧化物、碳酸盐加热不易分解。

2. 碱金属的氢氧化物都易溶于水,仅 LiOH 溶解度较小。碱土金属氢氧化物在水中的溶解度比碱金属的氢氧化物小得多,并且同族元素的氢氧化物的溶解度从上往下逐渐增大,这是因为随着阳离子半径的增大,阳离子和阴离子之间的吸引力逐渐减小,易被水分子拆开的缘故。同理,在同一周期内,从 M(Ⅰ)到 M(Ⅱ)随着离子半径的减小和离子电荷的增多,氢氧化物的溶解度减小。碱土金属氢氧化物中,较重要的是氢氧化钙 $Ca(OH)_2$(即熟石灰)。它的溶解度不大,且随温度升高而减小。

3. 这两族元素的头一个元素 Li 和 Be,各与周期表中右下方那个元素相似的程度比与同族元素之间的还要高,即 Li 与 Mg 相似,Be 与 Al 相似。这也可以从它们的离子势接近的情况来理解。

思考题

1. 查出本实验中有关的难溶盐及氢氧化物的溶度积常数。

2. 为什么在试验比较 $Mg(OH)_2$、$Ca(OH)_2$、$Ba(OH)_2$ 的溶解度时所用的 NaOH 溶液必须是新配制的?如何配制不含 CO_3^{2-} 的 NaOH 溶液?

3. 钠汞齐的制备实验中,若不慎从水中吸取汞时带入少量水,对实验有什么影响?不慎将汞滴到实验桌面或地面上时,应及时采取什么措施?

4. 如何分离 Ca^{2+}、Ba^{2+} 离子?是否可用硫酸分离 Ca^{2+}、Ba^{2+} 离子?为什么?

5. 如何分离 Ca^{2+}、Mg^{2+} 离子?$Mg(OH)_2$ 与 $MgCO_3$ 为什么都可溶于饱和 NH_4Cl 溶液中?

参考文献

[1]《无机化学丛书》(1~18 卷).北京:科学出版社,1998

[2]武汉大学,吉林大学等校《无机化学实验》编写组编.《无机化学实验》.北京:高等教育出版社,1990.

实验二十三　铬、锰、铁、钴、镍

主题词　铬　锰　铁　钴　镍

主要操作　加热　离心机　离心管及试管试验

背景材料

铬(Cr)是金属中最坚硬的灰白色金属。1797 年法国化学家路易斯－尼古拉斯·沃克林发现此元素,并根据希腊文中的"chroma"(意为颜色)为其命名。这个名字非常合适,因为铬的化合物都带颜色。纯金属铬呈银白色,虽然发脆,却很硬。

锰(Mn)是一种坚硬的灰白色金属,许多性质都与其在元素周期表中的邻居——铁元素相似。它不仅外观与铁相似,而且也像铁一样在潮湿的空气中会生锈。锰在自然界不以游离态存在,多以锰矿石存在,其主要成分是二氧化锰(MnO_2)。1774年卡尔·威尔海姆·席勒发现锰,因为软锰矿有磁性,他根据拉丁文中的"Magnes"(意为磁)为它命名。

铁(Fe)是人类社会中最常见的金属,它几乎在人们日常生活中的每一个方面都有重要的作用。不论是钢针、螺丝刀或洗衣机,还是汽车、火车等等,它们的制造都离不开铁。铁有着极其广泛的用途。铁在地壳中的含量排在第四位,仅次于铝,在金属中排在第二。人们认为地球内部即地心主要由熔融的铁组成。铁在自然界从未以纯态金属出现,大多含铁矿里所含的是铁的氧化物,其中两种最重要的含铁矿是赤铁矿和磁铁矿。

铁的发现可以追溯到数千年前,从红色的矿石中炼铁这一发明是人类发展史上的一个重要里程碑,这个时代称为铁器时代(大约公元前1100年)。随着铁的发现,人们制造出比先前的青铜时代(大约公元前3000年)更坚硬也更耐用的工具和武器。现在,铁占到了世界冶金总量的90％以上。

钴(Co)是非常稀有的元素,在地壳中含量仅占0.003％。其主要矿物之一是辉砷钴矿,是一种含钴、砷、硫的化合物。纯金属钴具有明亮的浅蓝色,通过在空气中焙烧砷钴矿而得到。1739年瑞典化学家乔治·布兰特(Georg Brandt)首次分离出钴。

镍(Ni)是一种银色金属,主要存在与含硫和镍的针镍矿中。由于在地壳中含量仅有万分之一,因此镍被视为稀有元素。虽然在地球表面含量很少,但很多科学家认为在地球内部镍储量很大,人们认为熔化的地心主要由铁和镍组成。这可以解释为什么经常会在陨石中发现镍,人们认为这种来自地球外的碎石头与地球同时形成。

虽然古代人已经知道镍化合物,但纯金属镍到1751年才由瑞典化学家阿克塞尔·弗雷德里克·克郎斯泰特(Axel Fredrik Cronstedt)首次分离出来。"Nickel"在德文中意为"魔鬼",人们认为元素是根据德文"kupfernickel"命名的。意为"魔鬼的铜"。与钴类似,镍的化合物使玻璃及其他被添加物质呈绿色。

实验目的

1. 掌握铬、锰、铁、钴、镍氢氧化物的酸碱性和氧化还原性;
2. 掌握铬、锰重要氧化态之间的转化反应及其条件;
3. 掌握铁、钴、镍配合物的生成和性质;
4. 掌握锰、铁、钴、镍硫化物的生成和溶解性;
5. 学习Cr^{3+}、Mn^{2+}、Fe^{2+}、Fe^{3+}、CO^{2+}、Ni^{2+}的鉴定方法。

实验原理

铬、锰、铁、钴、镍是周期系第四周期第ⅥB～Ⅷ族元素,它们都能形成多种氧化值的化合物。铬的重要氧化值为+3和+6;锰的重要氧化值为+2、+4、+6和+7;铁、钴、镍的重要氧化值都是+2和+3。

$Cr(OH)_2$是两性的氢氧化物。$Mn(OH)_2$和$Fe(OH)_2$都很容易被空气中的O_2氧化,

$Co(OH)_2$ 也能被空气中的 O_2 慢慢氧化。由于 Co^{3+} 和 Ni^{3+} 都具有强氧化性，$Co(OH)_3$、$Ni(OH)_3$ 与盐酸反应分别生成 $Co(Ⅱ)$ 和 $Ni(Ⅱ)$，并放出氯气。$Co(OH)_3$ 和 $Ni(OH)_3$ 通常分别由 $Co(Ⅱ)$ 和 $Ni(Ⅱ)$ 的盐在碱性条件下用强氧化剂氧化得到，例如：

$$2Ni^{2+} + 6OH^- + Br_2 \longrightarrow 2Ni(OH)_3(s) + 2Br^-$$

Cr^{3+} 和 Fe^{3+} 都易发生水解反应。Fe^{3+} 具有一定的氧化性，能与强还原剂反应生成 Fe^{2+}。

在酸性溶液中，Cr^{3+} 和 Mn^{2+} 的还原性都较弱，只有用强氧化剂才能将它们分别氧化为 $Cr_2O_7^{2-}$ 和 MnO_4^-。在酸性条件下利用 Mn^{2+} 和 $NaBiO_3$ 的反应可以鉴定 Mn^{2+}。

在碱性溶液中，$[Cr(OH)_4]^-$ 可被 H_2O_2 氧化为 CrO_4^{2-}。在酸性溶液中，CrO_4^{2-} 转变为 $Cr_2O_7^{2-}$，$Cr_2O_7^{2-}$ 与 H_2O_2 反应能生成深蓝色的 CrO_5，由此可以鉴定 Cr^{3+}。

在重铬酸盐溶液中分别加入 Ag^+、Pb^{2+}、Ba^{2+} 等，能生成相应的铬酸盐沉淀。

$Cr_2O_7^{2-}$ 和 MnO_4^- 都具有强氧化性。在酸性溶液中，$Cr_2O_7^{2-}$ 被还原为 Cr^{3+}。MnO_4^- 在酸性、中性、强碱性溶液中的还原产物分别为 Mn^{2+}、MnO_2 沉淀和 MnO_4^{2-}。在强碱性溶液中，MnO_4^- 与 MnO_2 反应也能生成 MnO_4^{2-}。在酸性甚至近中性溶液中，MnO_4^{2-} 歧化为 MnO_4^- 和 MnO_2。在酸性溶液中，MnO_2 也是强氧化剂。

MnS、FeS、CoS、NiS 都能溶于稀酸，MnS 还能溶于 HAc 溶液。这些硫化物需要在弱碱性溶液中制得。而生成的 CoS 和 NiS 沉淀由于晶体结构改变而难溶于稀酸。

铬、锰、铁、钴、镍都能形成多种配合物。Co^{2+} 和 Ni^{2+} 能与过量的氨水反应分别能生成 $[Co(NH_3)_6]^{2+}$ 和 $[Ni(NH_3)_6]^{2+}$。$[Co(NH_3)_6]^{2+}$ 容易被空气中的 O_2 氧化为 $[Co(NH_3)_6]^{3+}$。Fe^{2+} 与 $[Fe(CN)_6]^{3-}$ 反应，或 Fe^{3+} 与 $[Fe(CN)_6]^{4-}$ 反应，都生成蓝色沉淀，分别用于鉴定 Fe^{2+} 和 Fe^{3+}。酸性溶液中 Fe^{3+} 与 NCS^- 反应也用于鉴定 Fe^{3+}。Co^{2+} 也能与 NCS^- 反应，生成不稳定的 $[Co(NCS)_4]^{2-}$，在丙酮等有机溶剂中较稳定，此反应用于鉴定 Co^{2+}。Ni^{2+} 与丁二酮肟在弱碱性条件下反应生成鲜红色的内配盐，此反应常用于鉴定 Ni^{2+}。

仪器、试剂与材料

仪器：离心机

试剂：HCl（$2\ mol \cdot L^{-1}$、$6\ mol \cdot L^{-1}$、浓）、H_2SO_4（$2\ mol \cdot L^{-1}$、$6\ mol \cdot L^{-1}$、浓）、HNO_3（$6\ mol \cdot L^{-1}$、浓）、HAc（$2\ mol \cdot L^{-1}$）、H_2S（饱和）、$NaOH$（$2\ mol \cdot L^{-1}$、$6\ mol \cdot L^{-1}$、$\omega = 0.40$）、$NH_3 \cdot H_2O$（$2\ mol \cdot L^{-1}$、$6\ mol \cdot L^{-1}$）、$Pb(NO_3)_2$（$0.1\ mol \cdot L^{-1}$）、$AgNO_3$（$0.1\ mol \cdot L^{-1}$）、$MnSO_4$（$0.1\ mol \cdot L^{-1}$、$0.5\ mol \cdot L^{-1}$）、$Cr_2(SO_4)_3$（$0.1\ mol \cdot L^{-1}$）、Na_2SO_3（$0.1\ mol \cdot L^{-1}$）、Na_2S（$0.1\ mol \cdot L^{-1}$）、$CrCl_3$（$0.1\ mol \cdot L^{-1}$）、K_2CrO_4（$0.1\ mol \cdot L^{-1}$）、$K_2Cr_2O_7$（$0.1\ mol \cdot L^{-1}$）、$KMnO_4$（$0.01\ mol \cdot L^{-1}$）、$BaCl_2$（$0.1\ mol \cdot L^{-1}$）、$FeCl_3$（$0.1\ mol \cdot L^{-1}$）、$CoCl_2$（$0.1\ mol \cdot L^{-1}$、$0.5\ mol \cdot L^{-1}$）、$FeSO_4$（$0.1\ mol \cdot L^{-1}$）、$SnCl_2$（$0.1\ mol \cdot L^{-1}$）、$NiSO_4$（$0.1\ mol \cdot L^{-1}$、$0.5\ mol \cdot L^{-1}$）、KI（$0.02\ mol \cdot L^{-1}$）、NaF（$1\ mol \cdot L^{-1}$）、$KSCN$（$0.1\ mol \cdot L^{-1}$）、$K_4[Fe(CN)_6]$（$0.1\ mol \cdot L^{-1}$）、$K_3[Fe(CN)_6]$（$0.1\ mol \cdot L^{-1}$）、NH_4Cl（$1\ mol \cdot L^{-1}$）、$K_2S_2O_8$（s）、MnO_2（s）、$NaBiO_3$（s）、PbO_2（s）、$KMnO_4$（s）、$FeSO_4 \cdot 7H_2O$（s）、$KSCN$（s）、戊醇（或乙醚）、H_2O_2（$\omega = 0.03$）、溴水、碘水、丁二酮肟、丙酮、淀粉溶液

材料：淀粉-KI 试纸

实验步骤

1. 铬、锰、铁、钴、镍氢氧化物的生成和性质

(1) 制备少量 $Cr(OH)_3$，检验其酸碱性，观察现象。写出有关的反应方程式。

(2) 在 3 支试管中各加入几滴 $0.1\ mol \cdot L^{-1}\ MnSO_4$ 溶液和 $2\ mol \cdot L^{-1}\ NaOH$ 溶液（均预先加热除氧），观察现象。迅速检验两支试管中 $Mn(OH)_2$ 的酸碱性，振荡第 3 支试管，观察现象。写出有关的反应方程式。

(3) 取 2 mL 去离子水，加入几滴 $2\ mol \cdot L^{-1}\ H_2SO_4$ 溶液，煮沸除去氧，冷却后加少量 $FeSO_4 \cdot 7H_2O(s)$ 使其溶解。在另 1 支试管中加入 $1\ mL\ 2\ mol \cdot L^{-1}\ NaOH$ 溶液，煮沸除去氧。冷却后用长滴管吸取 NaOH 溶液，迅速插入 $FeSO_4$ 溶液底部挤出，观察现象。摇荡后分为 3 份，取 2 份检验酸碱性，另 1 份在空气中放置，观察现象。写出有关的反应方程式。

(4) 在 3 支试管中各加几滴 $0.5\ mol \cdot L^{-1}\ CoCl_2$ 溶液，再逐滴加入 $2\ mol \cdot L^{-1}\ NaOH$ 溶液，观察现象。离心分离，弃去清液，然后检验两支试管中沉淀的酸碱性，将第 3 支试管中的沉淀在空气中放置，观察现象。写出有关的反应方程式。

(5) 用 $0.5\ mol \cdot L^{-1}\ NiSO_4$ 溶液代替 $CoCl_2$ 溶液，重复实验(4)。

通过实验(3)～(5)比较 $Fe(OH)_2$、$Co(OH)_2$、$Ni(OH)_2$ 还原性的强弱。

(6) 制取少量 $Fe(OH)_3$，观察其颜色和状态，检验其酸碱性。

(7) 取几滴 $0.5\ mol \cdot L^{-1}\ CoCl_2$ 溶液，加几滴溴水，然后加入 $2\ mol \cdot L^{-1}\ NaOH$ 溶液，摇荡试管，观察现象。离心分离，弃去清液，在沉淀中滴加浓 HCl 并用淀粉 KI 试纸检查逸出的气体。写出有关的反应方程式。

(8) 用 $0.5\ mol \cdot L^{-1}\ NiSO_4$ 溶液代替 $CoCl_2$ 溶液，重复实验(7)。

通过实验(6)～(8)，比较 $Fe(Ⅲ)$、$Co(Ⅲ)$、$Ni(Ⅲ)$ 氧化性的强弱。

2. $Cr(Ⅲ)$ 的还原性和 Cr^{3+} 的鉴定

取几滴 $0.1\ mol \cdot L^{-1}\ CrCl_3$ 溶液，逐滴加入 $6\ mol \cdot L^{-1}\ NaOH$ 溶液至过量，然后滴加 $w=0.03$ 的 H_2O_2 溶液，微热，观察现象。待试管冷却后，再补加几滴 H_2O_2 和 0.5 mL 戊醇（或乙醚），慢慢滴入 $6\ mol \cdot L^{-1}\ HNO_3$ 溶液，摇荡试管，观察现象。写出有关的反应方程式。

3. CrO_4^{2-} 和 $Cr_2O_7^{2-}$ 的相互转化

(1) 取几滴 $0.1\ mol \cdot L^{-1}\ K_2CrO_4$ 溶液，逐滴加入 $2\ mol \cdot L^{-1}\ H_2SO_4$ 溶液，观察现象。再逐滴加入 $2\ mol \cdot L^{-1}\ NaOH$ 溶液，观察有何变化。写出反应方程式。

(2) 在两支试管中分别加入几滴 $0.1\ mol \cdot L^{-1}\ K_2CrO_4$ 溶液和 $0.1\ mol \cdot L^{-1}\ K_2Cr_2O_7$ 溶液，然后分别滴加 $0.1\ mol \cdot L^{-1}\ BaCl_2$ 溶液，观察现象。最后再分别滴加 $2\ mol \cdot L^{-1}$ HCl 溶液，观察现象。写出有关的反应方程式。

4. $Cr_2O_7^{2-}$、MnO_4^{-}、Fe^{3+} 的氧化性与 Fe^{2+} 的还原性

(1) 取 2 滴 $0.1\ mol \cdot L^{-1}\ K_2Cr_2O_7$ 溶液，滴加饱和 H_2S 溶液，观察现象写出反应方程式。

(2) 取 2 滴 $0.01\ mol \cdot L^{-1}\ KMnO_4$ 溶液，用 $2\ mol \cdot L^{-1}\ H_2SO_4$ 溶液酸化，再滴加 $0.1\ mol \cdot L^{-1}\ FeSO_4$ 溶液，观察现象，写出反应方程式。

（3）取几滴 $0.1\ mol \cdot L^{-1}$ $FeCl_3$ 溶液，滴加 $0.1\ mol \cdot L^{-1}$ $SnCl_2$ 溶液，观察现象。写出反应方程式。

（4）将 $0.01\ mol \cdot L^{-1}$ $KMnO_4$ 溶液与 $0.5\ mol \cdot L^{-1}$ $MnSO_4$ 溶液混合，观察现象。写出反应方程式。

（5）取 $2\ mL$ $0.01\ mol \cdot L^{-1}$ $KMnO_4$ 溶液，加入 $1\ mL$ 40% 的 $NaOH$，再加少量 MnO_2（s），加热，沉降片刻，观察上层清液的颜色。取清液于另一试管中，用 $2\ mol \cdot L^{-1}$ H_2SO_4 溶液酸化，观察现象。写出有关的反应方程式。

5. 铬、锰、铁、钴、镍硫化物的性质

（1）取几滴 $0.1\ mol \cdot L^{-1}$ $Cr_2(SO_4)_3$ 溶液，滴加 $0.1\ mol \cdot L^{-1}$ Na_2S 溶液，观察现象。检验逸出的气体（可微热）。写出反应方程式。

（2）取几滴 $0.1\ mol \cdot L^{-1}$ $MnSO_4$ 溶液，滴加饱和 H_2S 溶液，观察有无沉淀生成。再用长滴管吸取 $2\ mol \cdot L^{-1}$ $NH_3 \cdot H_2O$ 溶液，插入溶液底部挤出，观察现象。离心分离，在沉淀中滴加 $2\ mol \cdot L^{-1}$ HAc 溶液，观察现象。写出有关的反应方程式。

（3）在 3 支试管中分别加入几滴 $0.1\ mol \cdot L^{-1}$ $FeSO_4$ 溶液、$0.1\ mol \cdot L^{-1}$ $CoCl_2$ 溶液和 $0.1\ mol \cdot L^{-1}$ $NiSO_4$ 溶液，滴加饱和 H_2S 溶液，观察有无沉淀生成。再加入 $2\ mol \cdot L^{-1}$ $NH_3 \cdot H_2O$ 溶液，观察现象。离心分离，在沉淀中滴加 $2\ mol \cdot L^{-1}$ HCl 溶液，观察沉淀是否溶解。写出有关的反应方程式。

（4）取几滴 $0.1\ mol \cdot L^{-1}$ $FeCl_3$ 溶液，滴加饱和 H_2S 溶液，观察现象。写出反应方程式。

6. 铁、钴、镍的配合物

（1）取 2 滴 $0.1\ mol \cdot L^{-1}$ $K_4[Fe(CN)_6]$ 溶液，然后滴加 $0.1\ mol \cdot L^{-1}$ $FeCl_3$ 溶液；取 2 滴 $0.1\ mol \cdot L^{-1}$ $K_3[Fe(CN)_6]$ 溶液，滴加 $0.1\ mol \cdot L^{-1}$ $FeSO_4$ 溶液，观察现象。写出有关的反应方程式。

（2）取几滴 $0.1\ mol \cdot L^{-1}$ $CoCl_2$ 溶液，加几滴 $1\ mol \cdot L^{-1}$ NH_4Cl 溶液，然后滴加 $6\ mol \cdot L^{-1}$ $NH_3 \cdot H_2O$ 溶液，观察现象。摇荡后在空气中放置，观察溶液颜色的变化。写出有关的反应方程式。

（3）取几滴 $0.1\ mol \cdot L^{-1}$ $CoCl_2$ 溶液，加入少量 $KSCN$ 晶体，再加入几滴丙酮，摇荡后，观察现象。写出反应方程式。

（4）取几滴 $0.1\ mol \cdot L^{-1}$ $NiSO_4$ 溶液，滴加 $2\ mol \cdot L^{-1}$ $NH_3 \cdot H_2O$ 溶液，观察现象。再加 2 滴丁二酮肟溶液，观察有何变化。写出有关的反应方程式。

7. 混合离子的分离与鉴定

试设计方法对下列两组混合离子进行分离和鉴定，图示步骤，写出现象和有关的反应方程式。

（1）含 Cr^{3+} 和 Mn^{2+} 的混合溶液。

（2）可能含 Pb^{2+}、Fe^{3+} 和 Co^{2+} 的混合溶液。

实验说明与指导

1. 盐类易水解，实验中注意做对比实验。

思考题

1. 试总结铬、锰、铁、钴、镍氢氧化物的酸碱性和氧化还原性。
2. 在 $Co(OH)_3$ 中加入浓 HCl，有时会生成蓝色溶液，加水稀释后变为粉红色，试解释之。
3. 在 $K_2Cr_2O_7$ 溶液中分别加入 $Pb(NO_3)_2$ 和 $AgNO_3$ 溶液会发生什么反应？
4. 在酸性溶液中，$K_2Cr_2O_7$ 分别与 $FeSO_4$ 和 Na_2SO_3 反应的主要产物是什么？
5. 在酸性溶液、中性溶液、强碱性溶液中，$KMnO_4$ 与 Na_2SO_3 反应的主要产物是什么？
6. 试总结铬、锰、铁、钴、镍硫化物的性质。
7. 在 $CoCl_2$ 溶液中逐滴加入 $NH_3 \cdot H_2O$ 溶液会有何现象？
8. 怎样分离溶液中的 Fe^{3+} 和 Ni^{2+}？

参考文献

［1］艾伯特·斯特沃特加（著），田晓伍，任金霞（译）.化学元素遍览.河南郑州：河南科学技术出版社，2002

［2］侯振雨主编.无机及分析化学实验.北京：化学工业出版社，2004

［3］武汉大学化学与分子科学学院《无机及分析化学实验》编写组编.无机及分析化学实验（第二版）.武汉：武汉大学出版社，2002

［4］大连理工大学无机化学教研室编.无机化学实验（第二版）.北京：高等教育出版社，2004

［5］浙江大学普通化学教研组编.普通化学实验（第三版）.北京：高等教育出版社，1996

［6］大连理工大学 辛剑，孟长功主编.基础化学实验.北京：高等教育出版社，2003

［7］武汉大学，吉林大学等校.无机化学实验.北京：高等教育出版社，1990

［8］古国榜，李朴编.无机化学实验.北京：化学工业出版社，1998

［9］袁书玉编.无机化学实验.北京：清华大学出版社，1996

［10］南京大学《无机及分析化学实验》编写组编.无机及分析化学实验（第三版）.北京：高等教育出版社，1998

［11］陈烨璞主编.无机及分析化学实验（第一版）.北京：化学工业出版社，1998

实验二十四 铜、银、锌、镉、汞

关 键 词 铜 银 锌 镉 汞

基本操作 水浴 离心沉淀 离心液的转移 沉淀的洗涤

背景材料

周期系第一副族元素（也称为铜族元素）包括铜（Cu）、银（Ag）、金（Au）三个元素。它们的价电子层结构为$(n-1)d^1ns^1$。从最外电子层来看它们和碱金属一样,都只有一个 s 电子。但是次外层的电子数不相同,铜族元素次外层为 18 个电子,碱金属次外层为 8 个电子(锂只有 2 个电子)。由于 18 电子层结构对核的屏蔽效应比 8 电子结构小得多,即铜族元素原子的有效核电荷较多,所以本族金属原子最外层的一个 s 电子受核电荷的吸引比碱金属要强得多,因而相应的电离能高得多,原子半径小得多,密度大得多等。

铜族单质具有密度较大,熔沸点较高,优良的导电、传热性等共同特性,它们的延展性很好。特别是金,1 克金能抽成长达 3 公里金丝,或压成厚约 0.0001 mm 的金箔。铜的导电性能仅次银居第二位。铜在电气工业中有着广泛的应用,但是极微量的杂质,特别是 As 和 Sb 的存在会大大降低铜的导电性。因此制造电线,必须用高纯度的电解铜。银的导电性和导热性在金属中占第一位,与其能带的宽窄有关。IB 族金属 d 能带内能级多,电子多,电子较易发生跃迁。但由于银比较贵,所以它的用途受到限制,银主要用来制造器皿、饰物、货币等。金是贵金属,常用于电镀、镶牙和饰物。金还是国际通用货币,一个国家的黄金储量可在一定程度上衡量一个国家的经济力量。有时把铜、银和金称为"货币金属",这是因为古今中外都用它们作为金属货币的主要成分。

铜族金属之间以及和其他金属之间,都很容易形成合金,其中铜合金种类很多,如青铜(80%Cu,15%Sn,5%Zn)质坚韧、易铸,黄铜(60%Cu、40%Zn)广泛作仪器零件,白铜(50%~70%Cu,18%~20%Ni,13%~15%Zn)主要用作刀具等。

铜和 Fe、Mn、Mo、B、Zn、Co 等元素都可用作微量元素肥料。铜在生命系统中有重要作用,人体中有 30 多种蛋白质和酶含有铜。现已知铜最重要生理功能是人血清中的铜蓝蛋白,有协同铁的功能。

铜族元素的化学活性远较碱金属低,并按 Cu、Ag、Au 的顺序递减,这主要表现在与空气中氧的反应及与酸的反应上。

锌族包括锌(Zn)镉(Cd)汞(Hg),锌和镉在化学性质上相近,汞和它们相差较大,在性质上汞类似于铜、银、金。锌族单质的熔点、沸点、熔化热和汽化热等不仅比碱土金属低,而且比铜族金属低,这可能是由于最外层 s 电子成对后的稳定性的缘故。而且这种稳定性随原子序数的增加而增高。在汞原子里,这一对电子最稳定,所以金属键最弱,故在室温下仍为液体。锌、镉的 s 电子对也有一定的稳定性,所以金属间的结合力较弱,熔点和熔化热、沸点和汽化热当然就较低。锌、镉、汞 ns 轨道已填满,能脱离的自由电子数量不多,因此它们具有较高的比电阻,即电导性较差。与铜族比较,仅仅最外层相差一个电子而导电性和有些理化性质却表现出很大的差别。

锌族元素比铜族元素活泼。铜族与锌族元素的金属活泼次序是:

Zn>Cd>H>Cu>Hg>Ag>Au

锌、镉、汞的化学活泼性随原子序数的增大而递减,与碱土金属恰相反。这种变化规律和它们标准电极电势数值的大小是一致的,也和它们从金属原子变成水合 M^{2+} 离子所需总能量的大小是一致的。

实验目的

1. 掌握 Cu、Ag、Zn、Cd、Hg 氧化物或氢氧化物的酸碱性和稳定性;
2. 掌握 Cu、Ag、Zn、Cd、Hg 重要配合物的性质;

3. 掌握 Cu(Ⅰ) 和 Cu(Ⅱ)，Hg(Ⅰ) 和 Hg(Ⅱ) 的相互转化条件及 Cu(II)、Ag(I)、Hg(II)、Hg(I) 的氧化性；

4. 掌握 Cu^{2+}、Ag^+、Zn^{2+}、Cd^{2+}、Hg^{2+} 混合离子的分离和鉴定方法

实验原理

在周期系中 Cu，Ag 属ⅠB族元素，Zn、Cd、Hg 为ⅡB族元素。Cu、Zn、Cd、Hg 的常见氧化值为 +2，Ag 为 +1，Cu 与 Hg 的氧化值还有 +1。它们化合物的重要性质如下。

1. 氢氧化物的酸碱性和脱水性

(1) Ag^+、Hg^{2+}、Hg_2^{2+} 离子与适量 NaOH 反应时，产物是氧化物，这是由于它们的氢氧化物极不稳定，在常温下易脱水所致。这些氧化物及 $Cd(OH)_2$ 均显碱性。

(2) $Cu(OH)_2$(浅蓝色)也不稳定，加热至 90℃ 时脱水产生黑色 CuO。$Cu(OH)_2$ 呈较弱的两性(偏碱)。$Zn(OH)_2$ 属典型两性。

2. 配合性

Cu^{2+}、Cu^+、Ag^+、Zn^{2+}、Cd^{2+}、Hg^{2+} 等离子都有较强的接受配体的能力，能与多种配体如(X^-、CN^-、$S_2O_3^{2-}$、SCN^-、NH_3 等)形成配离子。

例：铜盐与过量 Cl^- 离子形成黄绿色 $[CuCl_4]^{2-}$ 配离子。

$$Cu^{2+} + 4Cl^- \rightleftharpoons [CuCl_4]^{2-} \qquad (黄绿色)$$

银盐与过量 $Na_2S_2O_3$ 溶液反应形成无色 $[Ag(S_2O_3)_2]^{3-}$ 离子。

$$Ag^+ + 2S_2O_3^{2-} \rightleftharpoons [Ag(S_2O_3)_2]^{3-} \qquad (无色)$$

有机物二苯硫腙(HDZ)(绿色)，在碱性条件下与 Zn^{2+} 反应生成粉红色的 $[Zn(DZ)_2]$，常用来鉴定 Zn^{2+} 的存在。

$$反应式为：Zn^{2+} + 2HDZ \rightleftharpoons [Zn(DZ)_2] + 2H^+ \qquad (碱性介质)$$

再如 Hg^{2+} 与过量 KSCN 溶液反应生成 $[Hg(SCN)_4]^{2-}$ 配离子。

$$Hg^{2+} + 2SCN^- \rightleftharpoons Hg(SCN)_2 \downarrow \qquad (白色沉淀)$$

$$Hg(SCN)_2 + 2SCN^- \rightleftharpoons [Hg(SCN)_4]^{2-}$$

$[Hg(SCN)_4]^{2-}$ 与 Co^{2+} 反应生成蓝紫色的 $Co[Hg(SCN)_4]$，可用作鉴定 Co^{2+} 离子。与 Zn^{2+} 反应生成白色的 $Zn[Hg(SCN)_4]$，可用来鉴定 Zn^{2+} 离子的存在。

(1) Cu^{2+}、Ag^+、Zn^{2+}、Cd^{2+} 与过量 $NH_3 \cdot H_2O$ 反应时，均生成氨的配离子。

$Cu_2(OH)_2SO_4$、AgOH、Ag_2O 等难溶物均溶于 $NH_3 \cdot H_2O$ 形成配合物。Hg^{2+} 只有在大量 NH_4^+ 存在时，才与 $NH_3 \cdot H_2O$ 生成配离子。当 NH_4^+ 不存在时，则生成难溶盐沉淀。

例 $HgCl_2 + 2NH_3 \cdot H_2O \rightleftharpoons HgNH_2Cl \downarrow (白色沉淀) + NH_4Cl + H_2O$

$2Hg_2(NO_3)_2 + 4NH_3 \cdot H_2O \rightleftharpoons HgO \cdot HgNH_2NO_3 \downarrow (白色沉淀) + Hg \downarrow + 3NH_4NO_3 + 3H_2O$

(2) Cu^{2+}、Ag^+、Zn^{2+}、Cd^{2+}、Hg^{2+} 及 Hg_2^{2+} 与过量 KI 反应时，除 Zn^{2+} 以外，均与 I^- 形成配离子，但由于 Cu^{2+} 的氧化性，产物是 Cu(Ⅰ) 的配离子 $[CuI_2]^-$。Hg_2^{2+} 较稳定，而 Hg^{2+} 配离子易歧化，产物是 $[HgI_4]^{2-}$ 与 Hg。Hg^{2+} 与过量 I^- 生成无色 $[HgI_4]^{2-}$ 配离子，它与 NaOH 的混合液，可以用于鉴定 NH_4^+ 离子。

(3) Cu^{2+}、Ag^+、Zn^{2+}、Cd^{2+}、Hg^{2+} 及 Hg_2^{2+} 与 $NH_3 \cdot H_2O$ 和 KI 反应产物的颜色列表

如下：

$Cu(OH)_2SO_4$ 蓝色	Ag_2O 褐色	$Zn(OH)_2$ 白色	$Cd(OH)_2$ 白色	HgO 黄色	$[Hg_2(NH_3)_2]O+Hg$ 灰色
$[Cu(NH_3)_4]^{2+}$ 深蓝色	$[Ag(NH_3)_4]^{2+}$ 无色	$[Zn(NH_3)_4]^{2+}$ 无色	$[Cd(NH_3)_4]^{2+}$ 无色	$HgNH_2Cl$ 黄色	
$CuI\downarrow$ 白色$+I_2$	$AgI\downarrow$ 黄色	—	CdI_2 黄绿色	HgI_2 橙红色	Hg_2I_2 黄绿色
$[CuI_2]^-$	$[AgI_2]^-$	—	$[CdI_4]^{2-}$	$[HgI_4]^{2-}$无色	$[HgI_4]^{2-}+Hg$

3. 氧化性

由电极电势值可知：Cu^{2+}、Ag^+、Hg^{2+}、Hg_2^{2+}和相应的化合物具有氧化性，均为中强氧化剂。

Cu^{2+}溶液中加入 Cu 屑，与浓 HCl 共煮得到棕黄色$[CuCl_2]^-$配离子。

$$CuCl_2+Cu(s)+2HCl(浓)\Longrightarrow 2H[CuCl_2](棕黄色)$$

生成的配离子$[CuCl_2]^-$不稳定，加水稀释时，可得到白色的 $CuCl_2$ 沉淀。碱性介质中，Cu^{2+}与葡萄糖共煮，Cu^{2+}被还原成 Cu_2O 红色沉淀：

$$2Cu^{2+}+4OH^-(过量)+C_6H_{12}O_6 = Cu_2O\downarrow(红色沉淀)+2H_2O+C_6H_{12}O_7$$

此反应称为铜镜反应，可用于定性鉴定糖尿病。银盐溶液中加入过量 $NH_3\cdot H_2O$，再与葡萄糖或者甲醛反应，Ag^+被还原为金属银：

$$2Ag^++6NH_3(过量)+2H_2O = 2[Ag(NH_3)_2]^++2NH_4^++2OH^-$$
$$2[Ag(NH_3)_2]^++C_6H_{12}O_6+2OH^- = 2Ag\downarrow+C_6H_{12}O_7+4NH_3+H_2O$$

此反应称为银镜反应，用于造镜子和保温瓶夹层上的镀银。

Hg^{2+}与少量 Sn^{2+}反应，得到白色的 Hg_2Cl_2 沉淀，继续与 Sn^{2+}反应，Hg_2Cl_2 可以进一步被还原成黑色的 Hg。

$$2HgCl_2+SnCl_2(适量) = Hg_2Cl_2\downarrow(白色沉淀)+SnCl_4$$
$$Hg_2Cl_2+SnCl_2(过量) = 2Hg\downarrow(黑色沉淀)+SnCl_4$$

此反应常用来鉴定 Hg^{2+} 或 Sn^{2+} 离子。

4. 离子鉴定

（1）Cu^{2+}：在中性介质中或弱酸性，与亚铁氰化钾反应生成红褐色沉淀。

$$2Cu^{2+}+[Fe(CN)_6]^{4-} = Cu_2[Fe(CN)_6]\downarrow(红褐色沉淀)$$

（2）Ag^+：在 $AgNO_3$ 溶液中，加入 Cl^-，形成 AgCl 白色沉淀，AgCl 溶于 $NH_3\cdot H_2O$ 生成无色的$[Ag(NH_3)_2]^+$配离子，继续加入 HNO_3 酸化，白色沉淀又析出，此法用于鉴定 Ag^+ 的存在。

另外银盐与 K_2CrO_4 反应生成 Ag_2CrO_4 砖红色沉淀

$$2Ag^++CrO_4^{2-} = Ag_2CrO_4\downarrow(砖红色沉淀)$$

（3）Cd^{2+}：镉盐与 Na_2S 溶液反应生成黄色沉淀

$$Cd^{2+}+S^{2-} = CdS\downarrow(黄色沉淀)$$

（4）Zn^{2+}与二苯硫棕生成红色配合物。

仪器、试剂与材料

仪器：离心机、水浴锅、镊子

试剂：$CuSO_4$($0.1\ mol \cdot L^{-1}$)、$AgNO_3$($0.1\ mol \cdot L^{-1}$)、$Hg(NO_3)_2$($0.1\ mol \cdot L^{-1}$)、$Hg_2(NO_3)_2$($0.1\ mol \cdot L^{-1}$)、$NaOH$($2\ mol \cdot L^{-1}$、$6\ mol \cdot L^{-1}$)、HNO_3($6\ mol \cdot L^{-1}$、浓)、H_2S(饱和)、HCl($6\ mol \cdot L^{-1}$、浓)、$HgCl_2$($0.1\ mol \cdot L^{-1}$)、Hg_2Cl_2(s)、氨水($2\ mol \cdot L^{-1}$)、KI($0.1\ mol \cdot L^{-1}$)、$NaCl$($0.1\ mol \cdot L^{-1}$)、$SnCl_2$($0.1\ mol \cdot L^{-1}$)、$CHCl_3$、甲醛溶液(10%)、铜片、H_2SO_4($6\ mol \cdot L^{-1}$)、Na_2S($2\ mol \cdot L^{-1}$)。

材料：砂纸

实验步骤

1. Cu^{2+}、Ag^+、Hg^{2+}、Hg_2^{2+}与 NaOH 的反应

分别试验 $0.1\ mol \cdot L^{-1}$ $CuSO_4$、$AgNO_3$、$Hg(NO_3)_2$、$Hg_2(NO_3)_2$ 溶液与 $2\ mol \cdot L^{-1}$ NaOH 溶液的作用，观察沉淀的颜色和形态，再将上述沉淀分成两份，一份试验对 $6\ mol \cdot L^{-1}$ HNO_3 的作用，一份试验对 $6\ mol \cdot L^{-1}$ NaOH 的作用。列表比较 Cu^{2+}、Ag^+、Hg^{2+}、Hg_2^{2+} 与 NaOH 反应的产物及产物的酸碱性有何不同。

2. Cu^{2+}、Ag^+、Hg^{2+}与 H_2S 的反应

分别试验 $0.1\ mol \cdot L^{-1}$ $CuSO_4$、$AgNO_3$、$Hg(NO_3)_2$ 溶液与饱和 H_2S 溶液的作用，观察沉淀的颜色，离心分离，沉淀洗涤一次，弃去上清液，分别试验这些硫化物能否溶于 Na_2S 溶液、$6\ mol \cdot L^{-1}$ HCl。如不溶于 $6\ mol \cdot L^{-1}$ HCl，再试验能否溶于冷或热的 $6\ mol \cdot L^{-1}$ HNO_3 中，最后把不溶于 HNO_3 的沉淀与王水反应(王水自行配制)。参考这几种硫化物的溶度积及有关数据，解释上述实验现象并列表比较。

3. Cu^{2+}、Ag^+、$HgCl_2$、Hg_2Cl_2 与氨水的反应

分别试验 $0.1\ mol \cdot L^{-1}$ $CuSO_4$、$AgNO_3$、$HgCl_2$ 及少许 Hg_2Cl_2 晶体与 $2\ mol \cdot L^{-1}$氨水的作用，加少量氨水，生成什么？加过量氨水，又会发生什么变化？写出反应式。

4. Cu^{2+}、Ag^+、$HgCl_2$、Hg_2Cl_2 与 KI 的反应

(1) 在数滴 $0.1\ mol \cdot L^{-1}$ $CuSO_4$ 溶液中滴加 $0.1\ mol \cdot L^{-1}$ KI 溶液，离心分离，弃去上清液，检验此溶液中是否含 I_2？再把沉淀洗涤 1 次~2 次，观察沉淀的颜色。

(2) 分别试验 $0.1\ mol \cdot L^{-1}$ $AgNO_3$、$Hg(NO_3)_2$、$Hg_2(NO_3)_2$ 与 $0.1\ mol \cdot L^{-1}$ KI 溶液的作用，加少量 KI 生成什么？加过量 KI 有无变化？写出反应式。

5. 铜、银、汞化合物的氧化还原性

(1) 在 10 滴 $0.1\ mol \cdot L^{-1}$ $CuSO_4$ 溶液中，加入过量 $6\ mol \cdot L^{-1}$ NaOH 和 10 滴 10%甲醛溶液，振荡摇匀后，在水浴上加热，注意现象的变化，写出反应式并指出谁是氧化剂？谁是还原剂？

(2) 将上面所得的沉淀，洗涤两次，至洗液不显蓝色，再向此沉淀中滴加 $6\ mol \cdot L^{-1}$ H_2SO_4，振荡试管至大部分沉淀溶解，观察溶液和沉淀颜色的转变，写出反应式。

(3) 在一只洁净的试管中，加入 1mL $0.1\ mol \cdot L^{-1}$ $AgNO_3$ 溶液，再滴加 $2\ mol \cdot L^{-1}$氨水至初生成的白色沉淀溶解后再多加数滴，然后滴加 2 滴 10%甲醛溶液，并把试管放在水浴中加热，观察试管壁上生成的银镜。

(4) 滴一滴 $0.1\ mol \cdot L^{-1}$ $HgCl_2$ 溶液于光亮的铜片上，静置片刻，用水冲去溶液，用滤纸擦拭，观察白色光亮的斑点的生成。

(5) 在两支试管中各加 2 滴 $0.1\ mol \cdot L^{-1}$ $Hg(NO_3)_2$ 和 $Hg_2(NO_3)_2$ 再分别滴入 2 滴

0.1 mol·L^{-1} NaCl 溶液,观察各有何现象? 再分别滴加 0.1 mol·L^{-1} SnCl$_2$,观察颜色的变化。

6. Cr 的化合物

(1) Cr(Ⅲ)和 Cr(Ⅵ)的相互转化

① 取 5 滴 0.1 mol·L^{-1} Cr$_2$(SO$_4$)$_3$ 溶液,逐滴加入 2 mol·L^{-1} NaOH,观察生成物的颜色和状态,再加入过量的 NaOH,观察变化,然后加入适量 3% 的 H$_2$O$_2$ 溶液,微热,观察颜色变化,写出相应离子方程式,然后加入 0.5 mL 乙醚及 2 mL 3 mol·L^{-1} H$_2$SO$_4$ 酸化,又有什么变化? 再加数滴 3% H$_2$O$_2$,摇动试管,仔细观察乙醚层的颜色变化。该反应用来鉴别 Cr^{3+} 离子。

$$2CrO_4^{2-} + 4H^+ + 4H_2O_2 \Longrightarrow 2CrO_5 + 6H_2O$$

② 用下列试剂设计实验由 Cr^{3+} 制取 Cr$_2$O$_7^{2-}$:0.1 mol·L^{-1} Cr$_2$(SO$_4$)$_3$、3 mol·L^{-1} H$_2$SO$_4$ 及 (NH$_4$)$_2$S$_2$O$_8$(s),写出反应方程式。

③ 设计实验验证 Cr$_2$O$_7^{2-}$ 在酸性介质中才具有强氧化性。试剂:0.1 mol·L^{-1} K$_2$Cr$_2$O$_7$、Na$_2$SO$_3$(s)、3 mol·L^{-1} H$_2$SO$_4$ 等,根据上述试验,比较 Cr(Ⅲ)的稳定性和 Cr(Ⅵ)的氧化性及影响因素。

(2) CrO$_4^{2-}$ 和 Cr$_2$O$_7^{2-}$ 的相互转化

0.1 mol·L^{-1} K$_2$Cr$_2$O$_7$ 溶液加 1 mol·L^{-1} H$_2$SO$_4$ 酸化后有什么变化? 再加过量的 1 mol·L^{-1} NaOH 溶液,又有什么变化,写出离子反应方程式并解释之。

(3) 难溶铬酸盐的生成

① 用 0.1 mol·L^{-1} 的 AgNO$_3$、BaCl$_2$、Pb(NO$_3$)$_2$、K$_2$CrO$_4$ 溶液制备适量的 Ag$_2$CrO$_4$、BaCrO$_4$、PbCrO$_4$ 沉淀,观察沉淀颜色,并验证其溶于什么酸(HAc、2 mol·L^{-1} HCl、2 mol·L^{-1} HNO$_3$)中?

② 用 0.1 mol·L^{-1} K$_2$Cr$_2$O$_7$ 与 BaCl$_2$ 反应,有什么现象,反应前后溶液 pH 有什么变化,解释之。

7. Cu(Ⅰ)与 Cu(Ⅱ)的转化

(1) 取 5 mL 0.5 mol·L^{-1} CuCl$_2$,加入 1 g NaCl 固体和 5 mL 6 mol·L^{-1} HCl,水浴加热,观察现象,然后加入少量铜屑,水浴加热至无色,观察现象,将溶液倒入装有 50 mL 蒸馏水的烧杯中,观察沉淀颜色,待大部分沉淀下沉后,用倾斜法除去溶液,并用蒸馏水洗涤沉淀,取少量沉淀分别试验它们与浓 NH$_3$·H$_2$O 和浓 HCl 的作用,观察现象,写出离子反应方程式。

(2) 取 0.5 mL 0.1 mol·L^{-1} CuSO$_4$ 溶液,滴加 0.1 mol·L^{-1} KI 溶液,离心分离,检验溶液中是否有 I$_2$ 生成,洗涤沉淀,观察沉淀的颜色,写出有关的离子反应方程式。

思考题

1. 将 NaOH 溶液分别加入 Cu^{2+}、Ag$^+$、Zn^{2+}、Hg^{2+}、Hg$_2^{2+}$ 中,是否都得到相应的氢氧化物?

2. 为何 HgS 能溶于 Na$_2$S 溶液和王水,而不溶于 HNO$_3$?

3. 将氨水分别加入 Cu^{2+}、Ag$^+$、Hg^{2+}、Hg$_2^{2+}$ 溶液中,是否都得到相应的氨配合物?

4. 将 KI 溶液分别加入 Cu^{2+}、Ag$^+$、Hg^{2+}、Hg$_2^{2+}$ 溶液中,哪些能生成沉淀? 哪些又能

形成配合物？哪些能发生氧化还原反应？

5. 试选用本实验中较灵敏的反应来鉴别 Cu^{2+}、Ag^+、Hg^{2+}、Hg_2^{2+} 四种溶液。

实验说明与指导

1. 在 $Cu(I)$ 和 $Cu(II)$ 互相转化实验中，$[Cu(NH_3)_2]^+$ 的无色溶液不稳定，很容易被氧化为蓝色的 $[Cu(NH_3)_4]^{2+}$。

2. Ag^+，Hg^{2+}，Hg_2^{2+} 离子与适量 NaOH 反应时，产物是氧化物，这是因为它们的氢氧化物不稳定，在常温下易脱水所致。Cu^{2+}、Ag^+、Zn^{2+}、Cd^{2+} 与过量的氨水反应时，均生成氨的配离子。所以，$Cu_2(OH)_2SO_4$、$AgOH$、Ag_2O 等难溶物均可溶于氨水形成配合物。Hg^{2+} 只有在大量 NH_4^+ 存在时，才与 $NH_3 \cdot H_2O$ 生成配离子。当 NH_4^+ 不存在时，则生成难溶盐沉淀。

3. 汞及其化合物具有毒性，使用时必须格外注意，废液应集中回收处理。

参考文献

[1] 武汉大学化学与分子科学学院《无机及分析化学实验》编写组编. 无机及分析化学实验(第二版). 武汉:武汉大学出版社,2002

[2] 袁书玉编. 无机化学实验. 北京:清华大学出版社,1996

实验二十五　锡、铅、锑、铋金属化合物的性质

主 题 词　金属化合物　锡　铅　锑　铋

主要操作　溶液的配制　滴管的使用

背景材料

锡(Sn)　中国早在 3000 年前(公元前 12 世纪)就用锡石炼锡。战国的《周记·考工记》详述了各种用途的青铜中铜锡配比。明代的《天工开物·五金篇》详述锡冶金技术。欧洲古代产锡地主要是康沃尔(cornwall)、波希米亚(Bohemia)、萨克森(Saxon)。阿格里科拉(G. Agricola)在《论冶金》中记述了 16 世纪炼锡用的鼓风炉、康沃尔在 18 世纪初使用反射炉炼锡。锡是人类最早发现和使用的金属之一。常温下呈银白色,随温度变化有三种同素异形体。1911~1912 年,英国探险家斯科特(R. F. Scott,1868~1912)去南极探险,他和四名助手于 1912 年 1 月 7 日到达了南极中心。在返回供应点时,发现供应点用锡焊接的油罐,在严寒气候下破裂,造成燃料油流失,食物被油污染,导致了斯科特等人饥寒交迫而死的悲剧。常温下,锡表面生成致密的氧化物薄膜,阻止锡的继续氧化。在赤热温度下,锡迅速氧化并挥发。

铅(Pb)　铅是人类较早提炼出来的金属之一。公元前 3000 年埃及使用了铅制小人像,中国商代(公元前 16 世纪~11 世纪),铅就用于青铜器。西周(公元前 11 世纪~前 771 年)的铅戈中含铅达 99.75%。我国的铅生产规模在解放初期相当小,现在已达到较高水平。铅

在空气中表面易氧化成铅膜或碱式碳酸铅。铅系两性金属,可和盐酸、硫酸作用生成盐类。铅广泛应用于各种工业,大量用来制造蓄电池;在制酸工业和冶金工业上用铅板、铅管作衬里保护设备;电气工业中作电缆包皮和熔断保险丝。

锑(Sb)　公元前18世纪匈牙利曾发现小锑块。1556年阿格里科拉(G. Agricola)提出了用矿石溶析生产硫化锑的方法,但误将硫化锑认为是金属锑。1604年德国人瓦伦廷(B. Valentine)记述了锑与硫化锑的提取方法。18世纪已用熔烧还原法炼锑并制出电解锑。1930年以来广泛使用鼓风炉熔炼法炼锑,以及多种挥发熔炼和挥发焙烧方法炼锑。明代我国发现了锡矿山的锑矿,但被误认为是锡矿,到清朝末年才知道是锑。1908年从法国引进挥发焙烧法,开始炼锑。我国锑产量在世界上占有很大的比重。1942年王庞佑与美国人霍德森(Hodson)共同取得飘浮熔炼-氢气还原熔炼的专利权。锑为银白色性脆金属,常温下耐酸。普通金属锑也称灰锑,在90℃以下为同素异形体黄锑。金属锑的蒸气骤然冷却会凝固成为无定形的黑锑。黑锑化学性质活泼,有时会自燃,在90℃以上,渐变为灰锑。此外,用三氯化锑电解会得到含少量三氯化锑的黑色锑。这种锑在摩擦或撞击时,会发生爆炸,称为爆锑,所以电解制锑时应加以注意。锑在常温下不与空气作用,高温下在空气中可生成 Sb_2O_3、Sb_2O_4 或 Sb_2O_5,也可与水作用生成 Sb_2O_3 和氢气。

铋(Bi)　希腊、古罗马时代人们就使用铋,但不知道是一种金属元素,铋的名字取自德文白色金属(Wismut)。大约在16世纪,阿格里科拉(G. Agricola)将此名拉丁化为 bismntum。长时期铋被人们误认为是铅、锡、银、锑等。直到1753年,若弗鲁瓦(C. Geoffroy)和伯格曼(Bergman)才确定铋是一种元素,1860年以后,铋开始初具工业规模。铋性脆,富有光泽。铋在凝固时体积增大,膨胀率为3.3%。铋是逆磁性最强的金属,在磁场作用下电阻率增大而热导率降低。除汞外,铋是热导率最低的金属。铋及其合金具有热电效应。铋的硒、碲化合物具有半导体性质。室温下铋在湿空气中轻微氧化,加热到熔点时则燃烧生成三氧化二铋。铋同盐酸作用缓慢,同硫酸反应放出二氧化硫,同硝酸反应生成硝酸盐。

实验目的

1. 掌握锡、铅、锑、铋氢氧化物的酸碱性;
2. 掌握锡(Ⅱ)、锑(Ⅲ)、铋(Ⅲ)盐的水解性;
3. 掌握锡(Ⅱ)的还原性和铅(Ⅳ)、铋(Ⅴ)的氧化性;
4. 掌握锡、铅、锑、铋硫化物的溶解性;
5. 掌握 Sn^{2+}、Pb^{2+}、Sb^{3+}、Bi^{3+} 的鉴定方法。

实验原理

锡、铅是周期系ⅣA族元素,其原子的价层电子构型为 ns^2np^2,它们能形成氧化值为+2和+4的化合物。

锑、铋是周期系ⅤA族元素,其原子的价层电子构型为 ns^2np^3,它们能形成氧化值为+3和+5的化合物。

$Sn(OH)_2$、$Pb(OH)_2$、$Sb(OH)_3$,都是两性氢氧化物。$Bi(OH)_2$,呈碱性。$\alpha\text{-}H_2SnO_3$ 既能溶于酸,也能溶于碱;而 $\beta\text{-}H_2SnO_3$ 既不溶于酸,也不溶于碱。

Sn^{2+}、Sb^{3+}、Bi^{3+} 在水溶液中发生显著的水解反应,加入相应的酸可以抑制它们的水解。

Sn(Ⅱ)的化合物具有较强的还原性。Sn^{2+} 与 $HgCl_2$ 反应可用于鉴定 Sn^{2+} 或 Hg^{2+}；碱性溶液中 $[Sn(OH)_4]^{2-}$（或 SnO_2^{2-}）与 Bi^{3+} 反应可用于鉴定 Bi^{3+}。Pb(Ⅳ) 和 Bi(Ⅴ) 的化合物都具有强氧化性。PbO_2 和 $NaBiO_3$ 都是强氧化剂，在酸性溶液中它们都能将 Mn^{2+} 氧化为 MnO_4^-。Sb^{3+} 可以被 Sn 还原为单质 Sb，这一反应可用于鉴定 Sb^{3+}。

SnS、SnS_2、PbS、Sb_2S_3、Bi_2S_3 都难溶于水和稀盐酸，但能溶于较浓的盐酸。SnS_2 和 Sb_2S_3 还能溶于 NaOH 溶液或 Na_2S 溶液。Sn(Ⅳ) 和 Sb(Ⅲ) 的硫代硫酸盐遇酸分解为 H_2S 和相应的硫化物沉淀。

铅的许多盐难溶于水。$PbCl_2$ 能溶于热水中。利用 Pb^{2+} 和 CrO_4^{2-} 的反应可以鉴定 Pb^{2+}。

仪器、试剂与材料

仪器：离心机、点滴板

试剂：$HCl(2\ mol \cdot L^{-1}、6\ mol \cdot L^{-1}、浓)$、$HNO_3(2\ mol \cdot L^{-1}、6\ mol \cdot L^{-1}、浓)$、$H_2S(饱和)$、$NaOH(2\ mol \cdot L^{-1}、6\ mol \cdot L^{-1})$、$SnCl_2(0.1\ mol \cdot L^{-1})$、$Pb(NO_3)_2$ $(0.1\ mol \cdot L^{-1})$、$SnCl_4(0.2\ mol \cdot L^{-1})$、$SbCl_3(0.1\ mol \cdot L^{-1}、0.5\ mol \cdot L^{-1})$、$BiCl_3$ $(0.1\ mol \cdot L^{-1})$、$Bi(NO_3)_3(0.1\ mol \cdot L^{-1})$、$HgCl_2(0.1\ mol \cdot L^{-1})$、$MnSO_4$ $(0.1\ mol \cdot L^{-1})$、$Na_2S(0.1\ mol \cdot L^{-1}、0.5\ mol \cdot L^{-1})$、$KI(0.1\ mol \cdot L^{-1})$、$K_2CrO_4$ $(0.1\ mol \cdot L^{-1})$、$AgNO_3(0.1\ mol \cdot L^{-1})$、$NH_4Ac(饱和)$、锡粒、锡片、$SnCl_2 \cdot 6H_2O(s)$、$PbO_2(s)$、$NaBiO_3(s)$、碘水、氯水

材料：淀粉-KI 试纸

实验步骤

1. 锡、铅、锑、铋氢氧化物酸碱性

(1) 制取少量 $Sn(OH)_2$、$Pb(OH)_2$、$Sb(OH)_3$、$Bi(OH)_3$ 沉淀，观察其颜色，并选择适当的试剂分别试验它们的酸碱性。写出有关的反应方程式。

(2) 在两支试管中各加入 1 粒金属锡，再各加几滴浓 HNO_3，微热（在通风橱内进行），观察现象，写出反应方程式。将反应产物用去离子水洗涤两次，在沉淀中分别加入 $2\ mol \cdot L^{-1}$ HCl 溶液和 $2\ mol \cdot L^{-1}$ NaOH 溶液，观察沉淀是否溶解。

2. Sn(Ⅱ)、Sb(Ⅲ) 和 Bi(Ⅲ) 盐的水解性

(1) 取少量 $SnCl_2 \cdot 6H_2O$ 晶体放入试管中，加入 1 mL～2 mL 去离子水，观察现象。写出有关的反应方程式。

(2) 取少量 $0.1\ mol \cdot L^{-1}$ $SbCl_3$ 溶液和 $0.1\ mol \cdot L^{-1}$ $BiCl_3$ 溶液，分别加水稀释，观察现象。再分别加入 $6\ mol \cdot L^{-1}$ HCl 溶液，观察有何变化。写出有关的反应方程式。

3. 锡、铅、锑、铋化合物的氧化还原性

(1) Sn(Ⅱ) 的还原性

① 取少量（1 滴～2 滴）$0.1\ mol \cdot L^{-1}$ $HgCl_2$ 溶液，逐滴加入 $0.1\ mol \cdot L^{-1}$ 溶液，观察现象。写出反应方程式。

② 制取少量 $Na_2[Sn(OH)_4]$ 溶液，然后滴加 $0.1\ mol \cdot L^{-1}$ $BiCl_3$ 溶液，观察现象。写出反应方程式。

（2）PbO_2 的氧化性

取少量 PbO_2 固体，加入 $6\ mol \cdot L^{-1}\ HNO_3$ 溶液和 1 滴 $0.1\ mol \cdot L^{-1}\ MnSO_4$ 溶液，微热后静置片刻，观察现象。写出反应方程式。

（3）$Sb(Ⅲ)$ 的氧化还原性

① 在点滴板上放 1 小块光亮的锡片，然后加 1 滴 $0.1\ mol \cdot L^{-1}\ SbCl_3$ 溶液，观察锡片表面的变化。写出反应方程式。

② 分别制取少量 $[Ag(NH_3)_2]^+$ 溶液和 $[Sb(OH)_4]^-$ 溶液，然后将两种溶液混合，观察现象。写出有关的离子反应方程式。

（4）$NaBiO_3$ 的氧化性

取 2 滴 $0.1\ mol \cdot L^{-1}\ MnSO_4$ 溶液，加入 $1\ mL\ 6\ mol \cdot L^{-1}\ HNO_3$ 溶液，再加入少量固体 $NaBiO_3$，微热，观察现象。写出离子反应方程式。

4. 锡、铅、锑、铋硫化物的生成与溶解

（1）在两支试管中各加入 1 滴 $0.1\ mol \cdot L^{-1}\ SnCl_2$ 溶液，加入饱和 H_2S 溶液，观察现象。离心分离，弃去清液。再分别加入 $6\ mol \cdot L^{-1}\ HCl$ 溶液及 $0.1\ mol \cdot L^{-1}\ Na_2S$ 溶液，观察现象。写出有关反应的离子方程式。

（2）制取 2 份 PbS 沉淀，观察颜色，分别加入 $6\ mol \cdot L^{-1}\ HCl$ 溶液和 $6\ mol \cdot L^{-1}\ HNO_3$ 溶液，观察现象。写出有关反应的离子方程式。

（3）制取 3 份 SnS_2 沉淀，观察其颜色，分别加入浓盐酸，$2\ mol \cdot L^{-1}\ NaOH$ 溶液和 $0.1\ mol \cdot L^{-1}\ Na_2S$ 溶液，观察现象。写出有关的离子反应方程式。在 SnS_2 与 Na_2S 反应的溶液中加入 $2\ mol \cdot L^{-1}\ HCl$ 溶液，观察现象。写出有关的离子反应方程式。

（4）制取 3 份 Sb_2S_3 沉淀，观察其颜色，分别加入 $6\ mol \cdot L^{-1}\ HCl$ 溶液、$2\ mol \cdot L^{-1}\ NaOH$ 溶液、$0.5\ mol \cdot L^{-1}\ Na_2S$ 溶液，观察现象。在 Sb_2S_3 与 Na_2S 反应的溶液中加入 $2\ mol \cdot L^{-1}\ HCl$ 溶液，观察有何变化。写出有关反应的离子方程式。

（5）制取 Bi_2S_3 沉淀，观察其颜色，加入 $6\ mol \cdot L^{-1}\ HCl$ 溶液，观察有何变化。写出有关反应的离子方程式。

5. 铅（Ⅱ）难溶盐的生成与溶解

（1）制取少量的 $PbCl_2$ 沉淀，观察其颜色，并分别试验其在热水和浓 HCl 中的溶解情况。

（2）制取少量 $PbSO_4$ 沉淀，观察其颜色，试验其在饱和 NH_4Ac 溶液中的溶解情况。

（3）制取少量 $PbCrO_4$ 沉淀，观察其颜色，分别试验其在稀 HNO_3 和 $6\ mol \cdot L^{-1}\ NaOH$ 溶液中的溶解情况。

6. Sn^{2+} 与 Pb^{2+} 的鉴别

有 A 和 B 两种溶液，一种含有 Sn^{2+}，另一种含有 Pb^{2+}。试根据它们的特征反应设计实验方法加以区分。

7. Sb^{3+} 与 Bi^{3+} 的分离与鉴定

取 $0.1\ mol \cdot L^{-1}\ SbCl_3$ 溶液和 $0.1\ mol \cdot L^{-1}\ BiCl_3$ 溶液各 3 滴，混合后设计方法加以分离和鉴定。图示分离、鉴定步骤，写出现象和有关反应的离子方程式。

实验说明与指导

1. 实验中注意锡、铅、锑、铋氢氧化物的酸碱性；低氧化态化合物的还原性；高氧化态化合物的氧化性。

2. 注意盐类水解;硫化物等难溶盐的性质。

思考题

1. 检验 $Pb(OH)_2$ 碱性时,应该用什么酸? 为什么不能用稀盐酸或稀硫酸?

2. 怎样制取亚锡酸钠溶液?

3. 用 PbO_2 和 $MnSO_4$ 溶液反应时为什么用硝酸酸化而不用盐酸酸化?

4. 配制 $SnCl_2$ 溶液时,为什么要加入盐酸和锡粒?

5. 比较锡、铅氢氧化物的酸碱性;比较锑、铋氢氧化物的酸碱性。

参考文献

[1] 辛剑,孟长功主编. 基础化学实验. 北京:高等教育出版社,2004

实验二十六　卤　素

主 题 词　卤素单质　歧化反应

主要操作　气体的发生和收集　离心分离

背景材料

周期系第Ⅶ主族元素称为卤族元素或卤素,其中包括氟(F)、氯(Cl)、溴(Br)、碘(I)和砹(At)五种元素。卤素希腊原文的意思是"成盐元素",它们都能直接和金属化合成盐类,例如 NaCl。砹是放射性元素,对它的性质知道较少,在此不予讨论。

卤素单质的一些物理性质如熔点、沸点、颜色和聚集状态等随着原子序数增加有规律的变化。在常温下,氟、氯为气体,溴是易挥发的液体,碘是固体。固态碘在熔化前已有较大的蒸气压,加热即可升华。碘蒸气呈紫色。所有卤素均有刺激性气味,强烈刺激眼、鼻、气管等黏膜,吸入较多蒸气会严重中毒,甚至死亡,刺激性从氯至碘依次减小。

卤素单质均有颜色,并且随着分子量的增大,颜色依次加深。卤素较难溶于水,它们在有机溶剂如乙醇、乙醚、氯仿、四氯化碳等溶剂中溶解度要大得多。这是由于卤素分子是非极性分子,有机溶剂大多为非极性分子或弱极性分子,因此能够相溶。

卤素单质都能和氢直接化合生成卤化氢。氟与氢在阴冷处就能化合,放出大量热并引起爆炸。氯和氢的混合物在常温下缓慢化合。在强光照射时反应加快,甚至会发生爆炸反应。溴和氢化合反应程度比氯缓和。碘和氢在高温下才能化合。

氟能剧烈地和所有金属化合;氯几乎和所有金属化合,但有时需加热;溴比氯不活泼,能和除贵金属以外的所有其他金属化合;碘比溴更不活泼。卤素和非金属的作用,也出现这样的规律。

卤素离子的还原性大小是 $I^->Br^->Cl^->F^-$,因此,每种卤素都可以把电负性比它小的卤素从后者的卤化物中置换出来。例如,氟可以从固态氯化物、溴化物、碘化物中分别置换氯、溴、碘;氯可以从溴化物、碘化物的溶液中置换出溴、碘,而溴只能从碘化物的溶液中置换出碘。

实验目的

1. 掌握卤素单质的氧化性和卤素离子的还原性;
2. 掌握次卤酸盐及卤酸盐的氧化性;
3. 掌握 Cl^-、Br^-、I^- 混合离子的分离与鉴别方法;
4. 了解某些金属卤化物的性质。

实验原理

卤素原子具有获得一个电子成为卤素离子的强烈倾向,所以卤素单质都具有氧化性,并按氟、氯、溴、碘顺序依次减小。卤素单质在碱性介质中都可以发生歧化,歧化反应的产物与温度有关,在室温或低温时,Cl_2 歧化得到 ClO^-:

$$Cl_2 + 2OH^- \rightleftharpoons ClO^- + Cl^- + H_2O$$

在 75℃ 左右 Cl_2 的歧化产物是 ClO_3^-:

$$3Cl_2 + 6OH^- \rightleftharpoons ClO_3^- + 5Cl^- + 3H_2O$$

在室温下,I_2 在 $pH \geqslant 10$ 的碱溶液中,易发生歧化,歧化产物为 IO_3^- 与 I^-。

卤素离子的还原性按氯、溴、碘顺序依次增强。NaCl 与浓 H_2SO_4 反应生成 HCl 和 $NaHSO_4$:

$$NaCl + H_2SO_4 \rightleftharpoons NaHSO_4 + HCl\uparrow$$

NaBr、NaI 与浓 H_2SO_4 反应,生成的卤化氢进一步被浓 H_2SO_4 氧化:

$$NaBr + H_2SO_4(浓) \rightleftharpoons NaHSO_4 + HBr$$

$$2HBr + H_2SO_4(浓) \rightleftharpoons Br_2 + SO_2\uparrow + 2H_2O$$

$$NaI + H_2SO_4(浓) \rightleftharpoons NaHSO_4 + HI\uparrow$$

$$8HI + H_2SO_4(浓) \rightleftharpoons 4I_2 + H_2S + 4H_2O$$

在酸性介质中,卤素的各种含氧酸及其盐都有较强的氧化性,在碱性或中性介质中,其氧化性明显下降,如氯酸钾只有在酸性介质中才显强氧化性。在酸性介质或碱性介质中,次卤酸盐的氧化性按 NaClO、NaBrO、NaIO 顺序递减,卤酸盐在酸性介质中是强氧化剂,他们的氧化能力按溴酸盐、氯酸盐、碘酸盐的顺序递减。所以在酸性介质中,I^- 可被 ClO_3^- 氧化,随着 ClO_3^- 浓度逐步提高,I^- 被氧化产生 I_2,I_2 继续被氧化成 IO_3^-,使溶液颜色由无色(I^-)→褐色(I_2)→棕色(I_3^-)→无色(IO_3^-)。

仪器、试剂与材料

仪器:试管、离心试管、离心机、水浴锅

试剂:氯气、溴水、碘水、$KBr(0.1\ mol \cdot L^{-1})$、$KCl(0.1\ mol \cdot L^{-1})$、$KI(0.5\ mol \cdot L^{-1}$、$0.1\ mol \cdot L^{-1})$、四氯化碳、品红溶液、淀粉溶液、浓氨水、$NH_3 \cdot H_2O(2\ mol \cdot L^{-1})$、$KCl(s)$、$KBr(s)$、$KI(s)$、$H_2SO_4$(浓、$1\ mol \cdot L^{-1}$、$3\ mol \cdot L^{-1}$)、$FeCl_3(0.1\ mol \cdot L^{-1})$、HCl(浓、$2\ mol \cdot L^{-1}$)、NaClO 溶液(现配)、$NaOH(2\ mol \cdot L^{-1}$、$6\ mol \cdot L^{-1})$、$NiSO_4(0.1\ mol \cdot L^{-1})$、$KClO_3$(饱和)、$HAc(6\ mol \cdot L^{-1})$、$HNO_3(6\ mol \cdot L^{-1})$、$AgNO_3(0.1\ mol \cdot L^{-1})$、含 Cl^-、

Br^-、I^- 离子混合液、$(NH_4)_2CO_3$（12％）、锌粉

材料：碘化钾-淀粉试纸、pH 试纸、醋酸铅试纸

实验步骤

（一）卤素单质在不同溶剂中的溶解性

分别试验并观察少量的氯、溴、碘在水、四氯化碳、碘化钾水溶液中的溶解情况，以表格形式写出实验结果，并作理论解释。

（二）卤素的氧化性

1. 分别以 $0.1\ mol \cdot L^{-1}$ KBr、$0.1\ mol \cdot L^{-1}$ KI、CCl_4，氯水、溴水等试剂，设计一系列试管实验，说明氯、溴、碘的置换次序。记录有关实验现象，写出反应方程式。

2. 氯水，溴水，碘水氧化性差异的比较：两支试管中各加入少量 $0.1\ mol \cdot L^{-1}$ KI 溶液，再分别滴加氯水和溴水，观察现象，设法检验是否有 I_2 产生（不用 CCl_4），在第一支试管中继续加入氨水，观察现象。

通过以上实验说明卤素氧化性的递变顺序。

（三）卤素离子的还原性（在通风橱内进行）

1. 分别向三支盛有少量（绿豆大小）KCl、KBr、KI 固体的试管中加入约 $0.5\ mL$ 浓硫酸。观察现象并选用合适的试纸或试剂检验各试管中逸出的气体产物。提供选择的试纸或试剂分别有：醋酸铅试纸，碘化钾-淀粉试纸，pH 试纸，浓氨水。该实验说明了卤素离子的什么性质？写出反应式。

2. Br^- 和 I^- 离子还原性比较 分别利用 KBr、KI、$FeCl_3$ 溶液之间的反应，说明 Br^- 和 I^- 离子还原性的差异，写出反应式。

通过以上实验比较卤素离子还原性的相对强弱。

（四）次卤酸盐和卤酸盐的氧化性

1. ClO^- 的氧化性

（1）在 3 支试管中分别加入 3 滴～5 滴 NaClO 溶液，依次进行以下实验：

① 在试管 1 中加入数滴 $2\ mol \cdot L^{-1}$ HCl 溶液，观察现象，设法检验所产生的气体。

② 在试管 2 中加入数滴 $1\ mol \cdot L^{-1}$ H_2SO_4 溶液，振荡，再逐滴加入 $0.1\ mol \cdot L^{-1}$ KI 溶液，检验有无 I_2 产生（注意：KI 应该多加，为什么）。

③ 在试管 3 中逐滴加入 $0.1\ mol \cdot L^{-1}$ KI 溶液，观察现象。然后加入 1 滴 $2\ mol \cdot L^{-1}$ NaOH 溶液，有何变化？

通过上述实验总结 NaClO 在不同介质中的氧化性。

（2）在试管中加入 2 滴 $0.1\ mol \cdot L^{-1}$ $NiSO_4$ 和 2 滴 $6\ mol \cdot L^{-1}$ NaOH 溶液，观察产生沉淀的颜色，在此沉淀中加入 NaClO 溶液，于水浴上微热，沉淀的颜色如何变化。

2. ClO_3^- 的氧化性

（1）在试管中加入 5 滴饱和 $KClO_3$ 溶液，再加入 5 滴浓 HCl，检验所产生的气体。

（2）在两支试管中各加入 10 滴饱和 $KClO_3$ 溶液，并加入 1 滴 $0.1\ mol \cdot L^{-1}$ KI 溶液，有无变化？然后在一支试管中加入 10 滴 $3\ mol \cdot L^{-1}$ H_2SO_4；在另一支试管中加入 $6\ mol \cdot L^{-1}$ HAc，振荡，在水浴上加热，观察现象（出现棕色后应继续加热）。

通过上述实验总结介质对 ClO_3^- 氧化性的影响，以及氧化剂、还原剂浓度对产物的影

响。

（五）卤素离子的分离与鉴定

1. AgCl、AgBr、AgI 的生成

在离心试管中加入浓度均为 0.1 mol·L⁻¹ 的 Cl⁻、Br⁻、I⁻ 溶液各 0.5 mL，用 2 滴～3 滴 6 mol·L⁻¹ HNO₃ 酸化，再滴加 0.1 mol·L⁻¹ AgNO₃ 溶液至沉淀完全。加热，使卤化银聚沉。离心分离，弃去溶液，用蒸馏水洗涤沉淀两次。

2. Cl⁻ 的分离与鉴定

向卤化银沉淀上滴加 12%（NH₄)₂CO₃ 溶液，于水浴上加热，离心分离（沉淀用于 Br⁻ 和 I⁻ 的鉴定)。清液用 6 mol·L⁻¹ HNO₃ 酸化清液，出现白色沉淀，说明有 Cl⁻ 存在。

3. Br⁻ 和 I⁻

用蒸馏水洗涤以上离心分离后所得沉淀两次，弃去洗涤液。向沉淀上加 5 滴蒸馏水和少许锌粉，充分搅拌，加入 4 滴 1 mol·L⁻¹ H₂SO₄，离心分离，弃去残渣。在清液中加 10 滴 CCl₄，再逐滴加入氯水，振荡，观察 CCl₄ 层颜色，CCl₄ 层变成紫色，表示有 I⁻ 存在；继续滴加氯水，CCl₄ 层出现橙黄色，表示有 Br⁻ 存在（在过量的氯水中 I₂ 被氧化为无色的 HIO₃)。

4. 卤化银的感光性

将制得的 AgCl 沉淀均匀地涂在滤纸上，滤纸上放一把钥匙，光照约 10 min 后取出钥匙，可以清晰地看到钥匙的轮廓。卤化银见光分解以氯化银较快，碘化银最慢。

实验说明与指导

1. 氯气有毒和刺激性，少量吸入人体会刺激鼻咽部，引起咳嗽和喘息。大量吸入会导致严重损害，甚至死亡。因此，在进行有关氯气的实验，必须在通风橱内进行。

2. 溴蒸气对气管、肺部、眼鼻喉都有强烈的刺激作用。进行有关溴的实验，应在通风橱内进行，不慎吸入溴蒸气时，可吸入少量氨气和新鲜空气解毒。液态溴具有很强的腐蚀性，能灼烧皮肤，严重时会使皮肤溃烂。移取液态溴时，需要戴橡皮手套。溴水的腐蚀性虽然比液态溴弱些，但在使用时，也不允许直接由瓶内倒出，而应该用滴管移取，以防溴水接触皮肤。如果不慎把溴水溅在手上，应及时用水冲洗，再用以稀硫代硫酸钠溶液充分浸透的绷带包扎处理。

3. 氟化氢气体有剧毒和强腐蚀性。主要对骨骼、造血系统、神经系统、牙齿及皮肤黏膜造成伤害，吸入人体会使人中毒，氢氟酸能灼伤皮肤。因此，在使用氢氟酸和进行有关氟化氢气体的实验时，应在通风橱内进行，在移取氢氟酸时，必须戴上橡皮手套，用塑料管吸取。

4. 氯酸钾是强氧化剂，保存不当时容易引起爆炸，它与硫、磷的混合物是炸药，因此，绝对不允许将它们混在一起。氯酸钾容易分解，不宜大力研磨，烘干或烤干。在进行有关氯酸钾的实验时，和进行其他有强氧化性物质实验一样，应将剩下的试剂倒入回收瓶内回收处理，一律不准倒入废液缸中。

思考题

1. 某混合液中含有 Cl⁻、Br⁻、I⁻ 离子，试设计分离检出方案。

2. 有三瓶无色液体试剂失去了标签，它们分别是 KClO、KClO₃、KClO₄，请设计实验方法加以鉴别。

3. $KClO_3$ 在酸性介质中作氧化剂时,应选用何种酸?

参考文献

[1] 武汉大学化学与分子科学学院《无机及分析化学实验》编写组编. 无机及分析化学实验(第二版). 武汉:武汉大学出版社,2002

实验二十七 氧和硫

主 题 词 过氧化氢 硫化氢 亚硫酸 多硫化物 硫代硫酸盐 过硫酸盐

主要操作 滴加 振荡 离心 点滴板的使用

背景材料

氧(O)是自然界中分布最广和含量最多的元素,它遍及岩石层、水层和大气层。在地壳中的总含量约为 48.6%。在岩石层中,氧的主要存在形式是二氧化硅、硅酸盐以及其他氧化物和含氧酸盐,其含量约占岩石层的 47%。在覆盖地球表面四分之三的海水中,以质量记氧约占 89%,在大气层中氧主要以单质状态存在,其含量以质量记约占 23%,以体积计约占 20.9%。在动、植物体内,水占一半以上。再加上其他含氧物质的存在,氧的总含量便占了动、植物体的大部分。单质氧有两种同素异形体,即氧和臭氧。人们一般把氧的"发现"归功于 1773 年~1774 年间独立工作的 C. W. Scheele 和 J. Priestley。氧的同位素中有稳定同位素,也有不稳定同位素。已知的氧的不稳定同位素有 ^{13}O、^{14}O、^{15}O、^{19}O 和 ^{20}O,它们的半衰期都相当短,因而都不存在于自然界中,都是人工合成的。氧的稳定同位素有 ^{16}O、^{17}O 和 ^{18}O。在天然氧中 ^{16}O 的丰度最大,^{17}O 和 ^{18}O 含量甚微。

在自然界中,存在着单质状态的硫(S),金属硫化物矿和硫酸盐矿也广泛地分布在地球的各个地方。硫在远古时代就被世界上很多民族认识和使用了。实际上,硫和碳是古人仅知的两种非金属元素。涉及硫的记载贯穿整个历史,上自索多姆(Sodom)与戈摩拉(Gomorrah)两城被硫黄烧毁的传说,直至现今硫和硫酸是金星上大气层主要成分的发现。大约在 4000 年以前,埃及人已经会用硫燃烧所形成的二氧化硫来漂白布匹。我们的祖先很早就把硫列为重要的药材,并认识到硫的一些化学性质。我国对火药的研究,大概始于公元七世纪,当时的火药是黑火药,它是由硝酸钾、硫黄和木炭三者组成的。黑火药是人类最早使用的一种火药,是我国古代科学技术的四大发明之一,在化学史上占有重要的地位。在自然界中,硫有四个稳定的同位素:^{32}S、^{33}S、^{34}S 和 ^{36}S,其中相对丰度最大的是 ^{32}S,相对丰度最小的是 ^{36}S。

实验目的

1. 掌握过氧化氢的氧化还原性质;

2. 熟悉硫化氢、亚硫酸、硫代硫酸及其盐的性质,了解多硫化物的生成和性质及过硫酸盐的强氧化性;

3. 学习亚硫酸根、硫代硫酸根和硫离子的鉴定。

实验原理

氧和硫，属于周期系ⅥA，为电负性比较大的元素。

氧的常见氧化值是 -2。H_2O_2 分子中 O 的氧化值为 -1，介于 0 与 -2 之间，因此既有氧化性又有还原性。

在酸性介质中：$H_2O_2 + 2H^+ + 2e \Longrightarrow 2H_2O$　　　$\phi = 1.77\ V$

碱性介质中：$HO_2^- + H_2O + 2e \Longrightarrow 3OH^-$　　　$\phi = 0.88\ V$

可见，H_2O_2 在酸性介质和碱性介质中氧化性都比较强，在酸性介质中它是一种强氧化剂，它可将 I^- 氧化为 I_2；在中性介质中可将黑色的 PbS 氧化为白色的 $PbSO_4$；在碱性介质中可将 $Bi(OH)_3$ 氧化为 BiO_3^-。

$$H_2O_2 + 2I^- + 2H^+ \Longrightarrow I_2 + 2H_2O$$
$$PbS + 4H_2O_2 \Longrightarrow PbSO_4 + 4H_2O$$
$$Bi(OH)_3 + NaOH + H_2O_2 \Longrightarrow NaBiO_3 + 3H_2O$$

H_2O_2 遇到强氧化剂时，亦可表现出还原性。如遇到 $KMnO_4$ 时，H_2O_2 被氧化释放 O_2。

$$5H_2O_2 + 2MnO_4^- + 6H^+ \Longrightarrow 2Mn^{2+} + 5O_2 + 8H_2O$$

产物之一 Mn^{2+} 是本反应的催化剂，能使反应加速。重金属离子 Fe^{2+}、Mn^{2+}、Cu^{2+} 等杂质存在时都会加快 H_2O_2 的分解。

H_2O_2 具有弱酸性：$H_2O_2 \Longrightarrow H^+ + HO_2^-$　　　$Ka_1 = 2.4 \times 10^{-12}$

因此，它可与某些强碱作用生成盐（过氧化物）.

硫的常见氧化态有：-2、0、$+4$ 和 $+6$。

H_2S 中的硫处于最低氧化态，所以它只有还原性而无氧化性。它与弱氧化剂 I_2 生成 S，在酸性介质中与强氧化剂 MnO_4^- 等反应可生成 SO_4^{2-}。

碱金属和铵的硫化物是易溶的，而其余大多硫化物难溶于水，并且有特征颜色。难溶于水的硫化物根据在酸中溶解情况可以分成 4 类。

① 易溶于稀 HCl 的；

② 难溶于稀 HCl，易溶于浓 HCl 的；

③ 难溶于稀 HCl、浓 HCl，易溶于 HNO_3 的；

④ 仅溶于王水的。

鉴定 S^{2-} 常见的方法有 3 种。S^{2-} 与稀酸反应生成 H_2S 气体，可以根据 H_2S 特有的腐蛋臭味，或能使 $Pb(Ac)_2$ 试纸变黑生成 PbS 的现象检出；在碱性条件下，它能与亚硝酰铁氰化钠 $Na_2[Fe(CN)_5NO]$ 作用生成红紫色配合物：$S^{2-} + [Fe(CN)_5NO]^{2-} \Longrightarrow [Fe(CN)_5NOS]^{4-}$

可溶性的硫化物与硫作用生成多硫化物，例如：

$$Na_2S + (x-1)S \Longrightarrow Na_2S_x \qquad x \geqslant 2$$

多硫化物遇酸生成多硫化氢，多硫化氢不稳定，迅速分解为 H_2S 和 S。与过氧化物相似，多硫化物具有氧化性，能将 SnS 氧化成 SnS_3^{2-}。

SO_2 是具有刺激性臭味的气体，易溶于水生成亚硫酸。亚硫酸很不稳定，在水溶液中存在下列平衡：$SO_2 + H_2O \Longrightarrow H_2SO_3 \Longrightarrow 2H^+ + SO_3^{2-}$

在 SO_2、H_2SO_3 及其盐中，S 的氧化态为 $+4$，是硫的中间氧化态，既有氧化性又有还原性。它们常用作还原剂,但遇到强还原剂时,又可作氧化剂。SO_2 和某些有色有机物生成无色加合物,所以具有漂白性。但这种加合物受热易分解。

$Na_2S_2O_3$ 在酸性溶液中,由于生成不稳定的 $H_2S_2O_3$,而迅速分解。

$$Na_2S_2O_3 + 2HCl \Longrightarrow H_2S_2O_3 + 2NaCl$$
$$\qquad\qquad\qquad\qquad \longrightarrow SO_2 + H_2O + S$$

$Na_2S_2O_3$ 是重要的还原剂,其氧化产物视反应条件的不同而不同。通入 Cl_2 到 $Na_2S_2O_3$ 溶液中,最初析出 S;通入过量的 Cl_2,最后生成 SO_4^{2-}。

$$Na_2S_2O_3 + Cl_2 + H_2O \Longrightarrow Na_2SO_4 + S + 2HCl$$
$$Na_2S_2O_3 + 4Cl_2 + 5H_2O \Longrightarrow Na_2SO_4 + H_2SO_4 + 8HCl$$

与中等强度的氧化剂作用如 I_2,产物为连四硫酸钠。

$$2Na_2S_2O_3 + I_2 \Longrightarrow Na_2S_4O_6 + 2NaI$$

适量的 $S_2O_3^{2-}$ 与 Ag^+ 反应首先得到白色的 $Ag_2S_2O_3$ 沉淀。它在水溶液中极不稳定,会迅速变黄色,进而棕色,最后变成黑色的 Ag_2S。这是 $S_2O_3^{2-}$ 的特征反应,可用于鉴别 $S_2O_3^{2-}$。过量的 $S_2O_3^{2-}$ 与 Ag^+ 生成配合物 $Ag(S_2O_3)_2^{3-}$ 而不产生沉淀。

过二硫酸盐是强氧化剂,在 Ag^+ 的催化下,能将 Mn^{2+} 氧化成紫红色的 MnO_4^-。

$$2Mn^{2+} + 5S_2O_8^{2-} + 8H_2O \Longrightarrow 2MnO_4^- + 10SO_4^{2-} + 16H^+$$

因 S^{2-} 的存在,干扰 SO_3^{2-} 和 $S_2O_3^{2-}$ 的鉴定,因此必须先将其除去。除去的方法是在混合液中加固体 $CdCO_3$,使之转化为更难溶的 CdS,离心分离后,在清夜中再分别鉴定 SO_3^{2-} 和 $S_2O_3^{2-}$。

仪器、试剂与材料

仪器:离心机、离心试管、白色点滴板

试剂:NaOH(40%)、H_2O_2(3%)、乙醇(95%)、$KMnO_4$(0.01 mol·L^{-1})、H_2SO_4(2 mol·L^{-1})、$FeCl_3$(0.01 mol·L^{-1})、$Pb(NO_3)_2$(0.1 mol·L^{-1})、$ZnSO_4$(0.1 mol·L^{-1})、$CdSO_4$(0.1 mol·L^{-1})、$CuSO_4$(0.1 mol·L^{-1})、$Hg(NO_3)_2$(0.1 mol·L^{-1})、Na_2S(0.1 mol·L^{-1})、HCl(2 mol·L^{-1}、6 mol·L^{-1})、HNO_3(浓)、王水、$Na_2[Fe(CN)_5NO]$(0.01%)、$Na_2S_2O_3$(0.1 mol·L^{-1})、$AgNO_3$(0.1 mol·L^{-1})、$MnSO_4$(0.1 mol·L^{-1})、H_2SO_4(2 mol·L^{-1})、碘水(饱和)、淀粉试液、H_2S(饱和溶液)、SO_2(饱和溶液)、品红溶液、MnO_2(s)、$(NH_4)_2S_2O_8$(s)

材料:pH 试纸、碘化钾-淀粉试纸、火柴

实验步骤

1. H_2O_2 的性质

(1) H_2O_2 的弱酸性 取 40% 的 NaOH 溶液 1 mL,迅速加入 1 mL 3% H_2O_2,然后加入 95% 的乙醇以降低溶解度,振荡试管,观察 Na_2O_2 的析出,写出反应方程式。

(2) 不稳定性 取一支试管加入 2 mL 3% 的 H_2O_2,再加入少量 MnO_2 固体,观察现象,以火柴余烬检验产生的氧气。写出反应方程式,说明 MnO_2 对 H_2O_2 分解速率的影响。

(3) 氧化性 制备少量 PbS 沉淀,离心分离,弃去清液,水洗沉淀后加入 3% 的 H_2O_2,

观察现象。写出有关的反应方程式。

(4) 还原性 取 2 滴 $0.01\ mol \cdot L^{-1}\ KMnO_4$ 溶液,加入 $3 \sim 4$ 滴 $2\ mol \cdot L^{-1}\ H_2SO_4$ 酸化,滴加 3‰ 的 H_2O_2,观察现象。写出反应方程式。

2. 硫化氢的性质

(1) 酸性 用 pH 试纸检验饱和硫化氢水溶液的 pH。

(2) 还原性 取几滴 $0.01\ mol \cdot L^{-1}\ KMnO_4$ 溶液,用稀 H_2SO_4 酸化后,再滴加饱和 H_2S 溶液,观察现象。写出反应方程式。

试验 $0.01\ mol \cdot L^{-1}\ FeCl_3$ 溶液与饱和 H_2S 溶液的反应,观察现象。写出反应方程式。

3. 硫化物的溶解性及硫离子的鉴定

(1) 硫化物的溶解性 取 4 只离心试管,分别加入 3 滴 $\sim$ 5 滴 $0.1\ mol \cdot L^{-1}\ ZnSO_4$,$CdSO_4$,$CuSO_4$ 和 $Hg(NO_3)_2$ 溶液,然后分别加入 $0.1\ mol \cdot L^{-1}\ Na_2S$ 1 mL,搅拌,观察硫化物颜色,离心分离并去清液,用少量去离子水洗涤硫化物沉淀两次。用 $2\ mol \cdot L^{-1}\ HCl$,$6\ mol \cdot L^{-1}\ HCl$,浓 HNO_3 和王水试验 ZnS,CdS,CuS,HgS 的溶解性。

(2) 硫离子的鉴定 在点滴板上加 1 滴 $0.1\ mol \cdot L^{-1}\ Na_2S$ 溶液,再加 1 滴 0.01‰ 的 $Na_2[Fe(CN)_5NO]$ 溶液,观察现象。写出离子反应方程式。

4. 多硫化物的生成和性质

在试管中加入 $0.1\ mol \cdot L^{-1}\ Na_2S$ 溶液和少量硫粉,加热数分钟,观察溶液颜色的变化。吸取清液于另一试管中,加入 $2\ mol \cdot L^{-1}\ HCl$ 溶液,观察现象,并用湿润的 $Pb(Ac)_2$ 试纸检查逸出的气体。写出有关的反应方程式。

5. SO_2 的性质

(1) 还原性 取几滴饱和碘水,加 1 滴淀粉试液,再加数滴饱和 SO_2 溶液,观察现象。写出反应方程式。

(2) 氧化性 取几滴饱和 H_2S 溶液,滴加饱和 SO_2 溶液,观察现象。写出反应方程式。

(3) 漂白作用 取 1 mL 品红溶液,滴加饱和 SO_2 溶液,摇荡后静止片刻,观察品红是否褪色? 然后将溶液加热,观察颜色的变化,解释现象。

6. 硫代硫酸及其盐的性质

(1) 在试管中加入几滴 $0.1\ mol \cdot L^{-1}\ Na_2S_2O_3$ 溶液和 $2\ mol \cdot L^{-1}\ HCl$ 溶液,摇荡片刻,观察现象,并用湿润的蓝色石蕊试纸检验逸出的气体。写出反应方程式。

(2) 取几滴饱和碘水,加 1 滴淀粉试液,逐滴加入 $0.1\ mol \cdot L^{-1}\ Na_2S_2O_3$ 溶液,观察现象。写出反应方程式。

(3) 在 1 mL $0.1\ mol \cdot L^{-1}\ Na_2S_2O_3$ 溶液中,逐滴滴加氯水。观察现象,检验最后的溶液中有无 SO_4^{2-}。写出反应方程式。

(4) 在点滴板上加 1 滴 $0.1\ mol \cdot L^{-1}\ Na_2S_2O_3$ 溶液,再滴加 $0.1\ mol \cdot L^{-1}\ AgNO_3$ 溶液至生成白色沉淀,观察颜色的变化。写出有关的反应方程式。

7. 过硫酸盐的氧化性

取几滴 $0.1\ mol \cdot L^{-1}\ MnSO_4$ 溶液,加入 2 滴 $2\ mol \cdot L^{-1}\ H_2SO_4$ 溶液和 1 滴 $0.1\ mol \cdot L^{-1}\ AgNO_3$ 溶液再加入少量 $(NH_4)_2S_2O_8$ 固体,在水浴中加热片刻,观察溶液颜色的变化。写出反应方程式。

实验说明与指导

1. 在实验步骤 1(3) 中为了使黑色的 PbS 全部迅速地转化为白色的 $PbSO_4$，实验时应注意 $Pb(NO_3)_2$ 不能取用过量；生成 PbS 沉淀后，要离心分离，除去过量的 H_2S 溶液。

2. 在实验步骤 6(1) 中，反应放出的 SO_2 气体可用碘化钾-淀粉试纸检查。

思考题

1. 实验室长期放置的 H_2S 溶液、Na_2S 溶液和 Na_2SO_3 溶液会发生什么变化？

2. S^{2-} 和 SO_3^{2-} 在酸性溶液中能否共存？

3. 如何将 Cu^{2+} 和 Zn^{2+} 离子从它们的混合溶液中分离出来？

4. $(NH_4)_2S_2O_8$ 氧化 Mn^{2+} 时，为什么要有 Ag^+ 存在？

5. 在 S^{2-}、SO_3^{2-} 和 $S_2O_3^{2-}$ 的混合溶液中，为什么要将 S^{2-} 除去，才能鉴定 SO_3^{2-} 和 $S_2O_3^{2-}$？如何除去？怎样证明 S^{2-} 已被除尽？

参考文献

［1］古国榜,李朴编. 无机化学实验. 北京:化学工业出版社,1998

［2］彭广兰,陶导先编. 简明无机化学实验. 北京:高等教育出版社,1991

［3］袁书玉编. 无机化学实验. 北京:清华大学出版社,1996

［4］南京大学《无机及分析化学实验》编写组编. 无机及分析化学实验(第三版). 北京:高等教育出版社,1998

［5］浙江大学普通化学教研组编. 普通化学实验. 北京:高等教育出版社,1989

［6］张青莲主编. 无机化学丛书(第五卷:氧、硫、硒分族). 北京:科学出版社,1984

实验二十八 硼、碳、硅、氮、磷

主 题 词 硼 碳 硅 氮 磷

主要操作 加热 点滴板 试管试验

背景材料

硼(B)是一种硬而脆的非金属元素，它位于元素周期表中第 IIIA 族之首，该族中包括铝在内的所有其他元素都是金属。硼是一种非常稀有的元素，只占地壳质量的 0.0003%。纯态硼为褐色的晶体，其硬度与钻石相仿。它于 1808 年被英国化学家哈姆雷·戴维(Humphry Davy)爵士和两个法国化学家约瑟夫-路易斯·盖-吕萨克(Joseph-Louis Gay-Lussac)和路易斯-杰克斯·森纳德(Louis-Jacques Thénard)分离出来。

碳(C)在地壳中的质量含量仅有 0.09%，它却是我们这个行星上与生命关系最为密切的元素。如果检测一下组成植物和动物的分子，我们就会发现，几乎所有这些分子中都含有碳。

硅(Si)仅次于氧,在地壳中的含量排在第二位,硅的氧化物构成了地球上大部分的沙子、岩石、土壤。纯态硅于 1842 年由瑞典化学家琼斯·雅各布·波泽柳斯(Jöns Jakob Berzelius,1779~1848)分离出来的。今天,硅已成为电子工业的基础,而圣弗兰西斯科附近一个叫硅谷的地方曾是电子工业的中心。硅芯片在印刷线路中的使用已使房子大小的计算机缩小到可放在膝盖上。

氮(N)位于元素周期表第 VA 族之首。氮气是一种无色、无味、无臭,不太活泼的气体。当我们呼吸时可吸入大量的氮气,但由于它没有刺激性,所以我们几乎感觉不到它的存在。

在地球的大气层中,氮居主导地位,约占空气体积分数的 78%。引人注意的是空气中的氮气是氧气的 4 倍。虽然氮的反应活动差,但它却构成了成千上万的与工农业生产密切相关的化合物。尽管氮本身很稳定,但其某些化合物却极不稳定,具有爆炸性。

1772 年英国化学家,物理学家丹尼尔·鲁瑟福(Daniel Rutherford,1749~1819)发现了氮。他在钟形罐中密封了一些空气样本,先在里面燃烧一种物质把氧气耗尽,然后把一只不幸的老鼠放进罐中验证其窒息过程。他由此证明,罐里的剩余气体不能维持生命存在,这种气体后来被命名为氮气。

磷(P)是一种非金属,1669 年被德国物理学家汉尼格·布兰德(Hennig Brand)发现并首次分离出来。布兰德像传统的炼丹术士一样进行实验,他把尿蒸发后的残余进行蒸馏,得到一种物质,这种物质在暗处能发光,在热空气中会突然燃烧。他偶然发现的这种物质是白磷,为蜡状的白色固体,熔点为 44℃。其名字取自希腊文中的"Phosphorous",意为"光的携带者"

实验目的

1. 掌握硼酸和硼砂的重要性质,学习硼砂珠实验的方法;
2. 了解可溶性硅酸盐的水解性和难溶硅酸盐的生成与颜色;
3. 掌握硝酸、亚硝酸及其盐的重要性质;
4. 了解磷酸盐的主要性质;
5. 掌握 CO_3^{2-}、NH_4^+、NO_2^-、NO_3^-、PO_4^- 的鉴定方法。

实验原理

硼酸是一元弱酸,它在水溶液中的解离不同于一般的一元弱酸。硼酸是 Lewis 酸,能与多羟基醇发生加合反应,使溶液的酸性增强。

硼砂的水溶液因水解而呈碱性。硼砂溶液与酸反应可析出硼酸。硼砂受强热脱水熔化为玻璃体,与不同金属的氧化物或盐类熔融生成具有不同特征颜色的偏硼酸复盐,即硼砂珠试验。

将碳酸盐溶液与盐酸反应生成的 CO_2 通入 $Ba(OH)_2$ 溶液中,能使 $Ba(OH)_2$ 溶液变浑浊,这一方法用于鉴定 CO_3^{2-}。

硅酸钠水解作用明显。大多数硅酸盐难溶于水,过渡金属的硅酸盐呈现不同的颜色。

鉴定 NH_4^+ 的常用方法有两种,一是 NH_4^+ 与 OH^- 反应,生成的 $NH_3(g)$ 使红色的石蕊试纸变蓝;二是 NH_4^+ 与奈斯勒(Nessler)试剂($[K_2HgI_4]$ 的碱性溶液)反应,生成红棕色沉淀。

亚硝酸极不稳定。亚硝酸盐溶液与强酸反应生成的亚硝酸分解为 N_2O_3 和 H_2O。N_2O_3 又能分解为 NO 和 NO_2。

亚硝酸盐中氮的氧化值为 +3，它在酸性溶液中作氧化剂，一般被还原为 NO；与强氧化剂作用时则生成硝酸盐。

硝酸具有强氧化性，它与许多非金属反应，主要还原产物是 NO。浓硝酸与金属反应主要生成 NO_2，稀硝酸与金属反应通常生成 NO，活泼金属能将稀硝酸还原为 NH_4^+。

NO_2 与 $FeSO_4$ 溶液在 HAc 介质中反应生成棕色的 $[Fe(NO)(H_2O)_5]^{2+}$（简写为 $[Fe(NO)]^{2+}$）：

$$Fe^{2+} + NO_2^- + 2HAc \Longrightarrow Fe^{3+} + NO + H_2O + 2Ac^-$$

$$Fe^{2+} + NO \Longrightarrow [Fe(NO)]^{2+}$$

NO_3^- 与 $FeSO_4$ 溶液在浓 H_2SO_4 介质中反应生成棕色 $[Fe(NO)]^{2+}$

$$3Fe^{2+} + NO_3^- + 4H^+ \Longrightarrow 3Fe^{3+} + NO + 2H_2O$$

$$Fe^{2+} + NO^- \Longrightarrow [Fe(NO)]^{2+}$$

在试液与浓 H_2SO_4 液层界面处生成的 $[Fe(NO)]^{2+}$ 呈棕色环状。此方法用于鉴定 NO_3^-，称为"棕色环"法。NO_2^- 的存在干扰 NO_3^- 的鉴定，加入尿素并微热，可除去 NO_2^-。

$$2NO_2^- + CO(NH_2)_2 + 2H^+ \Longrightarrow 2N_2 + CO_2 + 3H_2O$$

碱金属（锂除外）和铵的磷酸盐、磷酸一氢盐易溶于水，其他磷酸盐难溶于水。大多数磷酸二氢盐易溶于水。焦磷酸盐和三聚磷酸盐都具有配位作用。

PO_4^{3-} 与 $(NH_4)_2MoO_4$ 溶液在硝酸介质中反应，生成黄色的磷钼酸铵沉淀。此反应可用于鉴定 PO_4^{3-}。

仪器、试剂与材料

仪器：点滴板、水浴锅

试剂：$HCl(2\ mol \cdot L^{-1}、6\ mol \cdot L^{-1}、浓)$、$H_2SO_4(1\ mol \cdot L^{-1}、6\ mol \cdot L^{-1}、浓)$、$HNO_3(2\ mol \cdot L^{-1}、浓)$、$HAc(2\ mol \cdot L^{-1})$、$NaOH(2\ mol \cdot L^{-1}、6\ mol \cdot L^{-1})$、$Ba(OH)_2(饱和)$、$Na_2CO_3(0.1\ mol \cdot L^{-1})$、$NaHCO_3(0.1\ mol \cdot L^{-1})$、$Na_2SiO_3(0.5\ mol \cdot L^{-1}、w = 0.2)$、$NH_4Cl(0.1\ mol \cdot L^{-1})$、$BaCl_2(0.5\ mol \cdot L^{-1})$、$NaNO_2(0.1\ mol \cdot L^{-1}、1\ mol \cdot L^{-1})$、$KI(0.02\ mol \cdot L^{-1})$、$KMnO_4(0.01\ mol \cdot L^{-1})$、$KNO_3(0.1\ mol \cdot L^{-1})$、$Na_3PO_4(0.1\ mol \cdot L^{-1})$、$Na_2HPO_4(0.1\ mol \cdot L^{-1})$、$NaH_2PO_4(0.1\ mol \cdot L^{-1})$、$CaCl_2(0.1\ mol \cdot L^{-1})$、$CuSO_4(0.1\ mol \cdot L^{-1})$、$Na_4P_2O_7(0.5\ mol \cdot L^{-1})$、$Na_5P_3O_{10}(0.1\ mol \cdot L^{-1})$、$Na_2B_4O_7 \cdot 10H_2O(s)$、$H_3BO_3(s)$、$Co(NO_3)_2 \cdot 6H_2O(s)$、$CaCl_2(s)$、$CuSO_4 \cdot 5H_2O(s)$、$ZnSO_4 \cdot 7H_2O(s)$、$Fe_2(SO_4)_3(s)$、$NiSO_4 \cdot 7H_2O(s)$、锌粉、铜屑、$FeSO_4 \cdot 7H_2O(s)$、$CO(NH_2)_2(s)$、$NH_4NO_3(s)$、$Na_3PO_4 \cdot 12H_2O(s)$、$NaHCO_3(s)$、$Na_2CO_3(s)$、甘油、甲基橙指示剂、奈斯勒(Nessler)试剂、淀粉试液、钼酸铵试剂

材料：pH 试纸、红色石蕊试纸、镍铬丝（一端做成环状）

实验步骤

1. 硼酸和硼砂的性质

（1）在试管中加入约 0.5 g 硼酸晶体和 3 mL 去离子水，观察溶解情况。微热后使其全

部溶解,冷至室温,用 pH 试纸测定溶液的 pH。然后在溶液中加入 1 滴甲基橙指示剂,并将溶液分成两份,在一份中加入 10 滴甘油,混合均匀,比较两份溶液的颜色。写出有关反应的离子方程式。

（2）在试管中加入约 1 g 硼砂和 2 mL 去离子水,微热使其溶解,用 pH 试纸测定溶液的 pH。然后加入 1 mL 6 mol·L^{-1} H_2SO_4 溶液,将试管放在冷水中冷却,并用玻璃棒不断搅拌,片刻后观察硼酸晶体的析出。写出有关反应的离子方程式。

（3）硼砂珠试验　用环形镍铬丝蘸取浓 HCl(盛在试管中),在氧化焰中灼烧,然后迅速蘸取少量硼砂,在氧化焰中灼烧至玻璃状。用烧红的硼砂珠蘸取少量 $Co(NO_3)_2·6H_2O$,在氧化焰中烧至熔融,冷却后对着亮光观察硼砂珠的颜色。写出反应方程式。

2. CO_3^{2-} 的鉴定

在试管中加入 1 mL 0.1 mol·L^{-1} Na_2CO_3 溶液,再加入半滴管 2 mol·L^{-1} HCl 溶液,立即用带导管的塞子盖紧试管口,将产生的气体通入 $Ba(OH)_2$ 饱和溶液中,观察现象。写出有关反应方程式。

3. 硅酸盐的性质

（1）在试管中加入 1 mL 0.5 mol·L^{-1} Na_2SiO_3 溶液,用 pH 试纸测其 pH。然后逐滴加入 6 mol·L^{-1} HCl 溶液,使溶液的 pH 在 6～9,观察硅酸凝胶的生成(若无凝胶生成可微热)。

（2）"水中花园"实验　在 50 mL 烧杯中加入约 30 mL 20% 的 Na_2SiO_3 溶液,然后分散加入固体 $CaCl_2$、$CuSO_4·5H_2O$、$ZnSO_4·7H_2O$、$Fe_2(SO_4)_3$、$Co(NO_3)_6·6H_2O$、$NiSO_4·7H_2O$ 晶体各 1 小粒,静置 1 h～2 h 后观察"石笋"的生成和颜色。

4. NH_4^+ 的鉴定

（1）在试管中加入少量 0.1 mol·L^{-1} NH_4Cl 溶液和 2 mol·L^{-1} NaOH 溶液微热,用湿润的红色石蕊试纸在试管口检验逸出的气体。写出有关反应方程式。

（2）在滤纸条上加 1 滴奈斯勒试剂,代替红色石蕊试纸重复实验(1),观察现象。写出有关反应方程式。

5. 硝酸的氧化性

（1）在试管内放入 1 小块铜屑,加入几滴浓 HNO_3,观察现象。然后迅速加水稀释,倒掉溶液,回收铜屑。写出反应方程式。

（2）在试管中放入少量锌粉,加入 1 mL 2.0 mol·L^{-1} HNO_3 溶液,观察现象(如不反应可微热)。取清液检验是否有 NH_4^+ 生成。写出有关的反应方程式。

6. 亚硝酸及其盐的性质

（1）在试管中加入 10 滴 1 mol·L^{-1} $NaNO_2$ 溶液,然后滴加 6 mol·L^{-1} H_2SO_4 溶液,观察溶液和液面上气体的颜色(若室温较高,应将试管放在冷水中冷却)。写出有关的反应方程式。

（2）用 0.1 mol·L^{-1} $NaNO_2$ 溶液和 0.02 mol·L^{-1} KI 溶液及 1 mol·L^{-1} H_2SO_4 溶液试验 $NaNO_2$ 的氧化性。然后加入淀粉试液,又有何变化? 写出离子反应方程式。

（3）用 0.1 mol·L^{-1} $NaNO_2$ 溶液和 0.01 mol·L^{-1} $KMnO_4$ 溶液及 1 mol·L^{-1} H_2SO_4 试验 $NaNO_2$ 的还原性。写出离子反应方程式。

7. NO_3^- 和 NO_2^- 的鉴定

（1）取 2 滴 $0.1\ mol \cdot L^{-1}$ KNO_3 溶液，用水稀释至 1 mL，加入少量 $FeSO_4 \cdot 7H_2O$ 晶体，摇荡试管使其溶解。然后斜持试管，沿管壁小心滴加 1 mL 浓 H_2SO_4，静置片刻，观察两种液体界面处的棕色环。写出有关反应方程式。

（2）取 1 滴 $0.1\ mol \cdot L^{-1}$ $NaNO_2$ 溶液稀释至 1 mL，加少量 $FeSO_4 \cdot 7H_2O$ 晶体，摇荡试管使其溶解，加入 $2\ mol \cdot L^{-1}$ HAc 溶液，观察现象。写出有关反应方程式。

（3）取 $0.1\ mol \cdot L^{-1}$ KNO_3 溶液和 $0.1\ mol \cdot L^{-1}$ $NaNO_2$ 溶液各 2 滴，稀释至 1 mL，再加入少量尿素及 2 滴 $1\ mol \cdot L^{-1}$ H_2SO_4 以消除 $NO_2{}^-$ 对鉴定 $NO_3{}^-$ 的干扰，然后进行棕色环试验。

8. 磷酸盐的性质

（1）用 pH 试纸分别测定 $0.1\ mol \cdot L^{-1}$ Na_3PO_4 溶液和 $0.1\ mol \cdot L^{-1}$ Na_2HPO_4 溶液和 $0.1\ mol \cdot L^{-1}$ NaH_2PO_4 溶液的 pH。写出有关反应方程式并加以说明。

（2）在 3 支试管中各加入几滴 $0.1\ mol \cdot L^{-1}$ $CaCl_2$ 溶液，然后分别滴加 $0.1\ mol \cdot L^{-1}$ Na_3PO_4 溶液、$0.1\ mol \cdot L^{-1}$ Na_2HPO_4 溶液和 $0.1\ mol \cdot L^{-1}$ NaH_2PO_4 溶液，观察现象。写出有关反应的离子方程式。

（3）在试管中加入几滴 $0.1\ mol \cdot L^{-1}$ $CuSO_4$ 溶液，然后逐滴加入 $0.5\ mol \cdot L^{-1}$ $Na_4P_2O_7$ 溶液至过量，观察现象。写出有关反应的离子方程式。

（4）取 1 滴 $0.1\ mol \cdot L^{-1}$ $CaCl_2$ 溶液，滴加 $0.1\ mol \cdot L^{-1}$ Na_2CO_3 溶液和 $0.1\ mol \cdot L^{-1}$ $Na_3P_3O_{10}$ 溶液，观察观象。写出有关反应的离子方程式。

9. $PO_4{}^{3-}$ 的鉴定

取几滴 $0.1\ mol \cdot L^{-1}$ Na_3PO_4 溶液，加 0.5 mL 浓 HNO_3，再加 1 mL 钼酸铵试剂，在水浴上微热到 40℃～45℃，观察现象。写出反应方程式。

10. 三种白色晶体的鉴别

有 A、B、C 三种白色晶体，可能是 $NaHCO_3$、Na_2CO_3 和 NH_4NO_3。分别取少量加水溶解，并设计简单的方法加以鉴别。写出实验现象及有关的反应方程式。

实验说明与指导

做有毒气体产生的实验（如硝酸的氧化性及亚硝酸及其盐的性质）时，应在通风橱中进行。

思考题

1. 为什么在 Na_2SiO_3 溶液中加入 HAc 溶液、NH_4Cl 溶液或通入 CO_2 都能生成硅酸凝胶？

2. 如何用简单的方法区别硼砂、Na_2CO_3 和 Na_2SiO_3 这三种盐的溶液？

3. 鉴定 $NH_4{}^+$ 时，为什么将奈斯勒试剂滴在滤纸上检验逸出的 NH_3，而不是将奈斯勒试剂直接加到含 $NH_4{}^+$ 的溶液中？

4. 硝酸与金属反应的主要还原产物与哪些因素有关？

5. 检验稀硝酸与锌粉反应产物中的 $NH_4{}^+$ 时，加入 NaOH 溶液的过程中会发生哪些反应？

6. 用钼酸铵试剂鉴定 $PO_4{}^{3-}$ 时为什么要在硝酸介质中进行？

参考文献

[1] 艾伯特·斯特沃特加(著),田晓伍,任金霞(译).化学元素遍览.河南郑州:河南科学技术出版社,2002

[2] 侯振雨主编.无机及分析化学实验.北京:化学工业出版社,2004

[3] 武汉大学化学与分子科学学院《无机及分析化学实验》编写组编.无机及分析化学实验(第二版).武汉:武汉大学出版社,2002

[4] 大连理工大学无机化学教研室编.无机化学实验(第二版).北京:高等教育出版社,2004

[5] 浙江大学普通化学教研组编.普通化学实验(第三版).北京:高等教育出版社,1996

[6] 大连理工大学 辛剑,孟长功主编.基础化学实验.北京:高等教育出版社,2004

[7] 武汉大学,吉林大学等校编.无机化学实验.北京:高等教育出版社,1990

[8] 古国榜,李朴编.无机化学实验.北京:化学工业出版社,1998

[9] 袁书玉编.无机化学实验.北京:清华大学出版社,1996

[10] 南京大学《无机及分析化学实验》编写组编.无机及分析化学实验(第三版).北京:高等教育出版社,1998

[11] 陈烨璞主编.无机及分析化学实验(第一版).北京:化学工业出版社,1998

实验二十九　　阳离子混合液的分析

主 题 词　阳离子　分离与鉴定

主要操作　离心机的操作　沉淀的洗涤与溶解

背景材料

金属元素较多,因而由它们形成的阳离子数目也较多。最常见的阳离子大约有 20 余种。在阳离子的鉴定反应中,相互干扰的情况较多,很少能采用分别分析法,大都需要采用系统分析法。

完整且经典的阳离子分组法是硫化氢系统分组法,根据硫化物的溶解度不同将阳离子分成五组。此方法的优点是系统性强,分离方法比较严密;不足之处是组试剂 H_2S、$(NH_4)_2S$ 有臭味并有毒,分析步骤也比较繁杂。在分析已知混合阳离子体系时,如果能用别的方法分离干扰离子,则最好不用或少用硫化氢系统。常用的非硫化氢系统的离子分离方法主要是利用氯化物、硫酸盐是否沉淀,氢氧化物是否具有两性,以及它们能否生成氨配合物等。

绝大多数金属的氯化物易溶于水,只有 $AgCl$、Hg_2Cl_2、$PbCl_2$ 难溶;$AgCl$ 可溶于 $NH_3\cdot H_2O$;$PbCl_2$ 的溶解度较大,并易溶于热水,在 Pb^{2+} 浓度大时才析出沉淀。

绝大多数硫酸盐易溶于水,只有 Ca^{2+}、Sr^{2+}、Ba^{2+}、Pb^{2+}、Hg_2^{2+} 的硫酸盐难溶于水;$CaSO_4$ 的溶解度较大,只有当 Ca^{2+} 浓度很大时才析出沉淀;$PbSO_4$ 可溶于 NH_4Ac。

能形成两性氢氧化物的金属离子有 Al^{3+}、Cr^{3+}、Zn^{2+}、Pb^{2+}、Sb^{3+}、Sn^{2+}、Sn^{4+}、Cu^{2+}；在这些离子的溶液中加入适量 NaOH 时，出现相应的氢氧化物沉淀；加入过量 NaOH 后它们又会溶解成多羟基配离子，除 Ag^+、Hg^{2+}、Hg_2^{2+} 离子加入 NaOH 后生成氧化物沉淀外，其余均生成相应的氢氧化物沉淀。值得注意的是，$Fe(OH)_2$ 和 $Mn(OH)_2$ 的还原性很强，在空气中极易被氧化成 $Fe(OH)_3$ 和 $MnO(OH)_2$。

在 Ag^+、Cu^{2+}、Cd^{2+}、Zn^{2+}、Co^{2+}、Ni^{2+} 溶液中加入适量 $NH_3 \cdot H_2O$ 时，形成相应的碱式盐或氢氧化物（Ag^+ 形成氧化物）沉淀，它们全都溶于过量 $NH_3 \cdot H_2O$，生成相应的氨配离子；其中 $[Co(NH_3)_6]^{2+}$ 易被空气氧化成 $[Co(NH_3)_6]^{3+}$。其他的金属离子，除 $HgCl_2$ 生成 $HgNH_2Cl$，Hg_2Cl_2 生成 $HgNH_2Cl$ 和 Hg 外，绝大多数在加入氨水时生成相应的氢氧化物沉淀，并且不会溶于过量氨水。

许多过渡元素的水合离子具有特征颜色，熟悉离子及某些化合物的颜色也会对离子的分析鉴定起良好的辅助作用。

实验目的

1. 了解各种沉淀的沉淀条件与沉淀颜色；
2. 掌握阳离子混合液的分离与鉴定方法；
3. 练习分离与鉴定的基本操作技术。

实验原理

以下为本实验中阳离子混合液分离与鉴定的有关反应方程式：

$Ag^+ + Cl^- == AgCl \downarrow$（白色沉淀）

$Hg_2^{2+} + 2Cl^- == Hg_2Cl_2 \downarrow$（白色沉淀）

$Pb^{2+} + 2Cl^- == PbCl_2 \downarrow$（白色沉淀）

$PbCl_2(s) == Pb^{2+}(aq) + 2Cl^-(aq)$

$Pb^{2+} + CrO_4^{2-} == PbCrO_4 \downarrow$（黄色沉淀）

$PbCrO_4 + 4OH^- == Pb(OH)_4^{2-} + CrO_4^{2-}$

$3Hg_2Cl_2 + 2NO_3^- + 18Cl^- + 8H^+ == 6HgCl_4^{2-} + 2NO \uparrow + 4H_2O$

$HgCl_4^- + 4I^- == HgI_4^{2-} + 4Cl^-$

$2Cu^+ + 2SO_3^{2-} + H_2O == Cu_2SO_3 \downarrow$（黄绿色沉淀）$+ SO_4^{2-} + 2H^+$

$Cu_2SO_3 + 3Na_2SO_3 == 2Na_3[Cu(SO_3)_2]$（无色）

$HgI_4^{2-} + 2[Cu(SO_3)_2]^{3-} == Cu_2HgI_4 \downarrow$（橙红色沉淀）$+ 4SO_3^{2-}$

$Sn^{2+} + 4Cl^- == SnCl_4^{2-}$

$2HgCl_4^{2-} + Sn^{2+} == Hg_2Cl_2 \downarrow$（白色沉淀）$+ SnCl_6^{2-}$

$Hg_2Cl_2 + SnCl_4^{2-} == 2Hg \downarrow$（黑色沉淀）$+ SnCl_6^{2-}$　　白色→灰色→黑色

$AgCl + 2NH_3 \cdot H_2O == Ag(NH_3)_2^+ + Cl^- + 4H_2O$

$2Ag^+ + Bi^{3+} + 5I^- == Ag_2BiI_5 \downarrow$（褐色或红棕色沉淀）

仪器与试剂

仪器：离心机、离心管、白色点滴板

试剂：Ag^+、Hg_2^{2+}、Pb^{2+}（现配）、Bi^{3+}练习液（现配）、HCl（1 mol·L^{-1}、3 mol·L^{-1}）、K_2CrO_4（0.25 mol·L^{-1}）、浓 $NH_3·H_2O$、$SnCl_2$（0.25 mol·L^{-1}）、NaOH（6 mol·L^{-1}）、HNO_3（3 mol·L^{-1}、6 mol·L^{-1}）、KI（4%）、$CuSO_4$（2%）、Na_2SO_4（固体）

实验步骤

具体实验步骤按照以下流程图展开：

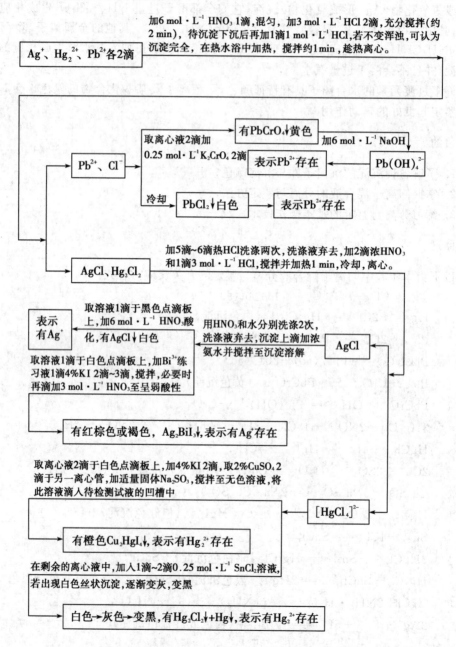

注：根据情况可临时增加未知阳离子混合液的分析。

实验说明与指导

1. Hg_2^{2+} 的鉴定 A 方法中：另取 2‰ $CuSO_4$ 2 滴于另一试管中，加适量固体 Na_2SO_3，搅拌至呈无色溶液后再将此溶液滴入待检试液中。

$$2Cu^{2+} + 2SO_3^{2-} + H_2O \Longrightarrow Cu_2SO_3 \downarrow （黄绿色沉淀） + SO_4^{2-} + 2H^+$$

$$Cu_2SO_3 + Na_2SO_3 （过量） \Longrightarrow 2Na_3[Cu(SO_3)_2] （无色）$$

$$HgI_4^{2-} + 2[Cu(SO_3)_2]^{3-} \Longrightarrow Cu_2HgI_4 \downarrow （橙红色沉淀） + 4SO_3^{2-}$$

2. 离心机的使用按要求操作，注意安全。

3. 若进行未知阳离子混合液的分析，必须逐一分离，逐一鉴定。要防止漏检或过检。

思考题

1. 洗涤 $AgCl$、Hg_2Cl_2 沉淀时为什么要用热的 HCl 水溶液？

参考文献

[1] 大连理工大学无机化学教研室编. 无机化学实验(第二版). 北京:高等教育出版社, 2004

第六章　设计性、应用性实验

设计性实验是实践教学不可缺少的组成部分，对于培养学生实践能力与创新能力具有极其重要的意义，是一项基础性工作。

设计性实验是指给定实验目的、要求和实验条件，由学生自行设计实验方案并加以实现的一种探索型实验。设计性实验不但要求学生综合多门学科的知识和各种实验原理来设计实验方案，而且要求学生能充分运用已学的知识去发现问题、解决问题。开设设计性实验目的是让学生在实践中将相关的基础知识、基本理论得以实践、融会贯通，培养其独立发现问题、解决问题的能力，以最大限度发挥学生学习的主动性，相对于综合性实验而言，要求更高、难度更大。从实验内容上讲主要包括下面三种类型：

1. 教师给定实验目的、方案，学生自己选择仪器设备，拟定实验步骤加以实现的实验；

2. 教师拟定实验题目和要求，学生自行设计方案加以实现的实验；

3. 根据相关课程或理论的特点，学生自主选题，自主设计，在教师指导下得以实现的实验。

本章的设计性实验是给出实验题目、目的、实验要求和实验提示，然后由学生独立思考、讨论设计实验方案，提出理论依据，选择实验方法，确立观察内容，设想实验结果。学生的设计性实验方案应交教师进行指导与审批。教师的主导作用在于引导学生优选实验内容，指导实验操作，解决实验过程中遇到的问题，对实验结果进行分析讨论，学生从中得到启迪，提高能力。

实验三十　食醋中总酸度的测定

主 题 词　食醋　酸碱滴定法　测定

主要操作　滴定操作　移液操作

背景材料

评价食醋质量的主要指标有：总酸、不挥发酸、可溶性无盐固形物、标签、游离矿酸等。

总酸：是指醋中所有有机酸折合成乙酸的总量，即食醋的酸度。它的含量越高，产品越酸。食醋中的酸味主要来自其中的醋酸等有机酸，国家标准中要求总酸含量最低为 3.5 g/100 mL。食醋的成本与产品中的总酸含量有着直接的关系，降低食醋中的总酸含量是对消费者的一种欺骗行为。但也应注意不同类型产品的差异较大，大多数产品中总酸含量在 3.5 g/100 mL～12 g/100 mL 之间。

不挥发酸：除醋酸以外的其他有机酸，包括琥珀酸、苹果酸、柠檬酸、葡萄糖酸、酒石酸等。该项指标影响食醋的风味,含量高滋味柔和,回味绵长。固态发酵食醋标准中要求含量≥0.5 g/100 mL。

可溶性无盐固形物:指的是食醋中除水、食盐、不溶性物质外的其他物质的含量,主要是有机酸类、糖类等物质。是影响风味的重要指标。标准中要求固态发酵食醋≥1.0 g/100 mL、液态发酵食醋≥0.5 g/100 mL。

标签:GB18187－2000 酿造食醋和 SB10337－2000 配制食醋中都规定了要如实标明食醋生产的方法,即是酿造的还是配制的。其目的是要让消费者清楚所购的产品是如何生产出来的。

游离矿酸:指的是无机酸,如硫酸、硝酸、盐酸等。国家标准中规定不得检出。

食醋用途多,俗话说:开门七件事,柴、米、油、盐、酱、醋、茶。醋在其中占有一定的地位。食醋的好处正日益被人们所认识。

实验目的

1. 巩固所学的基础理论知识,基本操作技能和基本实验方法;
2. 掌握标准溶液的配制和标定方法;
3. 掌握强碱滴定弱酸的原理和指示剂的选择,正确判断终点颜色;
4. 熟练掌握称量、滴定操作以及吸量管的使用。

仪器与试剂

仪器:50 mL 碱式滴定管 1 支、250 mL 锥形瓶 3 个、1 mL 吸量管 1 支、100 mL 量筒 1 个

试剂:氢氧化钠(NaOH),分析纯;酚酞指示剂(0.2％乙醇溶液);基准邻苯二甲酸氢钾($KHC_8H_4O_4$),需在 105℃～110℃烘至恒重。

实验要求

学生自行设计出整个实验方案,其主要内容为:实验原理;试剂(规格、浓度);实验步骤(试样的取用,标准溶液和指示剂,终点颜色变化);实验记录;数据处理;误差分析;最后完成实验报告。

实验说明与指导

1. 食醋中的总酸是指醋中所有有机酸折合成醋酸的总量,醋酸是一元弱酸。
2. 符合一元弱酸被准确滴定的判据的一元弱酸含量的测定可应用酸碱滴定法。
3. 食醋的酸度较大,应稀释后测定。
4. 稀释前要估算取样体积。
5. 其他相关的测定方法有分光光度法。

思考题

1. NaOH 溶液为什么要用新煮沸的冷蒸馏水配制?配制好的 NaOH 溶液能否在空气中久置?为什么?

2. 浅粉红色为滴定终点,为什么要求持续 30s 不褪色?

3. 用邻苯二甲酸氢钾标定氢氧化钠溶液以及工业乙酸含量测定,为什么都用酚酞作指示剂?

4. 列出测 HAc 含量的计算公式。

5. 使用吸量管移取 HAc 样品时,应注意什么?

参考文献

[1] 李楚芝主编. 分析化学实验. 北京:化学工业出版社,1995

实验三十一　一元未知酸 K_a 的测定

主 题 词　未知酸　K_a　测定

主要操作　滴定操作　移液操作

背景材料

在研究物质的化学变化时,人们不仅注意反应的速度,而且十分关心一个化学反应进行的程度,即在指定条件下(如温度、压力、浓度等)有多少反应物可以最大限度地转化成产物。这就是化学平衡问题。在研究化学反应的过程中,预测反应的方向和限度是至关重要的。如果一个反应根本不可能发生,采取任何加快反应速度的措施都是毫无意义的。只有对由反应物向产物转化是可能的反应,才能改变或者控制外界条件,使其以一定的反应速率达到反应的化学平衡。

化学平衡常数(K)能很好地表示化学反应进行的程度,K 值越大,在平衡混合物中产物越多,反应进行的程度越大。

实验目的

1. 巩固所学的基础理论知识,基本操作技能和基本实验方法;

2. 学习溶液的配制方法;

3. 掌握一元弱酸的离解平衡原理;

4. 理解缓冲溶液作用原理,掌握缓冲溶液 pH 计算方法;

5. 学习酸度计的使用方法。

仪器与试剂

仪器:50 mL 容量瓶 3 个、50 mL 烧杯 4 个、25 mL 移液管 1 支、5 mL 吸量管 1 支

试剂:一元弱酸标准溶液

实验要求

按老师所给题目学生自行设计出整个实验方案,其主要内容为:实验原理;试剂(规格、

浓度);实验步骤(具体方案,溶液配制);实验记录;数据处理;最后完成实验报告。

实验说明与指导

1. 一元弱酸的解离平衡,酸度计可测定出相应的 pH。

2. 利用缓冲溶液作用原理,可设计出实验步骤。

3. 用 pH 法测定一元酸解离常数时,溶液配制要准确。

4. 用 pH 计测定时按一元酸的浓度由小到大的顺序测定。

5. 利用缓冲溶液原理,配制等浓度的一元弱酸及其盐的混合溶液,测定 pH,即为一元弱酸的解离常数。

6. 其他相关的测定方法有分光光度法、电导法。

思考题

1. 用 pH 计测定溶液的 pH 时,各用什么标准溶液定位?

2. 测定未知酸的 pH 时,为什么要按未知酸浓度由小到大的顺序测定?

3. 由测定等浓度的未知酸及其盐溶液的 pH,来确定未知酸的 PK_a 的基本原理是什么?

参考文献

[1] 大连理工大学无机化学教研室编. 无机化学实验(第二版). 北京:高等教育出版社,2004

[2] 武汉大学,吉林大学等校无机化学编写组编,曹锡章,张晼蕙,杜尧国等修订. 无机化学(第二版). 北京:高等教育出版社,1983

[3] 大连理工大学无机化学教研室编. 无机化学(第四版). 北京:高等教育出版社,2001

实验三十二　混合阴离子的分析

主 题 词　阴离子　分析

主要操作　离心机的使用　水浴加热

背景材料

由于酸碱性、氧化还原性等的限制,很多阴离子不能共存于同一溶液中,共存于溶液中的各离子彼此干扰较少,且许多阴离子有特征反应,故可采用分别分析法,即利用阴离子的分析特性先对试液进行一系列初步试验,分析并初步确定可能存在的阴离子,然后根据离子性质的差异和特征反应进行分离鉴定。

实验目的

1. 初步了解混合阴离子的鉴定方案;

2. 掌握常见阴离子的个别鉴定方法；

3. 培养综合应用基础知识的能力；

4. 给出鉴定结果，写出鉴定步骤及相关的反应方程式。

仪器、试剂与材料

仪器：酒精灯、铁三脚架、石棉网、电动离心机、离心试管、试管夹、试管架、烧杯、玻棒、吸管、表面皿、点滴板、蓝色钴玻璃片、橡皮塞、铂丝、滴管

试剂：H_2SO_4（2 mol·L^{-1}、6 mol·L^{-1}、浓）、HNO_3（2 mol·L^{-1}、6 mol·L^{-1}、浓）、HCl（6 mol·L^{-1}）、HAc（2 mol·L^{-1}、6 mol·L^{-1}）、$Ba(OH)_2$（饱和）、KI（0.1 mol·L^{-1}）、$KMnO_4$（0.01 mol·L^{-1}）、$CuSO_4$（0.05 mol·L^{-1}）、$Na_2[Fe(CN)_5NO]$（1%）、$(NH_4)_2C_2O_4$（0.1 mol·L^{-1}）、$K_3[Fe(CN)_6]$（0.25 mol·L^{-1}）、$K_4[Fe(CN)_6]$（0.25 mol·L^{-1}）、KSCN（0.1 mol·L^{-1}）、$(NH_4)_2MoO_4$ 溶液、$NH_3·H_2O$（2 mol·L^{-1}）、$AgNO_3$（0.1 mol·L^{-1}）、α-萘胺、$FeSO_4$(s)、$BaCl_2$（0.1 mol·L^{-1}、1 mol·L^{-1}）、$PbCO_3$(s)、饱和 $ZnSO_4$ 溶液、CCl_4、新制氯水、对氨基苯磺酸、淀粉溶液

材料：$Pb(Ac)_2$ 试纸

实验要求

1. 向老师领取混合阴离子未知试液，通过初步试验，设计分析鉴定方案，分析鉴定阴离子未知液中的阴离子。

2. 给出分析鉴定结果，写出鉴定步骤及相关的反应方程式。

实验说明与指导

1. 根据阴离子与稀 HCl、$BaCl_2$ 及 $CaCl_2$ 溶液和用稀 HNO_3 酸化过的 $AgNO_3$ 溶液作用将常见阴离子分为四组。

第一组阴离子被稀 HCl 分解产生气体，属本组离子有：CO_3^{2-}、SO_3^{2-}、$S_2O_3^{2-}$、S^{2-}、NO_2^{-}、CN^{-}、及 ClO^{-}。

第二组阴离子，它们的钡盐和钙盐不溶于水，但易溶于稀酸（$BaSO_4$ 和 CaF_2 除外）。这些阴离子的银盐也不溶于水（Ag_2SO_4 和 AgF 除外），而易溶于稀 HNO_3 中。属于本组离子有：PO_4^{3-}、SO_4^{2-}、$B_4O_7^{2-}$、SiO_3^{2-}、F^{-}、$C_2O_4^{2-}$。

第三组阴离子和 Ag^{+} 形成不溶于稀 HNO_3 的沉淀，它们的钡盐和钙盐溶于水。属本组阴离子有：Cl^{-}、Br^{-}、I^{-} 及 SCN^{-}。

第四组阴离子有：NO_3^{-}。

当分析阴离子时，组试剂不是用来把各组分离，而是用来初步检查某组离子是否存在。

常见的阴离子有 CO_3^{2-}、NO_3^{-}、NO_2^{-}、PO_4^{3-}、S^{2-}、SO_3^{2-}、SO_4^{2-}、Cl^{-}、Br^{-}、I^{-} 等 10 种。在碱性溶液中，这些离子可能同时存在。在鉴定一种离子时，其他离子有时可能会产生干扰，在混合溶液中作离子鉴定时，必须注意采取措施，以消除干扰。

2. 初步试验包括挥发性试验、沉淀试验和氧化还原试验等。先用 pH 试纸及稀 H_2SO_4 加入进行挥发性试验；然后利用 1 mol·L^{-1} 的 $BaCl_2$ 及 0.1 mol·L^{-1} $AgNO_3$ 进行沉淀试验；最后利用 0.01 mol·L^{-1} $KMnO_4$、I_2-淀粉、KI-淀粉溶液进行氧化还原试验。根据初步

试验结果,推断可能存在的阴离子,然后做阴离子的个别鉴定。

3. 阴离子的个别鉴定方法

(1) CO_3^{2-} 的鉴定　取 CO_3^{2-} 试液 10 滴于离心试管内,在带有橡皮塞的一支试管中加入少量饱和 $Ba(OH)_2$ 清液(新配制的),然后向试管中加入 6 mol·L^{-1} HCl 3 滴,立即塞紧橡皮塞,如果试管内有气泡产生,并使滴管口部的 $Ba(OH)_2$ 溶液变浑浊,示有 CO_3^{2-} 存在。如时间过长又会变清(解释原因)。

(2) PO_4^{3-} 的鉴定　取 PO_4^{3-} 试液 2 滴于离心试管中,加 6 mol·L^{-1} HNO$_3$ 3 滴和 $(NH_4)_2MoO_4$ 试剂 5 滴,在水浴上微热,并用玻棒摩擦试管内壁,生成黄色沉淀,示有 PO_4^{3-} 存在。

(3) Cl^- 的鉴定　取 Cl^- 试液 2 滴于离心试管中,再加 6 mol·L^{-1} HNO$_3$ 2 滴酸化,加 0.1 mol·L^{-1} AgNO$_3$ 2 滴~3 滴即有白色沉淀生成,在水浴中加热促使沉淀凝聚,用吸管吸去清液,在沉淀上加少量浓氨水,沉淀立即溶解,再用 6 mol·L^{-1} HNO$_3$ 2 滴酸化,白色沉淀复出,示有 Cl^- 存在。

(4) S^{2-} 的鉴定

① 取 S^{2-} 试液 1 滴于点滴板上,加 1 滴 6 mol·L^{-1} NH$_3$·H$_2$O 和 1 滴 1% 的 $Na_2[Fe(CN)_5NO]$ 试剂,若溶液呈紫色,示有 S^{2-} 存在。

② $Pb(Ac)_2$ 法　取 S^{2-} 试液 5 滴于离心试管中,加入 2 mol·L^{-1} HCl 5 滴,迅速以润湿的 $Pb(Ac)_2$ 试纸盖住管口,立即出现黑色,示有 S^{2-} 存在。

(5) CN^- 的鉴定　在一长方形(2.5 cm×4 cm)滤纸的一端滴加 HCl 1 滴,0.05 mol·L^{-1} CuSO$_4$1 滴,再加 0.05 mol·L^{-1} Na$_2$S 1 滴,混匀,烤干,可得一黑色斑点,于斑点上加 CN^- 试液 1 滴,若黑色斑点褪去,示有 CN^- 存在。

(6) NO_2^- 的鉴定　取 NO_2^- 试液 1 滴于离心试管中,再依次加入对氨基苯磺酸和 α-萘胺各 1 滴,如立即呈红色,示有 NO_2^- 存在(NO_3^- 离子存在时无干扰)。

(7) NO_3^- 的鉴定　取 NO_3^- 试液 3 滴于离心试管中,加入纯净的 FeSO$_4$ 固体 1 小粒,然后沿管壁加浓 H$_2$SO$_4$ 2 滴~4 滴,在晶体周围有棕色环出现,示有 NO_3^- 存在(NO_2^- 存在时有干扰)。

(8) SO_4^{2-} 的鉴定　取 SO_4^{2-} 试液 2 滴于离心试管中,加 6 mol·L^{-1} HCl 2 滴酸化溶液,再加入 0.1 mol·L^{-1} BaCl$_2$ 2 滴,有白色沉淀产生,离心,弃去清液,在沉淀上加 6 mol·L^{-1} HNO$_3$ 3 滴~5 滴,振荡,若白色沉淀不消失,示有 SO_4^{2-} 存在。

(9) SO_3^{2-} 的鉴定　取 10 滴试液于试管中,加入少量 PbCO$_3$(s),摇荡,若沉淀由白色变为黑色,则需要再加少量 PbCO$_3$(s),直到沉淀呈灰色为止。离心分离。保留清液。

在点滴板上,加饱和 ZnSO$_4$ 溶液,0.1 mol·L^{-1} K$_4$[Fe(CN)$_6$] 溶液及 1% Na$_2$[Fe(CN)$_5$NO] 溶液各 1 滴,加 1 滴 2 mol·L^{-1} NH$_3$·H$_2$O 溶液将溶液调至中性,最后加 1 滴除去 S^{2-} 的试液。若出现红色沉淀,表示有 SO_3^{2-} 存在。

(10) $S_2O_3^{2-}$ 的鉴定　取 1 滴除去 S^{2-} 的试液于点滴板上,加 2 滴 0.1 mol·L^{-1} AgNO$_3$ 溶液,若见到白色沉淀生成,并很快变为黄色、棕色,最后变为黑色,表示有 $S_2O_3^{2-}$ 存在。

(11) Br^-、I^- 的鉴定　取 5 滴试液于试管中,加 1 滴 2 mol·L^{-1} H$_2$SO$_4$ 将溶液酸化,再加 1 mL CCl$_4$,1 滴氯水,充分摇荡,若 CCl$_4$ 层呈紫红色,表示有 I^- 存在。继续加入氯水,并

摇荡,若 CCl_4 层紫红色褪去,又呈现出棕黄色或黄色,则表示有 Br^- 存在。

4. 本实验仅涉及 Cl^-、Br^-、I^-、NO_3^-、NO_2^-、CO_3^{2-}、SO_3^{2-}、$S_2O_3^{2-}$、S^{2-}、PO_4^{3-}、SO_4^{2-}。在鉴定某种阴离子时,应先排除其他离子干扰。

思考题

1. 某水溶液中含有 Cl^-、CO_3^{2-}、PO_4^{3-}、SO_4^{2-} 离子,试设计检出方案。
2. 一中性溶液含有 Ag^+ 及 Ba^{2+},什么阴离子可能存在?
3. 一酸性溶液含有 Ag^+ 及 Ba^{2+},什么阴离子可能存在?
4. 如何将 AgCl 与 AgBr 分离?

参考文献

[1] 殷学锋主编,浙江大学等三校合编.新编大学化学实验.2003
[2] 武汉大学分析化学组主编.分析化学实验(第二版).北京:高等教育出版社,1985

实验三十三　硫酸四氨合铜(II)的制备及配离子组成测定

关 键 词　配离子　硫酸四氨合铜　配离子组成

基本操作　吸量管　移液管　酸式滴定管　电子天平　分光光度计

背景材料

　　配位化合物(简称配合物)是由可以给出孤电子对或多个不定域电子的一定数目的离子或分子(称为配体)和具有接受孤电子对或多个不定域电子的空位的原子或离子(统称中心原子)按一定的组成和空间构型所形成的化合物。

　　硫酸四氨合铜($[Cu(NH_3)_4]SO_4 \cdot H_2O$)为深蓝色晶体,组成示意图如 6-1。硫酸四氨合铜主要用于印染、纤维、杀虫剂及制备某些含铜的化合物。

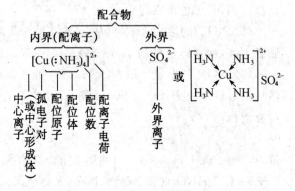

图 6-1　硫酸四氨合铜组成示意图

　　常用的测定配离子组成方法是等摩尔系列法(也称为物质量比递变法),即保持溶液中金属离子的浓度(c_M)与配体的浓度(c_L)之和不变(即总的物质的量不变)的前提下,改变金属离子和配离子的相对量,配制一系列溶液,并测定溶液的吸光度。显然,在这一系列溶液中,有一些溶液的金属离子过量,有一些溶液的配体浓度过量,在这两种情况下,配合物的浓度都不可能达到最大。只有当溶液中金属离子与配体的摩尔数之比与配合物的组成一致时,配合物的浓度才最大。

　　由于金属离子和配体基本无色,只有配合物有色,所以,配合物的浓度越大,溶液颜色越深,其吸光度也越大。若以吸光度对金属离子的物质的量分数作图,得到物质的量分数——吸光度曲线,曲线上与吸光度极大值相对应的摩尔比,就是该有色配合物中金属离子与配体的组成之比。

实验目的

　　1. 用精制的硫酸铜通过配位取代制备硫酸四氨合铜(Ⅱ);

　　2. 了解分光光度法测定溶液中配合物的组成和稳定常数的原理和方法;

　　3. 用吸光光度法、酸碱滴定法分别测定硫酸四氨合铜(Ⅱ)配离子组成中 Cu^{2+} 及 NH_3 含量。

实验原理

　　本实验以硫酸铜为原料与过量氨水反应来制取:

$$[Cu(H_2O)_6]^{2+}+4NH_3+SO_4^{2-} \Longrightarrow [Cu(NH_3)_4]SO_4 \cdot H_2O+5H_2O$$

硫酸四氨合铜溶于水,不溶于乙醇,因此在 $[Cu(NH_3)_4]SO_4$ 溶液中加入乙醇,即可析出 $[Cu(NH_3)_4]SO_4 \cdot H_2O$ 晶体。

　　$[Cu(NH_3)_4]SO_4 \cdot H_2O$ 中 Cu^{2+}、NH_3 含量可以吸光光度法、酸碱滴定法分别测定。

　　$[Cu(NH_3)_4]SO_4 \cdot H_2O$ 在酸性介质中被破坏为 Cu^{2+} 和 NH_4^+,加入过量 NH_3 可以形成稳定的深蓝色配离子 $[Cu(NH_3)_4]^{2+}$。

　　根据朗伯-比尔定律:

$$A = kcb$$

式中:A 为吸光度;k 为有色溶液的摩尔吸收系数;c 为试液中有色物质的浓度;b 为液层的厚度。

　　配制一系列已知铜浓度的标准溶液,在一定波长下用分光光度计测定 $[Cu(NH_3)_4]^{2+}$ 溶液的吸光度,绘制标准曲线。由标准曲线法求出 Cu^{2+} 离子的浓度,从而可以计算样品中的铜含量。

　　$[Cu(NH_3)_4]SO_4 \cdot H_2O$ 在碱性介质中被破坏为 $Cu(OH)_2$ 和 NH_3。在加热条件下把氨蒸入过量的标准溶液中,再用标准碱溶液进行滴定,从而准确测定样品中的氨含量。

仪器与试剂

　　仪器:台秤、研钵、布氏漏斗、吸滤瓶、电子天平(0.1 mg)、分光光度计、吸量管(5 mL、10 mL)、容量瓶(50 mL、250 mL)、比色皿(2 cm)、滴定管(酸式、碱式、50 mL)、安全漏斗、锥形瓶(250 mL)

　　试剂:$NH_3 \cdot H_2O$(1∶1)、$CuSO_4 \cdot 5H_2O$(精制)、乙醇(95%)、标准铜溶液(0.0500 mol·L^{-1})、NaOH(10%,0.1 mol·L^{-1})、$NH_3 \cdot H_2O$(2.0 mol·L^{-1})、HCl 标准溶液(0.1 mol·L^{-1})、H_2SO_4(3 mol·L^{-1})、酚酞(0.2%)

实验步骤

　　在小烧杯中加入 1∶1 氨水 15 mL,在不断搅拌下慢慢加入精制 $CuSO_4 \cdot 5H_2O$ 5 g,继续搅拌,使其完全溶解成深蓝色溶液。待溶液冷却后,缓慢加入 8 mL 95% 乙醇,即有深蓝色晶体析出。盖上表面皿,静置约 15min,抽滤,并用 1∶1 氨水-乙醇混合液(自配,1∶1 氨水与乙醇等体积混合)淋洗晶体 2 次,每次用量约 2 mL~3 mL,将其在 60℃左右烘干,称量。

1. 铜含量测定

(1)$[Cu(NH_3)_4]^{2+}$ 的吸收曲线绘制　吸量管吸取标准铜溶液 0.00 mL、2.00 mL、4.00 mL,分别注入三个 50 mL 容量瓶中,加入 10 mL 2.0 mol·L^{-1} NH_3·H_2O,用去离子水稀释至刻度,摇匀。以试剂空白溶液(即不加标准铜溶液)为参比液,用 2 cm 比色皿,用分光光度计分别测定不同波长下的吸光度。以吸光度为纵坐标、波长为横坐标,绘制吸收曲线,求出的最大吸收波长(λ_{max})。

(2)标准曲线的绘制　用吸管分别吸取 0.0500 mol·L^{-1} 标准铜溶液 0.00 mL、1.00 mL、2.00 mL、3.00 mL、4.00 mL、5.00 mL,注入六个 50 mL 容量瓶中,加入 10 mL 2.0 mol·L^{-1} NH_3·H_2O 后,用去离子水稀释至刻度,摇匀。以试剂空白溶液为参比液,用 2 cm 比色皿,在$[Cu(NH_3)_4]^{2+}$ 的最大吸收波长下,分别测定它们的吸光度。以吸光度为纵坐标,相应的 Cu^{2+} 含量为横坐标,绘制标准曲线。

(3)样品中 Cu^{2+} 含量的测定　准确称取样品 0.9 g~1.0 g 于小烧杯中,加水溶解,并加入数滴 H_2SO_4 将溶液定量转移至 250 mL 容量瓶中,加入去离子水,稀释至刻度,摇匀。准确吸取样品 10 mL 置于 50 mL 容量瓶中,加 10 mL 2.0 mol·L^{-1} NH_3·H_2O,用去离子水稀释至刻度,摇匀。以试剂空白溶液为参比液,用 2 cm 的比色皿,在$[Cu(NH_3)_4]^{2+}$ 的最大吸收波长下,分别测定它们的吸光度。从标准曲线上求出 Cu^{2+} 含量,并计算样品中铜的含量。

2. 氨含量的测定

氨含量测定在简易的定氮装置中进行,如图 6-2 所示。测定时先准确称取 0.12 g~0.15 g 样品置于锥形瓶中,加少量水溶液,然后加入 10 mL 10% NaOH 溶液。在另一锥形瓶中准确加入 40 mL~50 mL 标准 HCl 溶液。按图搭好装置,漏斗下端固定于一小试管,试管内注入 3 mL~5 mL10% NaOH 溶液,使漏斗插入液面下 2 cm ~3 cm,整个操作过程中漏斗下端不能露出液面。小试管的橡皮塞要切去一个缺口,使试管内与锥形瓶相通。加热样品溶液,开始时用大火加热,溶液开始沸腾时改为小火,保持微沸状态。蒸出的氨

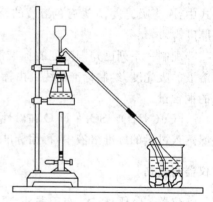

图 6-2　定氮装置

通过导管被标准的 HCl 溶液吸收。约 1 h 左右可将氨全部蒸出。取出并拔掉插入 HCl 溶液中的导管,用少量水将导管内外可能黏附的溶液洗入锥形瓶内。用标准 NaOH 溶液滴定过量 HCl(以酚酞为指示剂)。根据加入的 HCl 溶液体积及浓度和滴定所用 NaOH 溶液体积及浓度,计算样品中氨的含量。

实验说明与指导

1. 要制得比较纯的$[Cu(NH_3)_4]SO_4$·H_2O 晶体,必须注意操作顺序,硫酸铜要尽量研细,且应充分搅拌,否则可能局部生成 $Cu_2(OH)_2SO_4$,影响产品质量(反应后溶液应无沉淀,

透明)。

2. $[Cu(NH_3)_4]SO_4 \cdot H_2O$ 生成时放热,在加入乙醇前必须充分冷却,并静置足够时间。如能放置过夜,则能制得较大颗粒的晶体。

3. 氨含量测定中,定氨装置不能漏气(如何检验?)。氨全部蒸出后,应先移去接收的锥形瓶,然后再关煤气灯,以免倒吸。

4. 记录制备 $[Cu(NH_3)_4]SO_4 \cdot H_2O$ 的实验过程、条件及试剂用量。按 $CuSO_4 \cdot 5H_2O$ 的量计算 $[Cu(NH_3)_4]SO_4 \cdot H_2O$ 的产率。对产品 $[Cu(NH_3)_4]SO_4 \cdot H_2O$ 的质和量做出评价,并分析原因。

5. 铜含量的测定

(1) 以波长(λ)为横坐标,吸光度(A)为纵坐标,绘制 $[Cu(NH_3)_4]^{2+}$ 的吸收曲线,求最大吸收波长 λ_{max}。

λ/nm	500	520	540	560	580	600	610	620	640	660	680
A(2.00 mL)											
A(4.00 mL)											

(2) 以 Cu^{2+} 溶液体积为横坐标,吸光度为纵坐标,绘制标准曲线。

V/ mL	0.0	1.0	2.0	3.0	4.0	5.0	样品
A							

(3) 在标准曲线上求 Cu^{2+} 含量,进而计算样品中铜的含量。

(4) 铜含量测定除了用吸光光度法外,还可采用配合滴定法和氧化还原滴定法进行滴定,试自行设计步骤测定铜含量,并比较各方法的优缺点。

6. 氨含量的测定

(1) 根据加入标准 HCl 溶液体积及浓度和消耗的标准 NaOH 溶液体积及浓度计算氨的百分含量。

(2) 根据所称取的样品质量计算吸收 NH_3 所需标准 HCl 溶液的理论量。若要求回滴时消耗标准 NaOH 溶液为 20 mL 左右,则应取标准 HCl 溶液的体积(单位 mL)。例如,样品的质量为 0.1500 g,则应取标准 HCl 溶液 45.0 mL。

(3) 将测得 Cu^{2+}、NH_3 含量与理论值比较,分析误差产生的原因。

思考题

1. 制备 $[Cu(NH_3)_4]SO_4 \cdot H_2O$ 应以怎样的原料配比? 为什么?

2. 制备 $[Cu(NH_3)_4]SO_4 \cdot H_2O$ 能否用加热浓缩的方法制得晶体? 为什么?

3. 用 1:1 氨水-乙醇混合液淋洗晶体的目的是什么?

4. 实验中样品的称量范围是如何确定的?

5. 绘制标准曲线和测定样品为什么要在相同的条件下进行?

6. 用吸光度(A)对标准溶液体积(V)与吸光度(A)对标准铜溶液浓度(c)作图,所得两条标准曲线是否相同? 为什么?

7. 在测定氨的装置中,小试管的橡皮塞没有切掉一个缺口或漏斗柄没有插入试管内的碱液中,将各有什么影响?

参考文献

　　[1] 武汉大学化学与分子科学学院《无机及分析化学实验》编写组编. 无机及分析化学实验(第二版). 武汉:武汉大学出版社,2002

　　[2] 殷学锋主编,浙江大学等三校合编. 新编大学化学实验. 北京:高等教育出版社,2002

　　[3] 浙江大学普通化学教研组编. 普通化学实验. 北京:高等教育出版社,1989

实验三十四　废干电池的综合利用

主 题 词　干电池　能源　硫酸锌

主要操作　过滤　蒸发　结晶　称量

背景材料

　　1800 年,历史上第一个电池——提供稳定连续电流的电源装置——即伏打电池诞生了。它的诞生是现代文明生活的开始,有了它,电的性能才得以充分研究,一系列重大的科学发明和发现才得以实现,科学家们认为 19 世纪是电气时代。而这一时代正是从该世纪的第一年开始的。

　　目前,干电池是我们日常生活中用得最广泛的商品之一,从照相机、录音机、计算器和电子闹钟到寻呼机、电子词典和掌上电脑,都离不开干电池。我国是干电池的生产和消费大国,一年的产量达 150 亿只,居世界第一位,消费量为 70 亿只,平均每个中国人一年要消费5 只干电池。长期以来,我国在生产干电池时,要加入一种有毒的物质—汞或汞的化合物。我国的碱性干电池中的汞含量达 1%～5%,中性干电池为 0.025%,全国每年用于生产干电池的汞就达几十吨之多。汞就是我们俗称的"水银"。汞和汞的化合物都是有毒的,科学家发现,汞具有明显的神经毒性,此外对内分泌系统、免疫系统等也有不良影响。20 世纪 50 年代发生在日本的震惊世界的公害病,就是由于汞污染造成的。西欧许多国家不仅在商店,而且直接在大街上都设有专门的废电池回收箱,将收集起来的废电池先用专门筛子筛选出那些用于钟表、计算器及其他小型电子仪器的纽扣电池,它们当中一般都含有汞,可将汞提取出来加以利用,然后用人工分拣出镍镉电池,法国一家工厂就从中提取镍和镉,再将镍用于炼钢,镉则重新用于生产电池。其余的各类废电池一般都运往专门的有毒、有害垃圾填埋场,这种做法不仅花费太大(例如:在德国填埋一吨废电池费用达 1700 马克),而且还造成浪费,因为其中尚有不少可作原料的有用物质。

　　我国正逐步实行干电池的低汞化和无汞化,绿色环保电池也走进百姓的生活。不过,我国大多数消费者对废电池污染了解不是太多,人们购买电池时往往有很大的随意性,并没有把是否符合环保标准放在第一位。而对于电池生产厂家来说,生产环保电池,需要改进工艺设备和原料配方,这无疑要增加资金投入和生产成本,企业并不是很愿意。目前有些企业对电池的"限汞规定"漠然处之,按兵不动。因此,废电池污染是迫切需要解决的一个重大环境问题。

实验目的

1. 了解制备硫酸锌的原理,掌握制备硫酸锌的方法;
2. 进一步巩固称量、常压过滤、减压过滤、蒸发浓缩等基本操作;
3. 培养学生环境保护的意识。

实验原理

锌与硫酸反应生成硫酸锌,并放出氢气。反应方程式为:

$$Zn + H_2SO_4 \rightleftharpoons ZnSO_4 + H_2$$

反应速度与锌的表面积、硫酸浓度及反应温度有关。锌的表面积越大,反应速度越快;硫酸浓度越大,反应速度似乎也应该越快,但由于 H^+ 是带正电荷的微粒,会阻碍 Zn^{2+} 进入溶液,故酸浓度不能太大,宜用 20%～40% 的稀硫酸,但硫酸浓度也不能太低,否则一方面影响反应速度,另一方面将延长蒸发浓缩的时间,浪费能源。锌与硫酸在常温下即可反应,且为放热反应,反应速度随反应的进行呈逐渐加快的趋势,故反应无须加热。

本实验采用废旧锌材料(废电池的锌壳)和稀硫酸反应制备硫酸锌。反应完成后将溶液加热浓缩,控制温度在 25℃ 以下结晶,即析出 $ZnSO_4 \cdot 7H_2O$。抽滤、干燥后得产品。

仪器、试剂与材料

仪器:托盘天平、常压过滤装置(漏斗、漏斗架、烧杯)、减压过滤装置(布氏漏斗、抽滤瓶、真空泵)、加热装置(酒精灯、石棉网、三脚架)、蒸发皿、量筒(100 mL)、烧杯(200 mL)

试剂:H_2SO_4(30%)、HAc(1 $mol \cdot L^{-1}$)

材料:废电池外壳

实验步骤

1. **溶解**　将从废电池表面剥下的锌壳洗净后,称取 4 g 碎锌片于 100 mL 洁净烧杯中,量取 20 mL 30% H_2SO_4 溶液加入其中,在玻璃棒不断搅拌下进行反应。反应停止后(不再有气体产生),溶液中加 20 mL 蒸馏水,以补充因蒸发而损失和产物结晶所需的水。

2. **常压过滤**　将反应生成的硫酸锌溶液用普通玻璃漏斗过滤到蒸发皿中,弃去残渣。

3. **蒸发和结晶**　用酒精灯明火加热使滤液蒸发,蒸发过程中应适当搅拌以加快蒸发速度。溶液表面出现晶膜时停止加热。静置冷却至室温,析出的晶体即为 $ZnSO_4 \cdot 7H_2O$。

4. **减压过滤**　将蒸发皿中的物质倾入布氏漏斗中,减压抽滤。用少许蒸馏水(加水过多会使硫酸锌溶解而损失)洗涤晶体两次以除去表面的杂质和残酸。晾干后称重,计算产率。

实验说明与指导

1. 实验用废电池锌壳为原料,纯度高(含锌量大于 99.0%),故可略去除杂质离子的步骤。如用锌矿或含锌量较高的废金属作原料,则必须增加除杂质的有关操作。

2. 废电池表面剥下的锌壳,可能沾有 $ZnCl_2$、NH_4Cl 及 MnO_2 等杂质,应先用水洗刷除杂质,然后把锌壳剪碎。

3. 锌与 H_2SO_4 溶液反应过程中一定要避免明火,以防止生成的氢气遇火发生爆炸。

4. 与废电池相关的其他回收方法有:

(1) **热处理法**:是将旧电池磨碎,然后送往炉内加热,这时可提取挥发出的汞,温度更高时锌也蒸发,它同样是贵重金属。

(2) **真空热处理法**:首先需要在废电池中分拣出镍镉电池,废电池在真空中加热,其中汞迅速蒸发,即可将其回收,然后将剩余原料磨碎,用磁体提取金属铁,再从余下粉末中提取镍和锰。

思考题

1. 以何种原料的用量为标准计算 $ZnSO_4$ 的产率? 为什么?
2. 滤液加热蒸发时,为什么不能直接蒸干?

参考文献

[1] 殷学锋主编,浙江大学等三校合编. 新编大学化学实验. 北京:高等教育出版社,2002

实验三十五　净水剂聚合硫酸铁的制备

主题词　净水剂　聚合硫酸铁　聚合

主要操作　搅拌　滴定

背景材料

我国是水资源短缺和污染比较严重的国家之一。1993 年全国总取用水量与 1980 年相比增加 18.43%,达到 5 255 亿 m^3,人均用水量为 450 m^3。用水结构发生很大转变,自 1980 年以来,全国农业灌溉和农村生活用水(统称农村用水)基本持平,而工业用水和城镇生活用水则有较大的增长。1993 年黄、淮、海河三流域人均占有水资源量分别为 543 m^3、500 m^3 和 351 m^3,而人均用水量为 393 m^3、301 m^3 和 347 m^3。国外学者认为,人均占有水资源量 1 000 m^3 是实现现代化的最低标准,从现状和未来发展来看,我国北方黄、淮、海河三流域要达到人均占有水资源量 1 000 m^3 是极其困难的,即使要达到 500 m^3 也需进行很大的投入。

从全国情况看,目前城市缺水严重,已造成严重的经济损失和社会环境问题。缺水城市分布将由目前集中在三北(华北、东北、西北)地区及东部沿海城市逐渐向全国蔓延。节约用水、治理污水和开发新水源具有同等重要的意义。大力发展水处理化学品对节约用水、治理污水起着重要的作用。我国水处理药剂是在 70 年代引进大化肥装置后才引起重视和逐步发展起来的;此后,自行研制开发了一系列水处理剂。目前,我国水处理剂的品种主要有阻垢剂、缓蚀剂、杀菌灭藻剂、无机凝聚剂、有机絮凝剂等几大类。现代水处理广泛采用混凝技术,絮凝剂的选择就显得十分重要。混凝技术的主要特点:效果显著、过程简单、操作方便、投资少、处理费用低,可以使很多复杂的水处理过程简单化,聚合硫酸铁是一种新型无机高分子净水剂,广泛应用于饮用水、工业给水、锅炉给水、冶金除尘废水、石油化工废水、屠宰污水、印染污水、造纸废水、含油废水的净化处理和污泥的脱水,与传统絮凝剂相比有以下特点:

1. 可用于饮用水处理,混凝剂中无有害重金属离子;
2. 絮凝体形成速度快,颗粒密实,密度大,沉降速度快;
3. 对于各种废水中的化学需氧量和生化需氧量以及色度有良好的去除效果;
4. 絮凝体与微生物的结合力强,因此对浮游生物等的去除效果显著;
5. 絮凝体有较好的脱水性,易分离;
6. 由于原料广泛易得,故产品价格低廉。

实验目的

1. 制备 200 mL 聚合硫酸铁;
2. 对制得的聚合硫酸铁进行主要性能指标的测定,主要性能指标应符合聚合硫酸铁的主要性能指标要求;
3. 掌握聚合硫酸铁的净水原理。

实验原理

目前,在水处理中应用最广泛的是无机混凝剂,这是因为无机混凝剂易得,制备简便,价格便宜。典型的无机混凝剂有铝盐和铁盐两大类。由于铝系混凝剂在某些场合应用不够理想,并且铝离子在人体内有积蓄的潜在危害等,因此,铁系高分子混凝剂的开发应用也被日益重视。聚合硫酸铁在 20 世纪 70 年代由日本首先研究成功并取得专利,80 年代投入工业化生产和应用。我国是从 80 年代开始研制和生产聚合硫酸铁,并广泛应用于工业用水、生活用水和污水处理。

聚合硫酸铁是一种无机高分子净水混凝剂,其化学通式为 $[Fe_2(OH)_n(SO_4)_{3-n/2}]_m$,它是红褐色黏稠透明液体。聚合硫酸铁作为水处理混凝剂具有明显的优点:

1. 由于聚合硫酸铁中含 $[Fe_2(OH)_3]^{3+}$,$[Fe_3(OH)_6]^{3+}$,$[Fe_8(OH)_{20}]^{4+}$ 等多种聚合态铁配合物,因此具有优良的凝聚性能,而且由于水解产物胶粒的电荷高,有利于产生凝聚作用。

2. 腐蚀性小,pH 适用范围广,残留铁量少,COD 去除率高,脱色效果好。

3. 无污染,无毒性,原料来源广泛,因而是一种有发展前途的净水混凝剂。

聚合硫酸铁以硫酸亚铁和硫酸为原料,也可用钛白粉厂或钢铁厂酸洗废液和废酸为原料,在一定条件下经氧化、水解、聚合而制得。其反应包括两个过程:Fe^{2+} 氧化为 Fe^{3+},为一放热过程;Fe^{3+} 水解并聚合生成 $[Fe_2(OH)_n(SO_4)_{3-n/2}]_m$,为一吸热过程。其反应方程式为:

$$6FeSO_4 + 3H_2SO_4 + NaClO_3 \Longrightarrow 3Fe_2(SO_4)_3 + NaCl + 3H_2O$$

$$Fe_2(SO_4)_3 + nH_2O \Longrightarrow Fe_2(OH)_n(SO_4)_{3-n/2} + n/2H_2SO_4$$

$$mFe_2(OH)_n(SO_4)_{3-n/2} \Longrightarrow [Fe_2(OH)_n(SO_4)_{3-n/2}]_m$$

制备方法有直接氧化法和催化氧化法。直接氧化法常用的氧化剂有 $NaClO_3$、H_2O_2、

NaClO 等；催化氧化法主要用 $NaNO_2$ 作催化剂，氧气或空气做氧化剂。本实验采用 $NaClO_3$ 为氧化剂的直接氧化法制备。

仪器与试剂

仪器：磁力搅拌器、恒温槽、比重计、酸度计

试剂：$FeSO_4 \cdot 7H_2O$（s，96％）、$NaClO_3$（s）、浓 H_2SO_4（93％，$d=1.830$ g·mL^{-1}）、$NaWO_4$（2.5％）、KF（500 g·L^{-1}）、$K_2Cr_2O_7$ 标准溶液（0.015 mol·L^{-1}）、$KMnO_4$ 标准溶液（0.01 mol·L^{-1}）、NaOH 标准溶液（0.1 mol·L^{-1}）、二苯胺磺酸钠（5 g·L^{-1}）、酚酞（1％）、$TiCl_3$（25 mL15％ $TiCl_3$，加入 20 mL 6 mol·L^{-1} HCl，用水稀释至 100 mL）。

实验步骤

1. 计算制备 200 mL 聚合硫酸铁所需 $FeSO_4 \cdot 7H_2O$ 和浓硫酸的量，并将浓硫酸配制成稀溶液，加热至反应温度备用。分别称取所需 $Fe_2SO_4 \cdot 7H_2O$ 及 10 g $NaClO_3$，各分成 12 份，在搅拌下分 11 次（先各加两份，后每次各加 1 份）间隔 5 min 加入上述稀硫酸中。为了使 $FeSO_4$ 充分氧化，最后再多加 1 g $NaClO_3$，继续搅拌 10 min～15 min，冷却，加水至 200 mL，即得红褐色黏稠透明的聚合硫酸铁液体。

2. 选择不同的硫酸用量及反应温度进行实验，得出聚合硫酸铁的最佳合成条件。聚合硫酸铁质量好坏主要取决于全铁含量和盐基度。

3. 参照《净水剂聚合硫酸铁（GB14591－93）》分析方法进行主要指标测定。

（1）用比重计测定聚合硫酸铁液体的密度。

（2）用重铬酸钾法测定全铁含量。

（3）用高锰酸钾法测定还原性物质的含量。

（4）盐基度的测定是在样品中加入定量盐酸溶液，再加入氟化钾掩蔽铁，然后以酚酞为指示剂，用氢氧化钠标准溶液滴定。

（5）用酸度计测定 1％聚合硫酸铁水溶液的 pH。

实验说明与指导

1. 聚合硫酸铁质量好坏主要取决于总铁含量和盐基度，其中盐基度更为重要。盐基度越高说明聚合度越大，混凝效果也越好。而影响聚合硫酸铁的盐基度高低的主要因素是硫酸用量及反应温度，因而可选择不同的硫酸用量及反应温度进行条件实验，得出聚合硫酸铁的最佳合成条件。

2. 聚合硫酸铁的主要性能指标应满足下表：

聚合硫酸铁的主要性能指标（GB 14591～93）

项目	密度（ g/cm³）	全铁含量（％）	还原性物质含量（％）（以 Fe^{2+} 计）	盐基度（％）	pH（1％的水溶液）
指标	≥1.45	≥11.0	≤0.10	9.0～14.0	2.0～3.0

思考题

1. 制备聚合硫酸铁常用哪些方法？

2. 为什么可以用聚合硫酸铁作为水处理混凝剂？你还知道哪些物质可用来净水？原理与聚合硫酸铁净水的原理一样吗？

参考文献

［1］汪多仁.一步法制备聚合硫酸铁新工艺.化工环保,1996,17(4):211～214

［2］姜璋.净水剂聚合硫酸铁合成.兰化科技,1997,15(2):96～98

［3］阮复昌,公国庆等.各种聚合硫酸铁生产方法的评比.化学工业与工程,1997,14(1):55～62

实验三十六　胃必治中金属元素的分析

主 题 词　胃必治　金属元素　测定

主要操作　滴定操作　移液操作

背景材料

　　胃必治含铝酸铋、碳酸氢钠、碳酸镁、弗朗鼠李皮、甘草浸膏、茴香等。具有制酸、收敛、保护胃黏膜及促进溃疡面愈合作用。用于胃及十二指肠溃疡、胃酸过多、神经性消化不良、胃炎、胃灼热及痉挛、消化不良等。药理作用为:本品中铝酸铋在胃及十二指肠黏膜上形成保护膜,碳酸氢钠、重质碳酸镁均有明显抗酸作用,与甘草浸膏、弗朗鼠李皮、茴香配成复方,可中和胃酸,消除胃肠胀气和大便秘结,增强胃及十二指肠黏膜屏障,使黏膜再生,促进溃疡面愈合。

实验目的

　　1. 掌握控制酸度法用 EDTA 连续滴定多种金属离子的原理和方法;

　　2. 掌握二甲酚橙指示剂的应用条件;

　　3. 了解胃必治中含有的主要金属离子。

实验原理

　　铋离子(Bi^{3+})、铝离子(Al^{3+})均能与 EDTA 形成稳定的配合物,其稳定性又有相当大的差别(它们的 $\lg K_{稳}$ 值分别为 27.94 和 16.3,$\Delta \lg K > 6$),因此可以利用控制酸度来进行连续滴定。通常在 pH≈1 时滴定 Bi^{3+},在 pH≈5～6 时滴定 Al^{3+}。

　　由于 Al^{3+} 离子易水解,易形成多核羟基配合物,在较低酸度时,还可与 EDTA 形成羟基配合物,同时 Al^{3+} 与 EDTA 配位速度较慢,在较高酸度下煮沸则容易配位完全,故一般采用返滴定法或置换滴定法。

　　在试液中,首先调节溶液的 pH≈1,以二甲酚橙为指示剂,用 EDTA 标准溶液滴定 Bi^{3+}。此时,Bi^{3+} 与指示剂形成紫红色配合物,然后用 EDTA 标准溶液滴定 Bi^{3+},直至溶液由紫红色变为亮黄色即为滴定终点。

在滴定 Bi^{3+} 后的溶液中,调节 pH 为 3～4,加入过量的 EDTA 溶液,煮沸,使 Al^{3+} 与 EDTA 充分配位,冷却后,再调节 pH 为 5～6,以二甲酚橙为指示剂,用 Zn^{2+} 标准溶液滴定过量的 EDTA(不计体积)。然后,加入过量 NH_4F,加热至沸,使 AlY^- 与 F^- 之间发生置换反应,并释放出与 Al^{3+} 等摩尔的 EDTA:

$$AlY^- + 6F^- + 2H^+ \rightleftharpoons AlF_6^{3-} + H_2Y^{2-}$$

释放出来的 EDTA,再用 Zn^{2+} 标准溶液滴定至紫红色,即为终点。

仪器与试剂

仪器:酸式滴定管、25 mL 移液管、250 mL 容量瓶

试剂:EDTA($0.02\ mol \cdot L^{-1}$)、二甲酚橙(0.2% 水溶液)、六次甲基四胺(20%)、金属锌(99.9% 以上)、锌标准溶液($0.01\ mol \cdot L^{-1}$)、HNO_3($0.1\ mol \cdot L^{-1}$)、HCl($1+3$)、氨水溶液($1+1$)、王水溶液、胃必治药品试样、NH_4F(20%)

实验步骤

1. EDTA 标准溶液($0.02\ mol \cdot L^{-1}$)的配制和标定。

2. 胃必治试样的测定:将胃必治药片研细后,准确称取 $1.0\ g$ ～$1.5\ g$ 粉末,加入 15 mL 王水溶液,加热溶解,待完全溶解后冷却至室温。用水定容于 250 mL 容量瓶中,摇匀。

准确移取 25.00 mL 胃必治试液于 250 mL 锥形瓶中,加入 10 mL $0.1\ mol \cdot L^{-1}$ HNO_3,加 1 滴 ～2 滴 0.2% 二甲酚橙指示剂,用 EDTA 标准溶液滴定至溶液由紫红色变为亮黄色,即为 Bi^{3+} 的终点。根据消耗的 EDTA 体积,计算试液中 Bi^{3+} 的含量($\%$)。

在滴定 Bi^{3+} 后的溶液中,加入 $0.02\ mol \cdot L^{-1}$ EDTA 溶液 20 mL,二甲酚橙指示剂 2 滴,用($1+1$)氨水调至溶液恰成紫红色,然后,滴加($1+3$)HCl 3 滴,将溶液煮沸 3 min 左右,冷却,加入 20% 六次甲基四胺溶液 20 mL,此时溶液应呈黄色,如不呈黄色,可用 HCl 调节。再补加 2 滴二甲酚橙指示剂,用锌标准溶液滴定至溶液由黄色变为紫红色(此时,不计滴定的体积)。加入 20% NH_4F 溶液 10 mL,将溶液加热至微沸,流水冷却,再补加 2 滴二甲酚橙指示剂,此时溶液应呈黄色。若溶液呈红色,应加($1+3$)HCl 使溶液呈黄色。再用锌标准溶液滴定至溶液由黄色变为紫红色时,即为终点。根据消耗的锌标准溶液的体积,计算试液中 Al^{3+} 的含量($\%$)。

平行测定三次。

实验说明与指导

1. 标定 EDTA 溶液常用的基准物有:Zn、ZnO、$CaCO_3$、Bi、Cu、Hg、Ni、Pb 等,通常选用与待测组分相同的物质作基准物,这样,滴定条件一致,可减小误差。

2. 配位滴定反应进行的速度较慢,不像酸碱反应那样瞬间完成,滴定时加入 EDTA 溶液的速度不能太快。

3. 其他相关的测定方法有分光光度法。

思考题

1. 能否直接称取 EDTA 二钠盐配制 EDTA 标准溶液?

2. 铝的测定为什么一般不采用 EDTA 直接滴定方法？

3. 试分析从测定铝开始加入二甲酚橙时，直到滴定结束的整个过程中，溶液颜色几次变红、变黄的原因。

4. 测定铝含量时，为什么加入过量 EDTA 后，第一次用锌标准溶液滴定时，可以不计消耗锌的体积？

参考文献

［1］武汉大学分析化学组主编. 分析化学实验（第二版）. 北京：高等教育出版社，1985

实验三十七　可见分光光度法测定水果、蔬菜及药物中的抗坏血酸含量

主 题 词　抗坏血酸　可见分光光度法　测定

主要操作　样品溶液制备　移液操作　分光光度计操作　Excel 电子表格法绘制曲线或直线

背景材料

抗坏血酸，也叫维生素 C，易溶于水。自然界存在两种形式的维生素 C：抗坏血酸（还原型 V_C）和脱氢抗坏血酸（氧化型 DHV_C），抗坏血酸易被氧化成脱氢抗坏血酸，脱氢抗坏血酸又易还原成抗坏血酸。抗坏血酸化学名称为：L－3－氧代苏己糖醛酸内酯，分子式为 $C_6H_8O_6$，相对分子质量：176.13。两种天然形式都可被人体利用，体内也能有效地利用两种合成的 L－抗坏血酸。

1903 年～1913 年科学家发现坏血病系由缺乏某种维生素所致；1918 年～1925 年由柠檬汁中提出具抗坏血酸的浓缩物，并确定维生素的基本性质；1928 年由橘子及白菜内提出具抗坏血酸作用的维生素 C 纯品；1933 年确定其分子结构并进行了合成。它是一种高效的水溶性抗氧化剂，是全世界最普通的强身营养物，是动物维持、生长、繁殖和保证健康所必需的营养物质。大多数动物体内可自行合成维生素 C，但是人类、猿猴、天竺鼠等必须从食物中摄取或服用药用维生素 C 制剂。

维生素 C 在古代和现代的发现，维生素 C 是人类所知道的用途最为广泛的治疗药，预防维生素 C 缺乏症，提高动物免疫力和抗应急能力，小剂量维生素 C 可以预防和治疗坏血病，大剂量 VC 可以提高动物在疾病、逆境和生理应急等情况下的抵抗能力，它帮助人体对铁的吸收，可防止有害（低密度）胆固醇的氧化。维生素 C 也是非常有效的自由基清除剂。但维生素 C 极不稳定，它很容易氧化，如加热、暴露于空气中、碱性溶液及金属离子 Cu^{2+}、Fe^{3+} 等，都能加速其氧化，易受光、湿和强力挤压等因素影响而被破坏。维生素 C 广泛存在于新鲜植物如水果、蔬菜中，由于植物中的有机酸及其他抗氧化剂的保护使它免受破坏。

人在紧张状态时，会加速维生素 C 的消耗。成人的建议每日摄取量是 60 mg（妊娠、哺乳期需要更多的量——70 mg～95 mg），抽烟者和老人需要更多的维生素 C（一支香烟可以破坏 25 mg～100 mg 的维生素 C）。

实验目的

1. 掌握铁(Ⅱ)-邻菲罗啉配合物测定抗坏血酸的原理与方法；
2. 理解铁(Ⅱ)-邻菲罗啉配合物测定抗坏血酸的条件；
3. 掌握利用配位掩蔽法消除光还原作用的方法；
4. 掌握用 Excel 电子表格法绘制吸收曲线及标准曲线的方法；
5. 了解抗坏血酸测定的意义；
6. 了解样品处理与制备、含量测定的全过程。

实验原理

抗坏血酸具有还原性，能将 Fe^{3+} 还原为亚铁离子，新生的亚铁离子与邻菲罗啉形成红色配阳离子，剩余的 Fe^{3+} 与氟离子形成无色配阴离子；Fe^{3+} 与邻菲罗啉也形成配合物，但易被光还原。反应如下：

$$Fe^{2+}+3Phen(邻菲罗啉)=\!=\!=Fe(Phen)_3^{2+}(红色,\lambda_{max}=510\ nm)$$

$$Fe^{3+}(剩余)+3Phen(邻菲罗啉)=\!=\!=Fe(Phen)_3^{3+}$$

$$Fe(Phen)_3^{3+}+h\gamma=\!=\!=Fe(Phen)_3^{2+}$$

$$Fe(Phen)_3^{3+}+6F^-=\!=\!=FeF_6^{3-}+3Phen$$

仪器与试剂

仪器：电子天平、分光光度计(1 cm 比色皿)、移液管(5、10 mL)、比色管或容量瓶(25 或 50 mL)

试剂：Fe^{3+} 标准溶液(100 $\mu g \cdot L^{-1}$)用铁铵矾配制：准确称取铁铵矾 0.4318 g，置于 100 mL 烧杯中，加入盐酸(1:1)10 mL 和少量水溶解后转移至 500 mL 容量瓶中，以水定容，摇匀；邻菲罗啉(Phen)溶液[0.1%(W/V)]；抗坏血酸(20 $\mu g \cdot mL^{-1}$ 内含 1% 的 HAc，现配现用)；HAc-NaAc 缓冲溶液(0.2 $mol \cdot L^{-1}$，pH4.75)；氟化钠溶液[1%(W/V)]；HAc 溶液(1%)。

实验步骤

1. 吸收曲线的绘制

加入准确吸取的 40 $\mu g \cdot L^{-1}$ 抗坏血酸标准溶液 5.00 mL 于洁净的 50 mL 容量瓶中，加入 100 $\mu g \cdot L^{-1}$ Fe^{3+} 标准溶液 2.00 mL，摇匀；再加入 5.00 mL 0.01%(W/V)邻菲罗啉(Phen)溶液，摇匀；加入 5.00 mL HAc-NaAc 缓冲溶液，摇匀；再加入 2.00 mL 1%(W/V)氟化钠溶液，用水稀释至 50 mL，摇匀。同时制作相应的试剂空白。以相应试剂空白作参比，测定不同波长条件下的吸光度 A，绘制吸收曲线，选择最大吸收波长 λ_{max} 为测定波长。

2. 标准曲线的绘制

分别加入准确吸取的 $40~\mu g \cdot L^{-1}$ 抗坏血酸标准溶液 1.00、2.00、3.00、4.00、5.00、6.00、7.00、$8.00~mL$ 于系列洁净的 $50~mL$ 容量瓶中,依次加入 $100~\mu g \cdot L^{-1}$ Fe^{3+} 标准溶液 $2.00~mL$,摇匀;$5.00~mL$ $0.1\%(W/V)$ 邻菲罗啉(Phen)溶液,摇匀;$5.00~mL$ HAc-NaAc 缓冲溶液,摇匀;再加入 $2.00~mL$ $1\%(W/V)$ 氟化钠溶液,用水稀释至 $50~mL$,摇匀。以相应试剂空白作参比,在最大吸收波长 λ_{max} 处测定吸光度 A,用 Excel 电子表格绘制标准曲线,并计算回归方程。

3. 水果或蔬菜汁样品溶液的制备

将水果去皮、去核后(或将蔬菜去根,洗干净,沥干后),准确称重(新上市水果 $50~g$ 或存放一段时间的水果 $100~g$),在组织捣碎机中捣碎,转移至烧杯中,用 $50~mL$ 1% HAc 溶液浸泡、混匀,先用脱脂棉粗滤,滤液再用滤纸精滤,将精滤液转移至 $250~mL$ 容量瓶中用 1% HAc 溶液定容,摇匀。

4. 果味 VC 冲剂

准确称取果味 VC 冲剂 $0.5000~g$,置 $100~mL$ 容量瓶中以水定容。过滤,弃去初滤液,吸取续滤液 $3.00~mL$ 置于 $50~mL$ 容量瓶中,以下按"标准曲线的绘制"项下操作。

5. 药片溶液的制备

取 VC 片 20 片,准确称重,求平均片重后研细。取适量(相当于 VC $100~mg$)精确称重后,置 $1000~mL$ 容量瓶中,加水到刻度,摇匀,并过滤。弃去初滤液,准确吸取续滤液 $2~mL$ 置 $50~mL$ 容量瓶中,以下按"标准曲线的绘制"项下操作。

6. 测定

准确吸取样品溶液 $V~mL$(苹果 $3.00~mL$ 或橘子 $2.00~mL$ 或果味 VC 冲剂溶液 $3.00~mL$ 或药片溶液 $2.00~mL$),以下按"标准曲线的绘制"项下操作,测定波长 λ_{max} 处的吸光度 A_x。平行测定三次,计算平均值。根据标准曲线的回归方程及样品量计算样品中的抗坏血酸含量,其单位为 $mg \cdot L^{-1}$。

实验说明与指导

1. 样品中的其他还原性组分(如半胱氨酸等)干扰测定,使测定结果偏高。

2. 抗坏血酸易受溶解氧的氧化,因此抗坏血酸必须现配现用。

3. 本方法中过量的 Fe^{3+} 必须用氟离子掩蔽,否则 Fe^{3+} 与邻菲罗啉形成的配合物容易被光还原为 Fe^{2+} 的邻菲罗啉配合物而使测定结果偏高。

4. 水果、蔬菜或果味维生素 C 片中柠檬酸、酒石酸等有机酸对于 Fe^{3+} 的邻菲罗啉配合物的光还原有促进作用。

5. 其他测定方法有抗坏血酸的测定也可用碘量滴定法或 2,6-二氯靛酚滴定法,但前者需要用价格较贵的碘化钾、碘,后者需要用价格较贵的有机试剂 2,6-二氯靛酚;另外还有紫外光度法。

思考题

1. 加入氟化钠溶液的作用是什么? 能否用其他试剂替代?

2. 本法与碘量法或 2,6-二氯靛酚法相比,有什么优点?

3. 本法测定抗坏血酸时,合适的 pH 范围在哪里?

4. 能否用直接比较法计算样品中的抗坏血酸浓度? 如能,请列出计算公式。

参考文献

[1] 马卫兴,徐茂军. 制剂中抗坏血酸的间接光度测定法. 中国医药工业杂志,1993,24(4):171~173

[2] 马卫兴. 制剂中抗坏血酸的本底校正测定. 中国医药工业杂志,1994,25(6):269~271

实验三十八 荧光法测定阿司匹林中乙酰水杨酸和水杨酸含量

主 题 词 阿司匹林 乙酰水杨酸 水杨酸 荧光法 测定

主要操作 样品溶液制备 移液操作 荧光光度计操作

背景材料

阿司匹林为历史悠久的解热镇痛药。1999 年 3 月 6 日是阿司匹林正式诞生 100 周年的日子,也是德国拜尔(Bayer)公司为人类做出的贡献。早在 1853 年夏尔·弗雷德里克·热拉尔就用水杨酸与醋酐合成了乙酰水杨酸,但没能引起人们的重视;1898 年德国化学家菲·霍夫曼(Felit Hoffmann)又进行了合成,并为他父亲治疗风湿性关节炎,疗效极好;1899 年由德莱塞(Dreser)介绍到临床,并取名为阿司匹林(Aspirin)。我国于 1958 年开始生产。到目前为止,已应用百年,成为医药史上三大经典药物之一,至今它仍是世界上应用最广泛的解热、镇痛和抗炎药,也是作为比较和评价其他药物的标准制剂。它除了用于解热镇痛之外,还可预防大肠癌等,对心血管也有强大的保护作用。目前,阿司匹林不仅是应用最为广泛的抗血小板聚集药物,而且被誉为心血管疾病现代治疗的"基石"。

实验目的

1. 了解 RF-5301 型荧光分光光度计的使用方法;

2. 掌握激发光谱和发射光谱的概念及其测定方法;

3. 熟悉荧光分光光度计的基本原理和实验技术;

4. 掌握荧光法测定药物中乙酰水杨酸和水杨酸的方法。

实验原理

阿司匹林的主要成分为乙酰水杨酸(ASA),乙酰水杨酸水解即生成水杨酸(SA),故在阿司匹林中,都或多或少存在一些水杨酸。由于乙酰水杨酸和水杨酸的结构特点,二者均可用荧光法进行测定。测定溶剂可选用 1‰醋酸-氯仿。

仪器与试剂

仪器：RF-5301 型荧光分光光度计、石英比色皿、容量瓶 1000 mL 2 个、100 mL 8 个、50 mL 10 个、10 mL 移液管 2 个

试剂：醋酸、氯仿、乙酰水杨酸贮备液：称取 0.4000 g 乙酰水杨酸溶于 1% 醋酸-氯仿溶液中，用 1% 醋酸-氯仿溶液定容于 1000 mL 容量瓶中。水杨酸贮备液：称取 0.750 g 水杨酸溶于 1% 醋酸-氯仿溶液中，并将其定容于 1000 mL 容量瓶中。

实验步骤

1. ASA 和 SA 的激发光谱和发射光谱的绘制

将乙酰水杨酸和水杨酸贮备液分别稀释 100 倍（每次稀释 10 倍，分二次完成）。用该溶液分别绘制 ASA 和 SA 的激发光谱和发射光谱曲线，并分别找到它们的最大激发波长和最大发射波长。

2. 标准曲线的绘制

(1) 乙酰水杨酸标准曲线　在 5 只 50 mL 容量瓶中，用移液管分别加入 4.00 $\mu g \cdot mL^{-1}$ ASA 溶液 2.00、4.00、6.00、8.00、10.00 mL，用 1% 醋酸-氯仿溶液稀至刻度，摇匀。分别测量它们的荧光强度。绘制标准曲线，并得出标准曲线的线性回归方程和相关系数。

(2) 水杨酸标准曲线　在 5 只 50 mL 容量瓶中，用吸量管分别加入 7.50 $\mu g \cdot mL^{-1}$ SA 溶液 2.00、4.00、6.00、8.00、10.00 mL，用 1% 醋酸-氯仿溶液稀释至刻度，摇匀。分别测量它们的荧光强度。绘制标准曲线，并得出标准曲线的线性回归方程和相关系数。

3. 阿司匹林片中乙酰水杨酸和水杨酸含量的测定

将 5 片阿司匹林药片称量后磨成粉末，称取 0.4000 g 用 1% 醋酸-氯仿溶液溶解，全部转移至 100 mL 容量瓶中，用 1% 醋酸-氯仿溶液稀释至刻度。迅速通过定量滤纸干过滤，用该滤液在与标准溶液同样条件下测量 SA 荧光强度。将上述滤液稀释 1000 倍（用三次稀释来完成），与标准溶液同样条件测量 ASA 荧光强度。通过标准曲线得出样品中乙酰水杨酸和水杨酸的含量。并将 ASA 的测定值与说明书给出的值相比较。

实验说明与指导

1. 在溶液的配制和取用过程中要注意仪器的规范操作和使用。

2. 绘制标准曲线时，测定顺序为由低浓度到高浓度，以减少测量误差。

3. 进行标准曲线绘制和试样测定时，应保持溶液组成和仪器参数设置一致。

4. 加入醋酸的目的是增强 ASA 和 SA 的荧光强度。

5. 为了消除药片之间的差异，常取几片药一起研磨，然后取部分有代表性的样品进行分析。

6. 其他相关的测定方法有高效液相色谱法，二阶导数分光光度法。

思考题

1. 荧光法测定时，如何选择激发波长和发射波长？

2. 荧光分析法比紫外-可见分光光度法有更高的灵敏度，为什么？

参考文献

[1] 张剑荣,戚苓,方惠群编.仪器分析实验.北京:科学出版社,1999

[2] 方惠群,于俊生,史坚编.仪器分析.北京:科学出版社,2002

[3] 李焱革,毛更红. RP-HPLC 法测定小剂量阿司匹林肠溶片中阿司匹林和游离水杨酸.生命科学仪器.2005,6(3):25～27,

实验三十九　有机化合物的红外光谱测定与分析

主 题 词　红外光谱法　有机化合物　测定

主要操作　样品制备操作　红外光谱仪操作

背景材料

　　红外光谱又称分子振动转动光谱,属分子吸收光谱。当样品受到频率连续变化的红外光照射时,分子吸收了某些频率的辐射,并由其振动或转动运动引起偶极矩的净变化,产生分子振动和转动能级从基态到激发态的跃迁,使相应于这些吸收区域的透射光强度减弱。记录红外光的百分透射比与波数或波长关系曲线,就得到红外光谱。

　　红外光谱在可见光区和微波光区之间,波长范围约为 $0.75\ \mu m～1000\ \mu m$,根据仪器技术和应用不同,习惯上又将红外光区分为三个区:近红外光区($0.75\ \mu m～2.5\ \mu m$),中红外光区($2.5\ \mu m～25\ \mu m$),远红外光区($25\ \mu m～1000\ \mu m$)。

　　近红外光区的吸收带主要是由低能电子跃迁、含氢原子团(如 O—H、N—H、C—H)伸缩振动的倍频吸收等产生的。该区的光谱可用来研究稀土和其他过渡金属离子的化合物,并适用于水、醇、某些高分子化合物以及含氢原子团化合物的定量分析。

　　远红外光区的吸收带主要是由气体分子中的纯转动跃迁、振动－转动跃迁、液体和固体中重原子的伸缩振动、某些变角振动、骨架振动以及晶体中的晶格振动所引起的。由于低频骨架振动能很灵敏地反映出结构变化,所以对异构体的研究特别方便。此外,还能用于金属有机化合物(包括配合物)、氢键、吸附现象的研究。但由于该光区能量弱,除非其他波长区间内没有合适的分析谱带,一般不在此范围内进行分析。

　　绝大多数有机化合物和无机离子的基频吸收带出现在中红外光区。由于基频振动是红外光谱中吸收最强的振动,所以该区最适于进行红外光谱的定性和定量分析。同时,由于中红外光谱仪最为成熟、简单,而且目前已积累了该区大量的数据资料,因此它是应用极为广泛的光谱区。在该区除了单原子和同核分子如 Ne、He、O_2、H_2 等之外,几乎所有的有机化合物均有吸收。除光学异构体,某些高分子量的高聚物以及在分子量上只有微小差异的化合物外,凡是具有结构不同的两个化合物,一定不会有相同的红外光谱。例如,—OH 基团在 $3650\ cm^{-1}～3200\ cm^{-1}$ 区间有强宽峰, $\diagdown C\!=\!O$ 基团在 $1700\ cm^{-1}$ 左右有强峰,—CH_3 和—CH_2 基团在 $2960\ cm^{-1}$ 和 $2850\ cm^{-1}$ 有强峰,同时在 $1450\ cm^{-1}$、$1375\ cm^{-1}$ 有强峰等。通常红外吸收带的波长位置与吸收谱带的强度,反映了分子结构上的特点,可以用来鉴定未知物的结构组成或确定其化学基团；而吸收谱带的吸收强度与分子组成或化学基团的含量有关，可用以进行定量分析和纯度鉴定。

实验目的

1. 了解红外光谱仪的结构和工作原理；
2. 学习红外光谱仪的操作、使用方法；
3. 学习各种类型样品的制样方法；
4. 通过测定有机同系物的红外光谱，研究醇与酚的 C—O 伸缩振动和不同取代基对羰基峰位的影响；
5. 学习红外光谱谱图解析的方法。

实验原理

有机分子同其他物质分子一样，有不停的热运动以及不同的运动能级。运动的能级分为能量较低的基态和能量较高的激发态。根据量子力学原理，分子的运动可能在不同的能级之间发生跃迁。跃迁必然伴随着量子化的能量的吸收或放出。

红外光谱是分子振动光谱，分子的振动方式可分伸缩振动和弯曲振动两种。当样品中的分子受到的红外辐射照射时，产生振动能级的跃迁，在振动时伴有偶极矩改变的就吸收一定特征频率光子，透过样品的红外辐射信息就含有样品分子中的特征结构信息，经仪器的检测、放大和模数转换，就形成红外吸收光谱。

由于不同物质具有不同的分子结构，就会吸收不同的红外辐射能量而产生相应的红外吸收光谱，因此用仪器测绘试样物质的红外吸收光谱，然后根据各种物质的红外特征吸收峰位置、数目、相对强度、形状（峰宽）等参数，就可推断试样中存在哪些基团，并确定其分子结构。同一物质的浓度不同时，在同一吸收峰位置具有不同的吸收峰强度，在一定条件下样品浓度与特征吸收峰强度成正比关系，借此可进行红外吸收光谱的定量分析。

测试方法根据分析要求和样品的状态、性质以及所要获取的信息要求等方面的不同，可以分为样品池法、压片法、薄膜法（包括液膜法）等等。其中，压片法是最常用的方法。主要用于固体，尤其粉末样品的测量，是以溴化钾为稀释剂，将样品稀释约 100 倍，并经红外烘干、研磨混合、并用一定形状的模具压成透明薄片，然后放在光路中进行测试。

仪器与试剂

仪器：WGH-30A 型红外光谱仪及其附件

试剂：KBr、乙醇、异丙醇、叔丁醇、苯酚、苯甲醛、苯甲酸、苯甲酮、邻苯二甲酸酐

实验步骤

1. 红外光谱仪的操作方法
（1）开机　依次打开稳压电源、仪器电源、光学台、打印机、显示器和计算机；
（2）双击工作站图标，进入工作站程序，检查仪器工作状态；
（3）在"参数设置"区域分别对扫描次数、格式、背景等进行设置，然后对试样进行信号采集；

（4）将得到的谱图进行适当处理打印；

（5）实验结束后的关机顺序为：计算机、显示器、打印机、仪器电源、稳压电源。

2. 试样的制备方法

（1）液体试样   沸点在 100℃～200℃以上、不易挥发、黏度不大的试样，可在 KBr 窗片上滴加 1 滴～2 滴样品，再压上另一片窗片，使液体在两块窗片中间形成毛细厚度，夹紧置于可拆卸的液体样品池中。

沸点高、不易挥发、黏度大的试样，可直接将样品均匀地涂在一块窗片上，使之厚度适当。

沸点低、易挥发的试样，要采用适当厚度的固定密封式液体槽。样品是由带有聚四氟乙烯塞子的小孔注入，为防止液体泄漏，注入后应立即盖上塞子。

（2）固体试样   固体试样制备最常用的方法是压片法。

将干燥后的固体样品 0.5 mg～2 mg 在玛瑙研钵或振动球磨机中充分磨细，再加入 100 mg～200 mg 干燥的 KBr 粉末，继续研磨 2 min～5 min，研细均匀后置于模具中，用 $(5～10)×10^7$ Pa 压力在油压机上压成透明薄片，然后放入红外光谱仪的样品舱中记录其谱图。

3. 分别测定乙醇、异丙醇、叔丁醇、苯酚、苯甲醛、苯甲酸、苯甲酮、邻苯二甲酸酐的红外谱图。

4. 用乙醇冲洗模具（可用擦镜纸擦拭）和玛瑙研钵（装在古氏漏斗中冲洗，注意不能划伤抛光面，不得丢失玛瑙研磨小球），再用去离子水冲洗三遍，然后用电吹风吹干，保存在干燥箱。

5. 谱图的解析与鉴定

（1）解析其中四种化合物的红外光谱，指出特征峰的归属。

（2）在乙醇、异丙醇、叔丁醇和苯酚的红外光谱中比较它们的 C＝O 伸缩振动并找出规律性。

（3）研究苯甲醛、苯甲酸、苯甲酮和邻苯二甲酸酐的红外光谱，指出不同取代基对羰基峰位的影响。

实验说明与指导

1. 研细的 KBr 极易吸湿（20℃的水溶度为 70 g/100 g），必须充分干燥，尽量减少水分的影响，可在 200℃干燥数小时后研细至直径约 2 μm 存于 5A 分子筛干燥器中。

2. 分析前必须尽可能多地了解试样的来源、制备方法、理化性质、元素组成和可能的结构，这对解释谱图十分重要。另外如果试样有毒、有腐蚀性或含水，则可以预先采取有效措施，防止发生中毒或损坏仪器。

3. 应尽量调节好试样的浓度和厚度，使最高谱峰的透光率在 1%～5%，基线在 90%～95%。测试固体试样时，最好以 KBr 空白片（同上制备）为参比补偿。

4. 为保证仪器有良好的分辨能力，防止谱图失真，应仔细选择狭缝的大小，放大器的增益及扫描速度。

5. 解析谱峰的信息主要有：峰的位置、强度和峰形（峰宽、有无分裂等），同一基团的几种振动同时存在。

6. 其他相关的测定方法有质谱分析法和核磁共振分析法等。

思考题

1. 对红外光谱样品有何特殊要求？
2. 产生红外吸收的条件是什么？是否所有的分子振动都会产生红外吸收？
3. 简述解析红外光谱的方法步骤。
4. 苯甲醛、苯甲酸、苯甲酮和邻苯二甲酸酐的特征吸收峰有何区别？

参考文献

[1] 谢晶曦,常俊标,王绪明编.红外光谱在有机化学和药物化学中的应用(修订版).北京:科学出版社,2001

[2] 洪山海编.光谱解析法在有机化学中的应用.北京:科学出版社,1980

[3] 张济新编.仪器分析实验.北京:高等教育出版社,1998

[4] 大连理工大学 辛剑,孟长功主编.基础化学实验.北京:高等教育出版社,2004

实验四十　紫外光度法测定白酒中的糠醛含量

主题词　紫外光度法　白酒　糠醛

主要操作　液体样品的称量操作　吸光度测量操作　移液操作

背景材料

糠醛的化学名称是 α-呋喃甲醛,其分子式为 $C_5H_4O_2$,本品以农业原料如米糠、玉米芯等通过水解制得,为浅黄至琥珀色透明液体,储存中色泽逐渐加深,直至变为棕褐色,具有苦杏仁气味。纯净的糠醛为无色液体,沸点 162℃。

酒中的糠醛主要产生于糖化、发酵过程,来源于原辅料中戊糖的转化,首先在糖化过程中高温蒸煮使戊糖脱水而成,其次在酒精发酵时戊糖被微生物发酵而产生。糠醛在白酒的呈香物质中属于高沸点物质,因此,在蒸馏时除一部分糠醛随酒精一起馏出而存在于酒身外,大部分仍留在酒尾。而在勾兑过程中,为了改善白酒的后味,使酒味醇厚且回味悠长,又往往调入适量的酒尾,这样,酒中糠醛含量会进一步增加。如果米糠、玉米芯等辅料用量较大又不清蒸,则成品酒中糠醛含量就会更高。这是造成传统酿制酒普遍含有一定量糠醛的主要因素。其实,与其他呈香物质一样,糠醛是我国传统酿酒工艺的必然产物,是构成白酒风味、酒体的重要成分。

白酒中的糠醛主要来源于酿酒所用的各种原辅料,如粮食、稻皮、麸皮、米糠等。糠醛是白酒中呈香物质中的一种,对酒体的构成起着不可忽视的作用,其含量在 $300\ mg \cdot L^{-1}$ 以下时,能赋予酒以特殊的香味。

实验目的

1. 了解糠醛在白酒中的作用;

2. 掌握紫外光度计的使用；

3. 掌握紫外光度法测定白酒中糠醛含量的原理。

实验原理

糠醛为 α-呋喃甲醛，醛基与具有芳香性的呋喃环相连，形成大共轭体系，从而在紫外区有吸收。糠醛在紫外区 276 nm 处有最大吸收，白酒中其他成分在该波长条件下吸收甚微。

仪器与试剂

仪器：万分之一的电子天平、紫外可见分光光度计、容量瓶

试剂：白酒、食用酒精(95%)、糠醛、蒸馏水

实验步骤

1. 糠醛贮备液配制

准确称取 0.5000 g 已蒸馏糠醛，置于 50 mL 容量瓶中，用食用酒精定容，得浓度为 $10 \text{ g} \cdot \text{L}^{-1}$ 的糠醛贮备液。使用时用食用酒精将糠醛贮备液稀释成浓度为 $10 \text{ mg} \cdot \text{L}^{-1}$ 的糠醛标准使用液。

2. 标准曲线绘制

准确吸取 0.00、0.50、1.00、2.00、4.00、6.00、8.00、10.00 mL 糠醛标准使用液于 10 mL 具塞试管中，然后各加入适量食用酒精溶液，使总体积为 10 mL，摇匀，以试剂空白为参比，用 1 cm 比色皿在 276 nm 处测吸光度，并绘制标准曲线，计算回归方程。

3. 白酒中糠醛的测定

准确吸取一定体积白酒样(视糠醛含量高低而异)，如需要，加适量食用酒精溶液，使总体积为 10 mL，摇匀，以试剂空白为参比，用 1 cm 比色皿在 276 nm 处测吸光度，根据标准曲线的回归方程计算白酒中的糠醛含量(单位 $\text{mg} \cdot \text{L}^{-1}$)。

实验说明与指导

1. 糠醛在使用前需要蒸馏精制，否则糠醛因为易被氧化而变质，使其颜色加深；

2. 测定时必须使用石英比色皿，因为玻璃比色皿易吸收紫外光严重影响测定。

3. 其他相关的测定方法有气相色谱法。

思考题

1. 为什么必须蒸馏精制糠醛？

2. 为什么白酒中的其他成分对于糠醛的测定无影响？

参考文献

[1] 许汉英,赵晓君. 分光光度法测定白酒中的糠醛. 应用化学,1997,14(3):84~86

实验四十一　含银废液中再生回收金属银

主 题 词　含银废液　再生　银

主要操作　加热操作，固液分离操作，称量操作

背景材料

　　银，元素符号为 Ag，是从自然银和其他银矿物中提取的一种银白色的贵金属。硬度 2.7，密度 10.53 g/cm³，具有很好的导电性、延展性和导热性。多用于电子工业、医疗和照相行业，更主要的用途是用来制造首饰、器皿和宗教信物。银和黄金一样，是一种应用历史悠久的贵金属，至今已有 4000 多年的历史。由于银独有的优良特性，人们曾赋予它货币和装饰双重价值，英镑和我国新中国成立前用的银圆，就是以银为主的银、铜合金。银白色，光泽柔和明亮，是少数民族、佛教和伊斯兰教徒们喜爱的装饰品。

　　照相行业中银是定影液的主要成分之一。处理各种黑白或彩色胶卷（或印相纸）所用的定影液的组成虽然不尽相同，但都含有大量的硫代硫酸钠 $Na_2S_2O_3 \cdot 5H_2O$（俗称大苏打、海波），通常还含有少量亚硫酸钠 Na_2SO_3、硫酸铝钾 $KAl(SO_4)_2 \cdot 12H_2O$ 和醋酸 CH_3COOH 等。$Na_2S_2O_3$ 能使未感光的溴化银 AgBr（为感光材料的主要组分）溶解而生成可溶性的配合物 $Na_3[Ag(S_2O_3)_2]$。从废定影液中回收金属银不仅可获得金属银，降低生产费用，而且还可消除排放废液时银（Ag^+）对环境的污染（例如，城市下水道排放水中要求含银（Ag^+）量不超过 1 mg·L^{-1}）。

实验目的

　　1. 了解从废定影液中回收金属银的原理和方法；

　　2. 较系统地学习各种加热的基本操作；

　　3. 较系统地学习液体与固体的基本分离操作。

实验原理

　　采用传统的硫化物沉淀法从废定影液中回收银，它有操作方便、回收较完全的特点。往废定影液中加入适量的 Na_2S 溶液，可使银以硫化物的形式沉淀析出：

$$2[Ag(S_2O_3)_2]^{3-} + S^{2-}(aq) =\!\!=\!\!= 4S_2O_3^{2-}(aq) + Ag_2S(s)$$

　　适当控制 Na_2S 的用量，还可将过滤后的滤液仍作为定影液再用（若 Na_2S 过多，将使再生的定影液在定影时生成黑色的 Ag_2S 沉淀）。

　　沉淀中夹杂的可溶性杂质（例如亚硫酸钠等）可用去离子水洗涤除去；而由 Na_2S 可能带入的单质硫以及废定影液中的其他难溶性杂质，则可通过与硝酸钠共热，使这些杂质转化为可溶性硫酸盐等，并进一步经洗涤以除去。最后所得的 Ag_2S 沉淀（可能还含有 Ag_2SO_4）在碳酸钠和硼砂等助熔剂存在下，经高温灼烧即可制得金属银；其主要反应为：

$$Ag_2S(s)+O_2(g)\Longrightarrow 2Ag(s)+SO_2(g)$$
$$Ag_2SO_4(s)\Longrightarrow 2Ag(s)+SO_2(g)+O_2(g)$$

仪器、试剂与材料

仪器：台式天平（公用）、酒精灯、酒精喷灯（或煤气灯）、烧杯（250 mL、500 mL）、有柄蒸发皿（250 mL）、坩埚、坩埚钳、泥三角、石棉网、铁架、铁圈、滴管、量筒（50 mL、500 mL）、洗瓶、玻璃棒、漏斗、漏斗架、布氏漏斗、吸滤瓶、玻璃抽气管瓶、电动离心机（公用）、离心试管、高温炉（附温度控制装置）

试剂：硼砂 $Na_2B_4O_7 \cdot 10H_2O(s)$、硝酸钠 $NaNO_3(s)$、碳酸钠 $Na_2CO_3(s)$、硫化钠 Na_2S（1 mol·L^{-1}）、废定影液

材料：pH 试纸、定量滤纸

实验步骤

1. 硫化银沉淀的生成和分离

量取约 400 mL 废定影液，置于烧杯中，边滴加 1 mol·L^{-1} Na_2S 溶液，边搅拌，直至不再出现沉淀为止。要知道溶液中 $[Ag(S_2O_3)_2]^{3-}$ 是否已全部转化为 Ag_2S 沉淀，可取少量混有沉淀的溶液经离心分离后，往清液中再加几滴 Na_2S 溶液以检验之。

沉淀经抽气过滤法过滤（操作方法参见基本操作六中的过滤法），用去离子水洗涤沉淀至滤液呈中性（如何检验？如果想将滤液作定影液再用，你认为洗涤前的滤液与洗涤过程中的滤液应如何处置？如果滤液不再回用，又将如何处置？）。将沉淀连同滤纸放入有柄蒸发皿中，用小火将沉淀烘干。

2. 硫化银沉淀的处理

用玻璃棒将冷却后的沉淀从滤纸上转移到已预先称量过的坩埚中，称量之。然后往沉淀中加入 $NaNO_3$ 固体（用量：沉淀与 $NaNO_3$ 的质量比约为 1∶0.7）。拌匀后在酒精喷灯（或煤气灯）火焰上小心灼烧，至不再生成棕色 NO_2 气体为止。冷却后，往坩埚中加入少量去离子水，搅拌，尽量使固体混合物溶解。然后连同残渣经普通漏斗过滤（使用定量滤纸），用去离子水充分洗涤固体残渣。

3. 银的提取

将固体残渣连同滤纸用小火烘干。加少量 Na_2CO_3 与 $Na_2B_4O_7 \cdot 10H_2O$ 固体混合物（此两物质按质量比 1∶1 混合），拌匀后，放回坩埚中，再放入 950℃～1 000℃高温炉内加热 20 min 左右。趁热细心倾出坩埚内上层熔渣，下层即为金属银。冷却后，称量银粒。

实验说明与指导

1. 若欲再用此定影液，则所加 Na_2S 溶液量需适当减少，即不必使 Ag_2S 沉淀完全。

2. $NaNO_3$ 受热易分解（热分解温度约为 800 K），工业中大量使用时应避免过高的温度；本实验所用量较少，但也应避免因剧烈反应而使反应物冲出。

3. 本实验所处理的废定影液量较少，所得金属银的量也较少，因而银与熔渣的分离、倾出尚有困难。可以将所制得的若干份固体残渣合并于同一只坩埚内，然后经高温炉加热。也可待熔融物冷却后，击碎熔渣，取出银粒。

4. 其他相关的回收金属银的方法　目前从废定影液中回收金属银的一般方法有硫化物沉淀法,本实验就是使用了硫化物沉淀法,也可以用金属置换法和电解法等。

思考题

1. 沉淀与 $NaNO_3$ 固体在共热前后的两次洗涤目的有何不同? 简单说明之。
2. 如果欲回收使用废定影液,在回收金属银的操作中有哪些应注意之处?
3. 本实验中使用哪些加热仪器? 操作中分别有哪些应注意之处?

参考文献

[1] 浙江大学普通化学教研组编. 普通化学实验(第三版). 北京:高等教育出版社,1996

实验四十二　分光光度法同时测定维生素 E 和维生素 C

主 题 词　维生素 E　维生素 C　分光光度法　同时测定

主要操作　吸光度测量操作　移液操作

背景材料

维生素 E 是一种脂溶性维生素,其水解产物为生育酚,是最主要的抗氧化剂之一。多溶于脂肪和乙醇等有机溶剂中,不溶于水,对热、酸稳定,对碱不稳定,对氧敏感,在身体内具有良好的抗氧化性。维生素 C 是水溶性强抗氧化剂,主要作用是在体内水溶液中,能坚固结缔组织和促进胶原蛋白的合成。

维生素 E 的测定方法有分光光度法、高效液相色谱法、气相色谱法、荧光法等。

维生素 C 的测定方法有荧光法、化学发光法、电化学分析法和色谱法等。

实验目的

1. 了解分光光度法同时测定维生素 E 和维生素 C 的基本原理和方法;
2. 综合学习溶液配制、移液管操作等基本操作;
3. 掌握紫外分光光度计的使用。

实验原理

维生素 E 和维生素 C 在食品中都起抗氧化作用,二者均溶于乙醇,并可以在同一溶液中利用双组分测定原理,在紫外光度区进行测定。

仪器、试剂与材料

仪器:紫外可见分光光度计,石英吸收池 1 对,50 mL 容量瓶,5 mL、10 mL 吸量管

试剂:维生素 C(抗坏血酸),维生素 E(α-生育酚),无水乙醇

材料:滤纸,pH 试纸。

实验步骤

1. 准备工作

开机预热 20 min,调制工作状态。

2. 配制系列标准溶液

(1) 配制维生素 E 系列标准溶液:称取维生素 E 0.048 8 g,溶于无水乙醇中,定量转入 1 000 mL 容量瓶中,用无水乙醇稀释至刻度线,摇匀。此溶液浓度为 1.13×10^{-4} mol·L^{-1}。分别吸取上述溶液 2.00 mL、4.00 mL、6.00 mL、8.00 mL、10.00 mL 于 50 mL 容量瓶中,用无水乙醇定容并摇匀。

(2) 配制维生素 C 系列标准溶液:称取 0.013 2 g 维生素 C,溶于无水乙醇中,定量转入 1 000 mL 容量瓶中,用无水乙醇稀释至刻度线,摇匀。此溶液浓度为 7.50×10^{-5} mol·L^{-1}。分别吸取上述溶液 2.00 mL、4.00 mL、6.00 mL、8.00 mL、10.00 mL 于 50 mL 容量瓶中,用无水乙醇定容并摇匀。

3. 绘制吸收光谱曲线

以无水乙醇为参比,在 220~320 nm 范围测定维生素 E 和维生素 C 的吸收光谱曲线,确定维生素 E 和维生素 C 的最大吸收波长 λ_{max}^{Ve} 和 λ_{max}^{Vc},作为 λ_1 和 λ_2。

4. 绘制标准曲线

以无水乙醇为参比,在 λ_1 和 λ_2 分别测定步骤 2 配制的 10 个标准溶液的吸光度。

5. 未知液的测定

取未知试样 5.00 mL 于 50 mL 容量瓶中,用无水乙醇稀释至刻度,摇匀,在 λ_1 和 λ_2 分别测定其吸光度。

数据记录与处理

1. 绘制维生素 E 和维生素 C 的吸收光谱,确定 λ_1 和 λ_2。

2. 分别绘制维生素 E 和维生素 C 在 λ_1 和 λ_2 时的 4 条标准曲线,求取 4 条曲线的斜率,就是 $\varepsilon_{\lambda_1}^{x}$、$\varepsilon_{\lambda_1}^{y}$、$\varepsilon_{\lambda_2}^{x}$ 和 $\varepsilon_{\lambda_2}^{y}$。

3. 计算未知液中维生素 E 和维生素 C 的含量。

$$A_{\lambda_1} = \varepsilon_{\lambda_1}^{x} b c_x + \varepsilon_{\lambda_1}^{y} b c_y$$
$$A_{\lambda_2} = \varepsilon_{\lambda_2}^{x} b c_x + \varepsilon_{\lambda_2}^{y} b c_y$$

求解上述联立方程即能得出维生素 E 和维生素 C 的含量。

实验说明与指导

1. 在本实验中,要用石英比色皿而不能用玻璃比色皿,这是因为一般紫外光区用石英比色皿,可见光区用玻璃比色皿。石英比色皿可用在全波段,玻璃比色皿只能用于 340 nm 以上波长。

2. 本实验中所用的参比溶液为乙醇。

思考题

1. 多组分同时测定的波长选择原则是什么?

2．多组分同时测定的准确度的影响因素有哪些？

参考文献

[1] 孟长功,辛剑.基础化学实验(第二版).北京:高等教育出版社,2009

[2] 浙江大学普通化学教研组编.普通化学实验(第三版).北京:高等教育出版社,1996

实验四十三　　三草酸合铁(Ⅲ)酸钾制备及配离子组成测定

主 题 词　硫酸亚铁铵　三草酸合铁(Ⅲ)酸钾　制备　测定

主要操作　蒸发　浓缩　结晶　干燥　减压过滤　滴定

背景材料

三草酸合铁(Ⅲ)酸钾,即 $K_3Fe[(C_2O_4)_3] \cdot 3H_2O$,为绿色单斜晶体,溶于水,难溶于乙醇。110℃下失去三分子结晶水而成为 $K_3Fe[(C_2O_4)_3]$,230℃时分解。该配合物对光敏感,光照下即发生分解。

目前,合成三草酸合铁(Ⅲ)酸钾的工艺路线有多种。可用三氯化铁或硫酸铁与草酸钾直接合成三草酸合铁(Ⅲ)酸钾;可以以铁为原料制得硫酸亚铁铵,加草酸钾制得草酸亚铁后经氧化合成三草酸合铁(Ⅲ)酸钾;或以硫酸铁与草酸钾为原料直接合成三草酸合铁(Ⅲ)酸钾;可采用氢氧化铁和草酸氢钾反应制备等。

实验目的

1．掌握三草酸根合铁(Ⅲ)酸钾的制备方法;

2．掌握蒸发、浓缩、结晶、干燥、减压过滤、滴定等基本操作。

实验原理

1．三草酸合铁酸钾的制备

首先由硫酸亚铁铵与草酸反应制备草酸亚铁:

$$(NH_4)_2Fe(SO_4)_2 + 2H_2O + H_2C_2O_4 \Longrightarrow FeC_2O_4 \cdot 2H_2O \downarrow + (NH_4)_2SO_4 + H_2SO_4$$

然后在过量草酸根存在下,用过氧化氢氧化草酸亚铁即可得到三草酸合铁(Ⅲ)酸钾,同时有氢氧化铁生成:

$$6FeC_2O_4 \cdot 2H_2O + 3H_2O_2 + 6K_2C_2O_4 \Longrightarrow 4K_3[Fe(C_2O_4)_3] + 2Fe(OH)_3 \downarrow + 12H_2O$$

加入适量草酸可使 $Fe(OH)_3$ 转化为三草酸合铁(Ⅲ)酸钾配合物:

$$2Fe(OH)_3 + 3H_2C_2O_4 + 3K_2C_2O_4 \Longrightarrow 2K_3[Fe(C_2O_4)_3] + 6H_2O$$

2．三草酸合铁酸钾的测定

用高锰酸钾标准溶液在酸性介质中滴定测得草酸根的含量。Fe^{3+} 含量可先用过量锌粉将其还原为 Fe^{2+},然后再用高锰酸钾标准溶液滴定而测得,其反应式为

$$2MnO_4^- + 5C_2O_4^{2-} + 16H^+ \Longrightarrow 2Mn^{2+} + 10CO_2 + 8H_2O$$

$$5Fe^{2+} + MnO_4^- + 8H^+ = 5Fe^{3+} + Mn^{2+} + 4H_2O$$

仪器与试剂

仪器：天平，台秤，滴定管，恒温水槽

试剂：硫酸亚铁铵$[(NH_4)_2Fe(SO_4)_2]\cdot 6H_2O$，草酸钾$K_2C_2O_4\cdot H_2O$，二水合草酸$H_2C_2O_4\cdot 2H_2O$，浓$H_2SO_4$（配制3 mol·$L^{-1}$溶液备用），30％$H_2O_2$（实验前配制成6％溶液备用），无水乙醇，0.020 0 mol·L^{-1} $KMnO_4$标准溶液，草酸钠，锌粉

实验步骤

1. 草酸亚铁的制备

称取5.0 g硫酸亚铁铵晶体于100 mL烧杯中，加入15 mL蒸馏水及2~3滴3 mol·L^{-1} H_2SO_4，以防固体溶解时发生水解，加热溶解后在不断搅拌下加入25 mL饱和草酸溶液，沸水浴加热至沸，静置，弃去上层清液，清水洗涤沉淀三次。

2. 三草酸合铁（Ⅲ）酸钾的制备

向草酸亚铁沉淀中加入15 mL饱和$K_2C_2O_4$溶液，水浴加热至40℃，搅拌下逐滴加入10 mL 6％H_2O_2溶液，溶液变成深棕色，继续一次性加入5 mL饱和$H_2C_2O_4$溶液后，逐滴加入饱和$H_2C_2O_4$溶液直至溶液变成亮绿色。待绿色溶液稍冷后，向溶液中加入15 mL无水乙醇，将溶液置于暗处结晶，抽滤，用少量乙醇洗涤，50℃烘干1 h，得产品，称量，计算产率，避光保存。

3. 配合物的组成分析

（1）草酸根含量的测定

准确称取3份0.22~0.27 g的三草酸合铁（Ⅲ）酸钾晶体于锥形瓶中，加入30 mL去离子水和10 mL 3 mol/L H_2SO_4，加热至80℃，趁热滴定至浅粉红色，30 s内不褪色，计算草酸根的含量，滴定完的试液保留待用。

（2）铁含量的测定

在测定草酸根后的试液中加入锌粉，加热反应5 min，补加5 mL 3 mol/L H_2SO_4，加热至80℃，用$KMnO_4$溶液滴定至浅粉红色，30 s内不褪色，计算Fe^{3+}的含量。

数据记录与处理

1. 计算三草酸合铁（Ⅲ）酸钾产率；
2. 测定草酸根的含量；
3. 测定铁的含量。

实验说明与指导

1. $FeC_2O_4\cdot 2H_2O$的制备中硫酸亚铁铵溶解时应加少量的H_2SO_4，防止$Fe(Ⅱ)$的水解和氧化；$FeC_2O_4\cdot 2H_2O$晶体易爆沸，宜采用沸水浴加热，比较安全且效果较佳。

2. $FeC_2O_4\cdot 2H_2O$的氧化过程中H_2O_2一定要新鲜配制。在保持恒温40℃并且不断搅拌下慢慢滴加H_2O_2，煮沸除去过量的H_2O_2时间不宜过长。

思考题

1. 三草酸合铁(Ⅲ)酸钾的固体和溶液如何保存?
2. Fe^{3+} 和 $C_2O_4^{2-}$ 的测定原理?

参考文献

[1] 沈建中,马林,赵滨.普通化学实验.上海:复旦大学出版社,2006

[2] 龚福忠.大学基础化学实验.武汉:华中科技大学出版社,2008

[3] 马少妹,袁爱群,白丽娟,等.三草酸合铁(Ⅲ)酸钾合成工艺的优化[J].化学试剂,2017(10)

第七章　研究性、拓展性实验

实验四十四　3,5-二甲基-4'-磺酸基苯基重氮氨基偶氮苯的合成及其在分光光度测定汞中的应用

主 题 词　三氮烯　合成　分光光度法　汞

主要操作　减压过滤　吸附　洗涤

背景材料

三氮烯类试剂是指含有—N＝N—NH—结构的所有试剂的总称。该类试剂具有灵敏度高,选择性好,易合成等优点,可以与第 1 B、ⅡB 族金属离子发生高灵敏度的显色反应,在光度分析中应用较多。20 世纪 30 年代,F. P. Dwyer 开始将镉试剂(Cadion,对硝基苯重氮氨基偶氮苯)用作定性分析试剂,50 年代,这类试剂开始用于 Cd(Ⅱ)、Hg(Ⅱ)、Ni(Ⅱ)、Co(Ⅱ)、Cu(Ⅱ)、和 Ag(Ⅰ)等金属离子的定性检验。20 世纪 50 年代后期 P. Chavanne 将三氮烯类试剂用作光度分析,当时主要是利用试剂与金属离子形成二元络合物,测定灵敏度不高,摩尔吸光系数多在 10^4 数量级,选择性和色泽稳定性也不够理想,且有的体系受温度影响严重。自 20 世纪 70 年代,表面活性剂在分析化学中的使用,不仅解决了三氮烯类试剂的水溶性差、显色反应难于在水相中进行的不足,而且显著地提高了试剂与金属离子显色反应的灵敏度,摩尔吸光系数一般为 10^5 数量级,应用范围也进一步扩大,可用于 Tl^{3+}、Pt^{4+}、CN^-、Pd^{2+} 以及表面活性剂的定量检测,使得该类试剂的研究和应用获得迅速的发展。

实验目的

1. 掌握 3,5-二甲基-4'-磺酸基苯基重氮氨基偶氮苯的合成方法;
2. 了解 3,5-二甲基-4'-磺酸基苯基重氮氨基偶氮苯的表征手段;
3. 掌握光度法测定金属离子的条件。

实验原理

3,5-二甲基-4'-磺酸基苯基重氮氨基偶氮苯(DMSDAA)的合成途径如下:

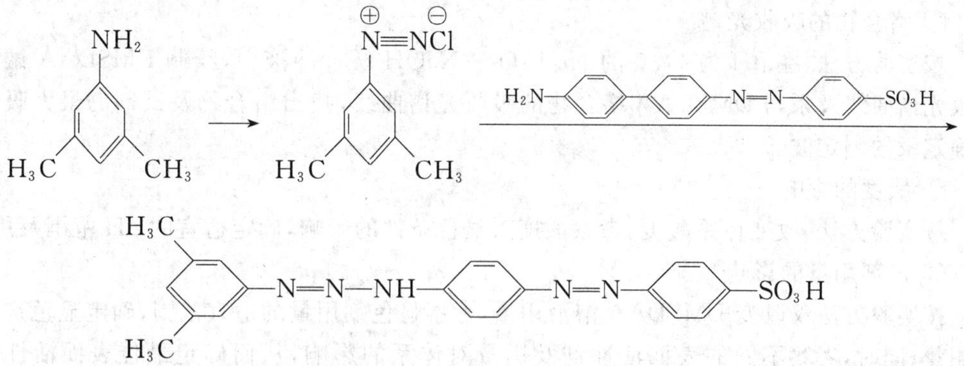

$$\text{(反应式：3,5-二甲基苯胺 →重氮盐 →与对氨基偶氮苯-4-磺酸偶联，生成 3,5-二甲基-4'-磺酸基苯基重氮氨基偶氮苯)}$$

仪器与试剂

仪器:单口烧瓶、三口烧瓶、球形冷凝管、水银温度计、布氏漏斗、滴液漏斗、加热套、精密增力搅拌器、DF-3 集热式磁力搅拌器、电热恒温鼓风干燥箱、循环水真空泵、WRC-2 微机熔点仪、数显酸度计、电子天平、红外光度计、元素分析仪

试剂:3,5-二甲基苯胺(化工原料.)、对氨基偶氮苯-4-磺酸(化工原料)、盐酸(A.R.)、氢氧化钠(A.R.)、乙醇(A.R.)、二甲亚砜(A.R.)、无水乙酸钠(A.R.)、无水碳酸钠(A.R.)、亚硫酸氢钠(A.R.)、亚硝酸钠(A.R.)和硼砂(A.R.)

实验步骤

1. 重氮化

称取 1.21 g 3,5-二甲基苯胺,溶于 30 mL 1 mol·L^{-1}的盐酸中,慢慢滴加 10 mL 含 0.7 g NaNO$_3$的水溶液,于 1~3 ℃下搅拌 0.5 h,得澄清的重氮盐溶液,冷却备用。

2. 偶联反应

将 2.77 g 4-磺酸基对氨基偶氮苯加热溶于 30 mL 二甲亚砜中,加入 20 mL 10% Na$_2$CO$_3$ 溶液,冷却至 0 ℃~5 ℃。搅拌下滴加上述重氮盐溶液,同时补加 10% Na$_2$CO$_3$ 调节 pH 为 3~4,继续搅拌 30 min,室温下反应 1 h,调节 pH 为 7,放置过夜,抽滤得粗产品。

粗产品先用水洗,再用无水乙醇重结晶两次,最后得红色固体。用硅胶柱吸附,以乙醇为淋洗液分离,减压蒸馏得到纯品用薄层层析检验,只有一个斑点。测定熔点。

3. 试剂结构表征

(1)红外表征:取少量试剂烘干采用 KBr 压片获得红外谱图,进行峰的归属,确定结构。

(2)元素分析:采用元素分析仪进行 C、H 和 N 的测定并与理论值对比。

4. DMSDAA 光度法测定汞

(1) 实验方法

在 25 mL 比色管中,依次加入 1.0 mL 汞标准工作溶液,2.5 mL DMSDAA 溶液,2.5 mL pH 为 11.0 的 Na$_2$B$_4$O$_7$-NaOH 溶液和 3.0 mL Tween-80 溶液,用蒸馏水稀释至刻度,摇匀。30 min 后用 1 cm 比色皿,在 476 nm 处,以试剂空白做参比,测定吸光度。

(2) 结果与讨论

① 络合物的吸收光谱

按实验方法,在 pH 为 11.0 的 $Na_2B_4O_7$ – NaOH 缓冲溶液中,绘制 DMSDAA 试剂的吸收光谱曲线及汞与 DMSDAA 络合物的吸收光谱曲线,找出络合物及试剂的最大吸收波长确定汞的测定波长。

② 酸度的影响

按实验方法,改变体系酸度,考察酸度对显色条件的影响,确定适宜的 pH 范围及用量。

③ 试剂用量的影响

按实验方法仅改变 DMSDAA 溶液用量,考察显色剂用量的适宜范围,确定显色剂的最佳用量;同时,考察不同的表面活性剂及用量对体系的影响,从而确定最佳表面活性剂及用量。

④ 工作曲线及灵敏度

按实验方法,加入一系列 Hg(Ⅱ)的标准工作溶液测定吸光度。确定汞含量的线性范围并求出其线性回归方程为,求出线性相关系数 r 以及计算出表观摩尔吸光系数 ε。

实验说明与指导

1. 重氮化及偶联过程中要严格控制温度及反应时间。

2. 测定样品中汞含量时,共存的 Ni^{2+}、Cd^{2+}、Cu^{2+}、Fe^{3+}、Ag^+ 和 Al^{3+} 对体系干扰较严重,应分离后测定。

思考题

1. 三氮烯试剂有何新应用?

2. 分光光度法的灵敏度以什么表征?

3. 表面活性剂的种类有哪些及该实验中表面活性剂的作用是什么?

参考文献

[1] 李艳辉,刘英红,许兴友等. 3,5 - 二甲基 - 4'- 磺酸基苯基重氮氨基偶氮苯的合成及其在分光光度测定汞中的应用[J]. 冶金分析(Metallurgical Analysis),2008,28(11):32 - 35

[2] 李艳辉,孙吉佑,陈文宾. 巯基葡聚糖凝胶分离富集 2 - 氯 - 4 - 溴苯基重氮氨基偶氮苯光度法测定汞[J]. 冶金分析(Metallurgical Analysis),2004,24(5):14 - 16

[3] 杨敏思,王曙,郑国祥. 钴与邻羟基苯基重氮氨基偶氮苯显色反应的研究与应用[J]. 化学研究与应用(Chemical Reseaech and Application),1997,9(2):162 - 164

[4] 龚楚儒,杨明华,胡宗球,等. 1 - 偶氮苯基 - 3 - (5 - 硝基 - 2 - 吡啶)- 三氮烯与镉的显色反应及其应用[J]. 分析化学(Chinese Journal of Analytical Chemistry),2001,29(2):246 - 246

实验四十五 微波辐射法合成六次甲基四胺合铜(Ⅱ)硫酸盐

主 题 词 微波辐射 六次甲基四胺合铜(Ⅱ)硫酸盐

主要操作 称量操作 微波辐射操作

背景材料

随着科学技术的迅速发展,越来越多的交叉学科正在形成。微波辐射技术应用到化学领域,并逐步形成了一门新的交叉学科——微波化学,无论是在基础理论方面,还是应用技术方面,这无疑是化学领域中的一大新进展,正在向传统的方法提出挑战。如无机材料化学方面,用微波辐射技术进行了快离子导电材料和沸石分子筛的合成,为制备新型功能材料与催化剂提供了方便而快速的途径和方法。在分析化学方面,用微波进行样品溶解,开创了一种高效快速的溶样技术;发展了微波等离子体原子光谱和微波在线流动注射分析新技术。在高分子化学方面,对微波合成聚合物进行了研究。微波在有机合成方面的应用颇多,通过控制反应条件,可使许多有机反应的速度近百倍甚至千倍的提高,微波催化的 Diels-Alder 反应、Claisen 反应、Ene 反应、氧化和重排反应等已经实现。

合成化学始终是化学研究中的热门领域,新的合成与工艺要求提高反应转化率,节约能源,简化工艺流程等。环境和健康要求减少使用溶剂的呼声越来越强烈。室温和低温固相反应合成方法作为一种全新的合成手段,符合以上多方面的要求,近年来得到了迅速的发展,但作为一种"内加热",加热均匀、能显著提高反应速度、启动新的反应通道的微波辐射技术在固相配位化学反应研究中的应用引起国内外学者的重视。

六次甲基四胺合铜(Ⅱ)硫酸盐是一种农用杀菌剂,具有杀菌谱广、药效强等特点,对水稻细菌性条斑病(简称细条病)有很好的防治效果。微波辐射技术为固相配位化学反应研究及农药合成开辟了一条新的途径。

实验目的

1. 了解微波辐射作用机理;
2. 掌握微波辐射法合成六次甲基四胺合铜(Ⅱ)硫酸盐的方法;
3. 掌握基本的称量操作。

实验原理

在微波场中反应物吸收微波能量的多少和快慢与分子的极性有关,极性分子由于分子内电荷分布不平衡,能迅速吸收电磁波的能量,通过分子偶极作用以每秒数十亿次的高速旋转产生热效应,加热是由分子自身运动引起的,称为"内加热"。而传统的加热方法则是靠热传导和热对流来实现的,因此加热速度慢。内加热的优越之处在于加热快、受热体系温度均匀。微波对化学反应的作用,一是使反应物分子运动加剧,温度升高(即致热作用);二是微波场对离子和极性分子的洛仑兹力作用使得这些粒子之间的相对运动具有特殊性,且与微波的频率、温度及微波调制方式密切相关(即非致热作用)。我们认为微波固相配位化合物合成机理是首先通过加热介质促进反应物的微波吸收(五水硫酸铜分子中的 5 个水对微波能的吸收起着重要的作用),在高温下随着加热介质协同反应物自身吸收能力的增强,体系中可迁移离子以自身为中心生成晶核或微晶。由于反应物与配合物界面间的传输效应,使得局部强烈吸收微波而产生微波电导损耗促进作用,从而大大加快了配合物的生成。

六次甲基四胺分子中的 3 个 N 原子均有一对孤对电子,它可向 Cu(Ⅱ)提供电子对。根据实验结果,六次甲基四胺合铜(Ⅱ)硫酸盐的结构式如下:

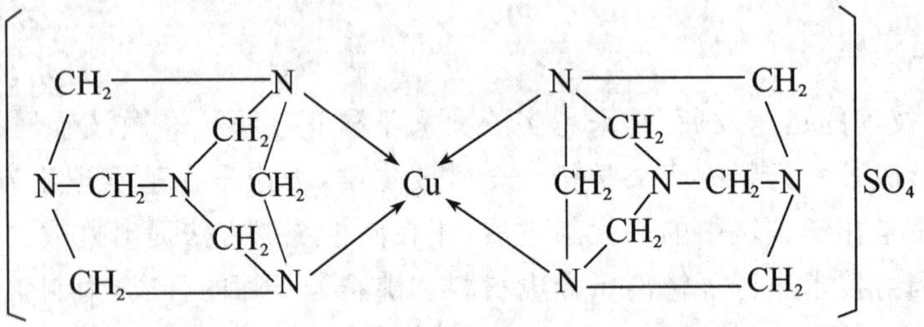

仪器与试剂

仪器:微波炉(微波输出功率 850 W,微波频率 2450 MHz)、玛瑙研钵、分析天平、试管(内径 0.5 cm、长 8 cm)、烧杯(100 mL、250 mL)、洗瓶、玻璃棒、定量滤纸、漏斗架、抽滤瓶、真空泵、布氏漏斗、真空干燥箱

试剂:六次甲基四胺、五水硫酸铜(Ⅱ)、甲醇、丙酮均为分析纯、蒸馏水

实验步骤

1. 分别称取 3 mmol $CuSO_4 \cdot 5H_2O$ 和 6 mmol 六次甲基四胺于玛瑙研钵中,在室温(25℃)条件下充分研磨,使其混合均匀。

2. 将混合样品装入内径为 0.5 cm,长为 8 cm 的试管中,将试管放入微波炉内,用850 W 功率的微波辐照 60 s,反应体系由浅蓝色全部变为草绿色,冷却,过滤。

3. 将所得产物依次用蒸馏水、甲醇和丙酮各洗 1 次,然后将其抽干。

4. 在 30℃条件下干燥产品。

实验说明与指导

1. 五水硫酸铜(Ⅱ)与六次甲基四胺的摩尔比为 2∶1 且用 850 W 功率的微波辐照 60 s时产率最高。

2. 将六次甲基四胺、五水硫酸铜(Ⅱ)分别磨细过 60 目筛备用。

3. 其他相关的合成六次甲基四胺合铜(Ⅱ)硫酸盐的方法　目前合成六次甲基四胺合铜(Ⅱ)硫酸盐的方法还有传统的固相法和液相法等。

思考题

1. 简述与传统的方法相比微波辐射法合成六次甲基四胺合铜(Ⅱ)硫酸盐的优点。

2. 产物为什么要用蒸馏水、甲醇和丙酮各洗 1 次？

参考文献

[1] 蒋治良,刘旭红等. 六次甲基四胺合铜(Ⅱ)硫酸盐的固相合成及应用. 广西师范大学学报(自然科学版),1998,16(2)：49~53

实验四十六　铁屑法处理含铬废水

主 题 词　含铬废水　铁屑法　处理

主要操作　滴定操作　目测比色操作　过滤操作

背景材料

　　六价铬是毒性较强的元素之一。铬及其化合物在工业生产中有着广泛的应用,是冶金工业、金属加工、电镀、制革、油漆、印染、照相制版等行业必不可少的原料。电镀等工业废水中铬主要以 $Cr_2O_7^{2-}$ 或 CrO_4^{2-} 形式存在,电镀含铬废水主要来自镀件的清洗水,另外还有少量清洗镀槽的废水,其含量一般为每升几毫克到千余克,若不予以处理而直接排放,将会对环境造成严重污染。

　　治理含铬废水的常用方法有离子交换法、化学还原法、化学沉淀法、电解法和液膜法等。

实验目的

　　1. 了解用铁屑法处理含铬废水的基本原理和方法；

　　2. 综合学习加热、溶液配制、酸碱滴定和固液分离等基本操作；

　　3. 学习目测比色法检验废水中铬含量的方法。

实验原理

　　在酸性条件下,铁屑在废水中形成腐蚀电池,并发生电化学氧化还原反应,铁将置换氢离子生成亚铁离子,并与水中 Cr^{6+} 发生氧化还原反应生成 Cr^{3+},

　　其反应式如下：

$$Fe + 2H_2SO_4 \Longrightarrow FeSO_4 + H_2\uparrow$$

$$Cr_2O_7^{2-} + 6Fe^{2+} + 14H^+ \Longrightarrow 2Cr^{3+} + 6Fe^{3+} + 7H_2O$$

　　由于消耗大量酸,故溶液 pH 迅速上升到 5~6 左右。用 NaOH 调节 pH 为 8~9,生成氢氧化铬沉淀和氢氧化铁沉淀而分离。Fe^{3+}、Fe^{2+} 在中和沉淀处理阶段起着重要的作用,它们是很好的絮凝剂,当加入碱液后,随着废水的 pH 提高到适宜值时(pH＝8.0 左右),粒径较大的铁的氢氧化物絮状沉淀为 $Cr(OH)_3$ 之类微小颗粒提供活性吸附体,絮凝过程加速,从而提高了铬离子的去除效果。

$$Fe^{3+} + 3OH^- \Longrightarrow Fe(OH)_3; \quad Fe^{2+} + 2OH^- \Longrightarrow Fe(OH)_2; \quad Cr^{3+} + 3OH^- \Longrightarrow$$

$$Cr(OH)_3$$

仪器、试剂与材料

仪器：分光光度计、酸度计、100 mL、250 mL、400 mL 烧杯、25 mL 比色管、布氏漏斗、吸滤瓶、蒸发皿、台秤、漏斗、漏斗架、恒温水浴、真空泵、试管等

试剂：$(NH_4)_2Fe(SO_4)_2$ 标准溶液（0.05 mol·L^{-1}）、H_2SO_4（3 mol·L^{-1}）、NaOH（6 mol·L^{-1}）、$K_2Cr_2O_7$ 标准贮备液（100 mg·mL^{-1}，使用时稀释至 10 mg·mL^{-1}）、H_2SO_4-H_3PO_4[H_2SO_4∶H_3PO_4∶H_2O＝15∶15∶70（体积比）]、$BaCl_2$（0.1 mol·L^{-1}）、H_2O_2（3%）、二苯碳酰二肼$(C_6H_5NHNH)_2CO$（0.04%）、二苯胺磺酸钠 $C_6H_5NHC_6H_4SO_3Na$（1%）、铁屑、含铬废水

材料：滤纸，pH 试纸

实验步骤

1. 含铬废水中六价铬 Cr(Ⅵ)含量的测定

用移液管移取 25.00 mL 含铬废水置于锥形瓶中，依次加入 10 mL H_2SO_4-H_3PO_4 混合酸，30 mL 去离子水和 4 滴二苯胺磺酸钠 $C_6H_5NHC_6H_4SO_3Na$ 指示剂，摇匀。用标准 $(NH_4)_2Fe(SO_4)_2$ 溶液滴定至溶液由红色变为绿色时，即为滴定终点。平行滴定两次（按分析要求，两次滴定误差应不大于 0.15 mL），记录用去的 Fe^{2+} 体积，计算废水中 $Cr_2O_7^{2-}$ 的浓度。

2. 含铬废水的处理

（1）Cr(Ⅵ)（主要以 $Cr_2O_7^{2-}$ 形式存在）的还原

① 废铁屑用硫酸（1∶5）溶解，使之形成硫酸亚铁溶液（$FeSO_4$），当 pH＝5 左右，溶液不冒泡为止。同时分析好 $FeSO_4$ 溶液的浓度待用。

② 量取约 100 mL 含铬废水，置于 250 mL 烧杯中，按上述步骤"1."测定方法，求得含铬废水中 Cr_2O_3 的质量。

③ 按 $m(Fe_2O_3)∶m(Cr_2O_3)＝7.5\sim10$ 的比例，将由废铁屑处理得到的 $FeSO_4$ 溶液加入含铬废水中，不断搅拌下，逐滴加入 3 mol·L^{-1} H_2SO_4，直至溶液的 pH 约为 2 为止，此时溶液显亮绿色。

（2）氢氧化物沉淀的形成　往上述溶液中逐滴加入 6 mol·L^{-1} NaOH 溶液，调节溶液的 pH 约为 8~9。然后将溶液加热到 70℃左右，在不断搅拌下滴加 3% H_2O_2 溶液 6 滴~10 滴。冷却静置，使 Fe^{3+}、Fe^{2+}、Cr^{3+} 所形成的氢氧化物沉降。

3. 处理后水质检验

（1）系列比色用的标准 $K_2Cr_2O_7$ 溶液的配制

用吸量管分别量取标准 $K_2Cr_2O_7$ 溶液 1.00 mL、2.00 mL、3.00 mL、4.00 mL 和 5.00 mL 各置于 50 mL 容量瓶中，再依次加入 30 mL 去离子水和 2.5 mL 二苯基碳酰二肼溶液，以水定容，摇匀，制得不同色阶的标准 $K_2Cr_2O_7$ 系列溶液。系列溶液中 Cr(Ⅵ)的含量分别为：0.200 mg·mL^{-1}、0.400 mg·mL^{-1}、0.600 mg·mL^{-1}、0.800 mg·mL^{-1}、1.00 mg·mL^{-1}，用于目测比色分析。

（2）处理后水中 Cr(Ⅵ)含量的检验

将上述本实验步骤中 2(2)中的清液部分进行过滤（可用普通过滤法和抽气过滤法）。在 50 mL 容量瓶中加入 2.5 mL 二苯基碳酰二肼溶液，再加入上述滤液至刻度，摇匀。然后

将该溶液移至比色管中,并用滴管调节液面至标线。用同样操作方法,将上述配好的系列标准 $K_2Cr_2O_7$ 置于各比色管中,进行目测比色,确定处理后水中 Cr(Ⅵ) 的含量(mg·mL^{-1})。

4. 氢氧化物沉淀的处理及其磁性的检验

将氢氧化物沉淀用去离子水洗涤数次,除去 Na^+、SO_4^{2-} 等离子,然后将沉淀转移到蒸发皿中,用小火加热,蒸发至干。待冷却后,将沉淀均匀地摊在干净的白纸上,另用纸将磁铁紧紧裹住,然后与沉淀接触,检验其磁性。

实验说明与指导

1. 铁屑表面积越大,则与废水中 Cr^{6+} 离子接触机会越多,铁与 Cr^{6+} 离子碰撞概率越多,故铁与 Cr^{6+} 之间氧化还原反应就越快,因此,加入的铁屑最好以细丝状形式。铁屑的表面必须新鲜活泼,因此铁屑使用前,最好在碱液除油,再经盐酸活化,以提高铁屑的还原反应能力。

2. 按照理论计算,1 份重量的 Cr^{6+} 需加入 1.5 份重量的铁屑,但实际加入的铁屑量要远超过理论计算值,试验证明:按铬废水体积与铁屑体积(为细丝状)之比为 1:2 加入铁屑,能使处理后的水质达到国家排放标准的要求。

3. 氧化还原反应时,废水的 pH 必须保持在 2~3 之间。试验表明:当含铬废水的 pH 在 2~3 之间,铁屑与 Cr^{6+} 之间的氧化还原在 2 s 内完成。

4. 其他相关的制备方法

治理含铬废水的常用方法有离子交换法、化学还原法、化学沉淀法、电解法、液膜法等。

思考题

1. 本实验各步骤发生了哪些化学反应?如何控制溶液的 pH?

2. 含铬废水还原处理时,为什么量取含铬废水的体积不必非常准确?

参考文献

[1] 浙江大学普通化学教研组编. 普通化学实验(第三版). 北京:高等教育出版社,1996

[2] 周仕学,薛彦辉主编. 普通化学实验. 北京:化学工业出版社,2003

[3] 何德生. 铁屑法处理含铬废水的研究. 上海电镀,1992(4):34~35,56

[4] 胡涛,李亚云. 含铬废水的治理研究. 污染防治技术,2005,18(4):5~8

[5] 蔡玲. 利用废铁屑处理含铬工业废水. 天津化工,2005,19(3):47~48

[6] 马峻. 废铁屑制铁水法处理含铬废水与铬泥制中温变换催化剂. 江西能源,1995(3):27~30

实验四十七 均相沉淀法制备粉体纳米氧化锌

主 题 词 纳米 均相沉淀 氧化锌

主要操作 过滤 搅拌 洗涤

背景材料

材料的开发与应用在人类社会进步上起了极为关键的作用。人类文明史上的石器时代、铜器时代、铁器时代的划分就是以所用材料命名的。材料与能源、信息为当代技术的三大支柱,而且信息与能源技术的发展也离不开材料技术的支持。

纳米材料指的是颗粒尺寸为 1 nm～100 nm 的粒子组成的新型材料。由于它的尺寸小、比表面大及量子尺寸效应,使之具有常规材料不具备的特殊性能,在光吸收、敏感、催化及其他功能特性等方面展现出引人注目的应用前景。早在 1861 年,随着胶体化学的建立,科学家就开始对直径为 1 nm～100 nm 的粒子的体系进行研究。真正有意识地研究纳米粒子可追溯到 30 年代的日本,当时为了军事需要而开展了"沉烟试验",但受到实验水平和条件限制,虽用真空蒸发法制成世界上第一批超微铅粉,但光吸收性能很不稳定。直到 20 世纪 60 年代人们才开始对纳米粒子进行研究。1963 年,Uyeda 用气体蒸发冷凝法制得金属纳米微粒,对其形貌和晶体结构进行了电镜和电子衍射研究。1984 年,德国的 H. Gleiter 等人将气体蒸发冷凝获得的纳米铁粒子,在真空下原位压制成纳米固体材料,使纳米材料研究成为材料科学中的热点。

我国近年来在纳米材料的制备、表征、性能及理论研究方面取得了国际水平的创新成果,已形成一些具有特色的研究集体和研究基地,在国际纳米材料研究领域占有一席之地。在纳米制备科学中纳米粉体的制备由于其显著的应用前景发展的较快。

高性能材料的广泛应用越来越取决于对组成材料的晶粒尺寸、分布和形貌的控制。氧化锌粉体广泛地被用来制造功能器件(传感器,变阻器等)、色素、电记录材料、医用材料以及光催化材料等许多方面,粒子的超细化可以显著地改善氧化锌的应用性能,而且纳米氧化锌在磁、光、电敏感材料方面呈现常规材料所不具备的特殊性能,使得高品质氧化锌的应用前景广阔。而合成高纯度的、粒径和形貌可控的纳米氧化锌粉体是制备高性能纳米材料的第一步。

实验目的

1. 了解纳米氧化锌的制备方法;
2. 熟悉纳米氧化锌产品的分析方法;
3. 了解纳米氧化锌用途及其他纳米材料的制备方法。

实验原理

粒径小、粒度分布均匀是高品质超细颗粒必须具备的基本特征之一,为了达到上述目的,在制备粉体过程中,希望晶核的形成及核的生长过程得到很好的控制。通常采用滴加沉淀剂直接与反应物反应得到沉淀的方法,很难防止沉淀剂局部浓度过高而造成溶液中局部过饱和度过大,会使溶液中同时进行均相成核和非均相成核,造成沉淀粒度分散不均匀。以尿素为均匀沉淀剂制备纳米氧化锌的过程中,沉淀剂不是直接与硝酸锌反应,而是通过尿素水解生成的构晶离子 OH^-、CO_2 与硝酸锌反应:

$$CO(NH_2)_2 + 3H_2O =\!=\!= CO_2\uparrow + 2NH_3 \cdot H_2O \tag{1}$$

$$3Zn^{2+} + CO_3{}^{2-} + 4OH^- + H_2O =\!=\!= ZnCO_3 \cdot 2Zn(OH)_2 \cdot H_2O \tag{2}$$

$$ZnCO_3 \cdot 2Zn(OH)_2 \cdot H_2O \Longrightarrow 3ZnO + 2H_2O + CO_2 \uparrow \qquad (3)$$

反应(1)是慢反应,反应(2)是快反应,尿素溶液在加热下缓慢水解是整个反应的控制步骤,因而不会造成溶液中反应物浓度的突然增大,构晶离子均匀地分布在溶液的各个部分,与反应物硝酸锌可达到分子水平的混合,因而能够确保在整个溶液中均匀的反应生成沉淀。

仪器与试剂

仪器:电子天平(0.1 mg)、台秤、电磁搅拌器、真空干燥箱、减压过滤装置、马福炉、烧杯(200 mL)、锥形瓶(250 mL)

试剂:七水合硫酸锌、尿素、HCl(1∶1)、$NH_3 \cdot H_2O$(1∶1)、NH_3-NH_4Cl缓冲溶液(pH=10)、铬黑 T 指示剂(0.5%溶液)、EDTA 标准溶液(0.05000 mol·L^{-1})

实验步骤

1. 纳米氧化锌制备

将一定量的分析纯的尿素用二次去离子水溶解在烧杯中得到一澄清溶液,再将一定量的硝酸锌,与尿素以摩尔比为 1∶2 的量加入,然后在 120℃下加热溶液进行反应,由于水溶液在 100℃以上沸腾,故 100℃以上的反应在密闭容器中进行。沉淀经过滤、洗涤,在 100℃～110℃下真空干燥箱中干燥 2 h 左右。干燥后的沉淀置于马福炉中,在 450℃下煅烧 3 h 得到氧化锌产品。

2. 产品质量分析

(1)氧化锌含量的测定:称取 0.13 g～0.15 g 干燥试样(称准至 0.0001 g),置于 250 mL 锥形瓶中,加少量水润湿,加入 1∶1 HCl 溶液。加热溶解后,加水至 200 mL,用 1∶1 $NH_3 \cdot H_2O$ 中和至 pH=7～8。再加入 10 mLNH_3-NH_4Cl 缓冲溶液(pH=10)和 5 滴铬黑 T 指示剂(0.5%溶液),用 0.05000 mol·L^{-1}乙二胺四乙酸二钠(EDTA)标准溶液滴定至溶液由葡萄紫色变为正蓝色即为终点。

(2)粒径的测定:利用透射电镜进行观测,确定粒径、粒径分布等。

(3)晶体结构的测定:利用 X 射线衍射仪检测粒子的晶型。

实验说明与指导

1. 为使 $ZnCO_3 \cdot 2Zn(OH)_2 \cdot H_2O$ 氧化完全,在马福炉中焙烧时应经常开启炉门,以保证充足的氧气。

2. 尿素溶液在加热下缓慢水解是整个反应的控制步骤,这是形成均相沉淀条件。

3. 纯的尿素在用前先用二次去离子水溶解在烧杯中得到澄清溶液。

4. 制备纳米氧化锌其他方法:制备纳米氧化锌的方法有溶胶－凝胶法、溶液-悬浮液蒸发法、溶液的气相分解法、传统的陶瓷合成法和湿化学合成。

思考题

1. 通过哪些实验手段对纳米氧化锌产品进行分析?

2. 纳米氧化锌粒径大小与哪些因素有关?

参考文献

[1] 洪若瑜,徐丽萍. 纳米氧化锌的制备及光催化活性研究. 化工环保,2005,25(3):231～234

[2] 殷学锋主编,浙江大学等三校合编. 新编大学化学实验. 北京:高等教育出版社,2002

实验四十八　工业乙二胺含量的测定

主 题 词　乙二胺　酸碱滴定法

主要操作　酸式滴定管的滴定操作　液体样品的称量操作

背景材料

乙二胺,也叫 1,2-二氨基乙烷,其英文名称为 ethylenediamine 或 1,2-diaminoethane,分子式为 $C_2H_8N_2$,结构式为 $H_2NCH_2CH_2NH_2$,分子量是 60.11。其性状为:有氨气味的无色透明黏稠液体,溶于水和乙醇,不溶于乙醚和苯。熔点 8.6℃。乙二胺能与蒸汽一同挥发,在空气中会发烟。乙二胺有碱性、有毒、易燃。对眼睛、呼吸道、皮肤有刺激性。能吸收空气中的二氧化碳并能与无机酸生成溶于水的盐类。乙二胺用于制染料、橡胶硫化促进剂、药物、农药杀菌剂、氨基树脂、乙二胺脲醛树脂、金属螯合剂 EDTA 等,也用作血清蛋白、纤维蛋白等的溶剂。乙二胺由氨与乙醇胺或二氯乙烷或二溴乙烷作用制得。乙二胺的 $pK_{b1} = 4.07$;$pK_{b2} = 7.15$。

实验目的

1. 掌握酸式滴定管的正确使用;
2. 掌握乙二胺的测定原理;
3. 掌握酸碱指示剂的选择原则;
4. 掌握液体样品的称量技术。

实验原理

乙二胺的 $pK_{b1} = 4.07$;$pK_{b2} = 7.15$,为满足 $CK_b \geqslant 10^{-8}$ 条件,可以用盐酸标准溶液滴定,用合适的酸碱指示剂指示滴定终点。反应式如下:

$$H_2NCH_2CH_2NH_2 + HCl \longrightarrow [H_3NCH_2CH_2NH_2]^+ + Cl^-$$

仪器与试剂

仪器:万分之一的电子天平、具塞容量瓶、酸式滴定管等

试剂:工业乙二胺、盐酸标准溶液($0.5\ mol \cdot L^{-1}$)、无水碳酸钠、常见酸碱指示剂若干种。

实验步骤

取 30 mL 不含 CO_2 蒸馏水,注入具塞容量瓶中准确称量(m_1),用注射器注入 0.5 mL 工业乙二胺样品(注意:溶解时放热),放冷至室温(约 30 min),准确称量(m_2);再定量转移到 250 mL 锥形瓶中,加不含 CO_2 的蒸馏水使总体积达 50 mL,加入 4 滴 0.1‰酸碱指示剂,摇匀,用 0.5 mol·L^{-1} 的盐酸标准溶液滴定至黄色终点。

计算公式:$x=[V×C÷m]×0.03005×100\%$

式中　V 为样品溶液消耗盐酸标准溶液的体积,mL;

　　　C 为盐酸标准溶液的浓度,mol·L^{-1};

　　　$m=m_2-m_1$ 为乙二胺的质量,g;

　　　0.03005 为每毫摩尔的乙二胺的克数。

实验说明与指导

1. 乙二胺溶于水,会发生放热现象,必须冷却到室温后,才能滴定。
2. 注射器必须干燥。
3. 乙二胺对眼睛、呼吸道、皮肤有刺激性,使用时必须小心。
4. 盐酸标准溶液必须用基准物质标定。
5. 其他相关的测定方法有气相色谱法。

思考题

1. 如何准确称取液体样品?
2. 为什么不滴定到乙二胺全部质子化?
3. 为什么选择溴甲酚绿作为指示剂?

参考文献

[1] 化学工业部化学试剂质量检测中心编. 化学试剂标准大全. 北京:化学工业出版社,1995

实验四十九　芬顿试剂中双氧水和铁离子的测定

主 题 词　芬顿试剂　双氧水　铁

主要操作　滴定操作　称量操作

背景材料

Fenton(芬顿)氧化法于 1894 年 H. J. H. Fenton 首次发明 H_2O_2 在 Fe^{2+} 的催化作用下具有氧化多种有机物的能力,其中 Fe^{2+} 离子主要是作为催化剂,而 H_2O_2 则起氧化作用。这种由 H_2O_2 和金属盐(Fe^{2+})组成的引发体系分解活化能很低,在室温下就可引发污染物的氧化还原反应。亚铁离子作为催化剂,使其分解活化能较 H_2O_2 单独分解的活化能大大降低。所谓芬顿试剂就是由 H_2O_2 和 Fe^{2+} 盐组成的混合水溶液。由于芬顿试剂具有极强的氧化能力,特别适用于某些难治理的或对生物有毒性的工业废水的处理,所以芬顿试剂越来越受到人们的广泛关注。

实验目的

1. 利用学过的知识,设计联合应用多种滴定法测定混合溶液中的多组分;
2. 掌握 EDTA 配位滴定法的应用;
3. 掌握高锰酸钾法的应用;
4. 掌握碘法的应用。

实验原理

双氧水具有强氧化性,能将亚铁离子氧化成为高铁离子。控制溶液 pH,采用磺基水杨酸或二甲酚橙作为高铁离子的指示剂,用 EDTA 标准溶液滴定至滴定终点。反应式如下:

$$H_2O_2 + 2HCl + 2Fe^{2+} \rule[0.5ex]{3em}{0.4pt} 2H_2O + 2Fe^{3+} + 2Cl^-$$

$$Fe^{3+} + XO(亮黄色) \rule[0.5ex]{3em}{0.4pt} Fe^{3+} - XO(紫红色)$$

$$Fe^{3+} + H_3SSA(磺基水杨酸,无色) \rule[0.5ex]{3em}{0.4pt} Fe - SSA(红色) + 3H^+$$

$$Fe^{3+} + Na_2H_2Y^{2-} \rule[0.5ex]{3em}{0.4pt} 2Na^+ + 2H^+ + FeY^-$$

双氧水与高铁离子均能氧化 I^- 离子成为分子碘,可以用硫代硫酸钠滴定产生的碘分子,淀粉指示滴定终点,测定双氧水与高铁离子的含量。双氧水能被高锰酸钾标准溶液滴定。

仪器与试剂

仪器:万分之一的电子天平、碘量瓶、锥形瓶、酸式、碱式滴定管等

试剂:EDTA 标准溶液($0.02 \text{ mol} \cdot \text{L}^{-1}$)、无砷锌粒、二甲酚橙、硫代硫酸钠标准溶液($0.1 \text{ mol} \cdot \text{L}^{-1}$)、碘化钾溶液(20%)、盐酸($0.1 \text{ mol} \cdot \text{L}^{-1}$)、高锰酸钾标准溶液($0.02 \text{ mol} \cdot \text{L}^{-1}$)、硫酸溶液($3 \text{ mol} \cdot \text{L}^{-1}$)、5-磺基水杨酸溶液($1 \text{ g} \cdot \text{L}^{-1}$)、淀粉溶液(1%)

实验步骤

高锰酸钾滴定法测定双氧水　准确取芬顿试剂溶液 25 mL 于 250 mL 锥形瓶中,加入 5 mL $3 \text{ mol} \cdot \text{L}^{-1}$ 硫酸溶液,用已经标定过的 $0.02 \text{ mol} \cdot \text{L}^{-1}$ 高锰酸钾标准溶液滴定至粉红色并 30 s 内不褪色。根据高锰酸钾标准溶液的消耗体积计算双氧水的浓度。

配位滴定法测定高铁离子　准确取芬顿试剂溶液 25 mL 于 250 mL 锥形瓶中,加热分解除去双氧水,流水冷却至室温,加入 5 mL $0.1 \text{ mol} \cdot \text{L}^{-1}$ 盐酸溶液和 2 滴 $1 \text{ g} \cdot \text{L}^{-1}$ 的 5-磺基水杨酸溶液,摇匀,溶液呈现红色,用已经标定过的 $0.02 \text{ mol} \cdot \text{L}^{-1}$ EDTA 标准溶液滴定至变色。根据 EDTA 标准溶液的消耗体积计算高铁离子的浓度。

碘量法测定高铁离子和双氧水的总量　准确取芬顿试剂溶液 10 mL 于 250 mL 碘量瓶中,加 20 mL 蒸馏水,加入 5 mL 20% 碘化钾溶液,摇匀,盖上塞子,加水封,并在暗处反应 10 min 后,加 50 mL 蒸馏水稀释,立即用 $0.1 \text{ mol} \cdot \text{L}^{-1}$ 硫代硫酸钠标准溶液快速滴定至溶

液呈现浅黄色,加 1 mL 1‰淀粉溶液,继续滴定至蓝色突变为无色。根据硫代硫酸钠标准溶液的消耗体积可以测定高铁离子和双氧水的总量。

实验说明与指导

1. 如用配位滴定法,要注意选择合适指示剂,注意合适的滴定酸度。
2. 如用碘法,必须使用碘量瓶。
3. 如高锰酸钾法必须注意滴定速度、自催化反应。
4. 其他相关的测定方法　芬顿试剂中双氧水和高铁离子都可用分光光度法测定。

思考题

1. 配位滴定法、高锰酸钾法和碘法测定双氧水各有什么优点、缺点?

参考文献

[1] 常文贵,谢红璐.芬顿试剂(Fenton'reagents)法降解对苯二酚和工业废水.渤海大学学报(自然科学版),2004,25(1):15～18

[2] 程丽华,黄君礼,王丽,范志云.Fenton 试剂的特性及其在废水处理中的应用.化学工程师,2001(3):24～25

实验五十　设计用配位滴定法测定双氧水

主 题 词　双氧水　配位滴定法　测定

主要操作　滴定操作　液体样品的称量操作

背景材料

双氧水,也叫过氧化氢,英文名称为 hydrogen peroxide,分子式为 H_2O_2,相对分子量为 34.02,密度 1.438,熔点 $-89℃$,沸点 $151.4℃$,能与水、乙醇或乙醚以任何比例混合。

在不同的情况下可有氧化作用或还原作用。可用作氧化剂、漂白剂、消毒剂、脱氯剂,并供火箭燃料、有机或无机过氧化物、泡沫塑料和其他多孔物质等。可由硫酸作用于过氧化钡,或电解氧化硫酸成过硫酸或硫酸盐成过硫酸盐再经水解,或由 2-乙基蒽醌经氢化再经氧化而制得双氧水。市售的商品双氧水一般是 30%的水溶液。贮存时分解为水和氧。可加入少量 N-乙酰苯胺、N-乙酰乙氧基苯胺等稳定剂。浓度为含过氧化氢(H_2O_2)2.5%～3.5%(标示 3%)的市售双氧水是氧化型消毒剂,是强氧化剂,在过氧化氢酶的作用下迅速分解,释出新生氧,对细菌组分发生氧化作用,干扰其酶系统而发挥抗菌作用。对各种细菌繁殖体有杀灭作用,对芽孢和病毒无效。但本品作用时间短暂。有机物质存在时杀菌作用降低。局部涂抹冲洗后能产生气泡(遇有机物能释放分子氧),有一定的机械性消除微生物及脓液、渗出液作用,有利于清除脓块,血块及坏死组织。可用于清洁化脓性外耳道炎、中耳炎、口腔炎、白喉、齿龈脓漏、扁桃体炎、伤口、创面、溃疡、窦道。用于厌气菌感染以及破伤风、气性坏疽的创面。注意：高浓度双氧水对皮肤和黏膜产生刺激性灼伤，形成一疼痛"白痂"。连续以 0.75% 的双氧水溶液漱口可产生舌乳头肥厚，属可逆性。双氧水遇光、热易分解变质，不可与还原剂、强氧化剂、碱、碘化物混合使用。

实验目的

1. 掌握配位滴定法测定双氧水的原理；
2. 比较高锰酸钾法与配位滴定法测定双氧水的优缺点；
3. 了解配位滴定法指示剂的选择原则；
4. 掌握液体样品的称量技术。

实验原理

　　双氧水具有强氧化性，能将亚铁离子氧化成为高铁离子。控制溶液 pH，采用磺基水杨酸或二甲酚橙作为高铁离子的指示剂，用 EDTA 标准溶液滴定至滴定终点。反应式如下：

$$H_2O_2 + 2HCl + 2Fe^{2+} \longrightarrow 2H_2O + 2Fe^{3+} + 2Cl^-$$

$$Fe^{3+} + XO(亮黄色) \longrightarrow Fe^{3+} - XO(紫红色)$$

$$Fe^{3+} + H_3SSA(磺基水杨酸，无色) \longrightarrow Fe-SSA(红色) + 3H^+$$

$$Fe^{3+} + Na_2H_2Y^{2-} \longrightarrow 2Na^+ + 2H^+ + FeY^-$$

仪器与试剂

　　仪器：万分之一的电子天平、滴定管等

　　试剂：市售双氧水、二甲酚橙、0.02 mol·L⁻¹ EDTA 标准溶液、6 mol·L⁻¹ 盐酸、浓度约为 0.04 mol·L⁻¹ 亚铁离子溶液[用硫酸亚铁（$FeSO_4 \cdot 7H_2O$）配制：5.5850 g $FeSO_4 \cdot 7H_2O$，加入 3.3 mL 6 mol/L 盐酸，用蒸馏水稀释至 500 mL]；1 g·L⁻¹ 的 5-磺基水杨酸溶液、无砷锌粒、pH10 的 NH_3-NH_4Cl 缓冲溶液、铬黑 T 指示剂、1 mol·L⁻¹ $NH_3 \cdot H_2O$，以上试剂均为分析纯。

实验步骤

　　双氧水含量的测定　　准确称取 1.00 mL 市售双氧水（浓度约 30%）（W，g），用蒸馏水稀释至 1 L，摇匀得双氧水样品溶液。准确吸取上述双氧水样品溶液 25.00 mL，置于 250 mL 洁净锥形瓶中，加入浓度约为 0.04 mol·L⁻¹ 的 25.00 mL 亚铁离子溶液，摇匀，反应 5 min 后，加入 2 滴 1 g·L⁻¹ 的 5-磺基水杨酸溶液，摇匀，溶液呈现红棕色，用已标定的 0.02 mol·L⁻¹ EDTA 标准溶液滴定至溶液呈现亮黄色，记录 EDTA 标准溶液消耗的体积 V_1（mL）。根据滴定时消耗的 EDTA 标准溶液的体积及双氧水的质量，按以下公式计算双氧水的质量百分数：

$$H_2O_2\% = (C_{EDTA} \times V_1 \times M_{H_2O_2} \times 10^{-3} \div 2W) \times (1000 \div 25) \times 100(\%) \qquad (1)$$

(1)式中 C_{EDTA} 为 EDTA 标准溶液的准确浓度，mol·L⁻¹；$M_{H_2O_2}$ 为双氧水的分子量 34.02 g·mol⁻¹；W 为市售双氧水的质量（g）；V_1 为滴定双氧水氧化亚铁离子产生的高铁离子所消耗的 EDTA 标准溶液的体积（mL）。

实验说明与指导

1. 双氧水具有非常强的氧化性,实验时务必小心。
2. 用磺基水杨酸作为指示剂,必须注意合适的滴定酸度。
3. 其他相关的测定方法　双氧水可以用高锰酸钾法测定,也可以用碘量法测定。

思考题

1. 在配位滴定法测定双氧水的项目中 Fe^{2+} 有无干扰,如何消除?
2. 配位滴定法测定双氧水,与高锰酸钾法测定双氧水,在方法上有什么区别,有何优点?

参考文献

[1] 姚成,许艳,胡燕斌,王镇浦编.碘量法测定双氧水的含量.江苏化工,1996,24(3):51~53

[2] 化学工业部化学试剂质量监测中心编.化学试剂标准大全.北京:化学工业出版社,1995

实验五十一　设计用酸碱滴定法测定丙酮的含量

主 要 词　酸碱滴定法　丙酮　测定

主要操作　滴定操作　称量操作

背景材料

　　丙酮,2-丙酮,又名二甲基甲酮,分子结构式 CH_3COCH_3,英文名称为 acetone;propanone,为最简单的饱和酮。相对分子量 58.08,熔点 $-94.6℃$,沸点 $56.5℃$,闪点 $-20℃$。丙酮是一种无色透明液体,易挥发和易燃液体,有特殊的微香气味。能与水、甲醇、乙醇、乙醚、氯仿、吡啶等混溶,能溶解油、脂肪、树脂和橡胶。易燃、易挥发,化学性质较活泼,是制造醋酐、双丙酮醇、氯仿、碘仿、环氧树脂、聚异戊二烯橡胶、甲基丙烯酸甲酯等的重要原料。在无烟火药、赛璐珞、醋酯纤维、喷漆等工业中用作溶剂。

　　丙酮主要由淀粉发酵制得;或由丙烯水合生成异丙醇,经催化脱氢或催化氧化制得;或者由异丙苯氧化水解制得;以及由丙烯用钯催化剂液相氧化制得。此外,也可从木材干馏而得。实验室中常用乙酸酐干馏制得。工业上主要作为溶剂用于炸药、塑料、橡胶、纤维、制革、油脂、喷漆等行业中,也可作为合成烯酮、醋酐、碘仿、聚异戊二烯橡胶、甲基丙烯酸、甲酯、氯仿、环氧树脂等物质的重要原料。

　　丙酮主要是对中枢神经系统的抑制、麻醉作用,高浓度接触对个别人可能出现肝、肾和胰腺的损害。由于其毒性低,代谢解毒快,生产条件下急性中毒较为少见。急性中毒时可发生呕吐、气急、痉挛甚至昏迷。口服后,口唇、咽喉烧灼感,经数小时的潜伏期后可发生口干、呕吐、昏睡、酸中毒等病症,甚至暂时性意识障碍。丙酮对人体的长期损害表现为对眼的刺激症状如流泪、畏光和角膜上皮浸润等,还可表现为眩晕、灼热感、咽喉刺激、咳嗽等。丙酮中毒的预防应做到遵守操作规程,保持良好通风及加强个人防护。[实例 1]1987 年 4 月 23 日下午 6 时,江苏省江都县防腐工程队在承包某发电厂废水池防腐工程时,使用丙酮清洗器件,由于当天气温高,导致丙酮大量挥发,致使 5 名操作工发生不同程度的丙酮中毒。事故原因主要是违反安全操作规程,缺乏安全卫生意识和教育,未使用个人防护用具。

实验目的

　　1. 掌握酸碱滴定法测定丙酮含量的原理;
　　2. 了解丙酮与盐酸羟胺的成肟反应;
　　3. 理解衍生化反应在酸碱滴定中的应用。

实验原理

　　根据丙酮与盐酸羟胺($NH_2OH \cdot HCl$ 的 20℃时 $pK_a = 5.96$)能形成丙酮肟,释放出盐酸,利用氢氧化钠标准溶液滴定产生的盐酸,用合适的酸碱指示剂指示滴定终点。反应如下:

$$CH_3COCH_3 + NH_2OH \cdot HCl \Longrightarrow CH_3CN(OH)CH_3 + H_2O + HCl$$
$$NaOH + HCl \Longrightarrow NaCl + H_2O$$

仪器与试剂

　　仪器:万分之一的电子天平、滴定管、锥形瓶等
　　试剂:市售丙酮、盐酸羟胺、NaOH 标准溶液($0.5\ mol \cdot L^{-1}$)、甲基橙(0.1%)

实验步骤

　　取 30 mL 不含 CO_2 蒸馏水,注入具塞容量瓶中准确称量(m_1),用注射器注入 1.0 mL 市售丙酮样品,准确称量(m_2);再定量转移到 250 mL 锥形瓶中,加入 2 g 盐酸羟胺,加不含 CO_2 的蒸馏水使总体积达 50 mL,加入 2 滴 0.1% 甲基橙,摇匀,溶液呈现红色,用 $0.5\ mol \cdot L^{-1}$ NaOH 标准溶液滴定至橙色终点。

实验说明与指导

　　1. 本方法是利用定量过量的盐酸羟胺与丙酮反应,因此剩余的盐酸羟胺必须考虑;
　　2. 盐酸羟胺与丙酮必须充分反应。
　　3. 其他相关的测定方法有气相色谱法。

思考题

　　1. 使用本方法能否用于测定其他羰基化合物(如甲醛、乙醛、乙二醛、丁二酮等)的含量?

参考文献

　　[1] 俞元龙. 酸碱滴定法测定盐酸羟胺. 医药工业,1987,18(8):260

实验五十二　食盐中添加剂——碘酸钾的测定

主 题 词　食盐　碘酸钾　分光光度法　测定

主要操作　称量操作　移液操作　分光光度计的使用操作

背景材料

　　盐是人类延续生命的必需品,具有调节人体内水分的均衡和分布、维持体液平衡的作用,适量摄取食盐有益于健康。碘缺乏病是由于自然环境因素缺碘,使机体因摄入碘量不足产生的一系列损害。除了俗称的"大脖子病"和地方性克汀病外,最可怕的是缺碘会影响胎儿的脑发育,导致儿童智力和体格发育障碍,造成碘缺乏地区人口的智能损害。我国是碘缺乏病很严重的国家,中国碘缺乏病区人口占世界病区人口的近一半。这一事实成为全世界关注的焦点。1990 年 3 月联合国召开了世界儿童问题首脑会议,发表了《儿童生存、保护和发展世界宣言》,提出了到 2000 年消除碘缺乏病的目标,1993 年国务院成立消除碘缺乏病协调领导小组,解决碘供应中的问题。由于人们每天都离不开盐,因此食用碘盐是消除碘缺乏病的最简单而又有效的方法。碘盐最早产生于瑞士,1840 年,瑞士开始在食盐中加入碘化物,用于防治碘缺乏病,一个多世纪以来,已被世界各国广泛采用,并取得了良好的效果。目前我国政府为预防碘缺乏病,强制实行了全民食盐加碘。盐作为国家专营商品,加碘盐也是由政府指定的盐业公司生产的,以保证提供给人们质量合格的碘盐。食盐加碘,通常添加碘酸钾。

实验目的

　　1. 掌握创建分光光度新方法所做的条件试验;
　　2. 了解食盐加碘的意义;
　　3. 掌握分光光度计的使用。

实验原理

　　KIO_3 在稀盐酸介质中与 KI 反应产生 I_3^-,I_3^- 具有紫外光谱,同时 I_3^- 遇到淀粉显蓝色。反应如下:

$$KIO_3 + 8KI + 6HCl \Longrightarrow 3KI_3 + 6KCl + 3H_2O$$
$$I_2 + 淀粉 \longrightarrow 蓝色复合物$$

仪器与试剂

　　仪器:电子天平、752 型紫外-可见分光光度计、722 型紫外-可见分光光度计

　　试剂:盐酸溶液($1\ mol \cdot L^{-1}$)、KIO_3 标准溶液($20\ \mu g \cdot mL^{-1}$)、KI 溶液($0.2\ mol \cdot L^{-1}$)、淀粉溶液($1\% (W/V)$)(夏季当天用,其他季节一周内用完)。

实验步骤

方法(一)(I_3^- 紫外光度法)

1. 吸收曲线的绘制

准确吸取 20 μg·mL^{-1} KIO$_3$ 标准溶液 3 mL 置于系列洁净 50 mL 容量瓶中,依次加入 5 mL 0.2 mol·L^{-1} KI 溶液,摇匀;加入 3 mL 1 mol·L^{-1} 盐酸溶液,摇匀,用蒸馏水稀释至 50 mL,摇匀。同时制作相应的试剂空白。以相应试剂空白作参比,在 300 nm～400 nm 范围内测定不同波长条件下的吸光度 A,绘制吸收曲线,选择最大测定波长 λ_{max}。

2. 溶液酸度的影响

准确吸取 20 μg·mL^{-1} KIO$_3$ 标准溶液 3 mL 置于系列洁净 50 mL 容量瓶中,依次加入 5 mL 0.2 mol·L^{-1} KI 溶液,摇匀;分别加入 0.50、1.00、2.00、3.00、4.00 和 5.00 mL 1 mol·L^{-1} 盐酸溶液,摇匀,用蒸馏水稀释至 50 mL,摇匀。同时制作相应的试剂空白。以相应试剂空白作参比,在最大测定波长 λ_{max} 处测定吸光度 A。绘制盐酸溶液用量 V^{HCl} 对吸光度 A 的影响图(V^{HCl} 与 A 作图),确定 1 mol·L^{-1} 盐酸溶液的最佳用量 V_g^{HCl}。

3. 碘化钾溶液用量的影响

准确吸取 20 μg·mL^{-1} KIO$_3$ 标准溶液 3 mL 置于系列洁净 50 mL 容量瓶中,依次分别加入 1.00、2.00、3.00、4.00、5.00 mL 0.2 mol·L^{-1} KI 溶液,摇匀;均加入 V_g^{HCl} mL 1 mol·L^{-1} 盐酸溶液,摇匀用蒸馏水稀释至 50 mL,摇匀。同时制作相应的试剂空白。以相应试剂空白作参比,在最大测定波长 λ_{max} 处测定吸光度 A。绘制碘化钾溶液用量 V^{KI} 对吸光度 A 的影响图(V^{KI} 与 A 作图),确定 0.2 mol·L^{-1} KI 溶液的最佳用量 V_g^{KI}。

4. 稳定性试验

准确吸取 20 μg·mL^{-1} KIO$_3$ 标准溶液 3 mL 置于系列洁净 50 mL 容量瓶中,依次加入 V_g^{KI} mL 0.2 mol·L^{-1} KI 溶液,摇匀;加入 V_g^{HCl} mL 1 mol·L^{-1} 盐酸溶液,摇匀,用蒸馏水稀释至 50 mL,摇匀。同时制作相应的试剂空白。以相应试剂空白作参比,在 60 min 内测定不同时间对测定溶液吸光度 A 的影响,确定最佳反应时间 t_g。

5. 标准曲线的绘制

准确吸取 20 μg·mL^{-1} KIO$_3$ 标准溶液 0.00、1.00、2.00、3.00、4.00、5.00、6.00、7.00 mL,分别置于系列洁净 50 mL 容量瓶中,依次加入 V_g^{KI} mL 0.2 mol·L^{-1} KI 溶液,摇匀;加入 V_g^{HCl} mL 1 mol·L^{-1} 盐酸溶液,摇匀,用蒸馏水稀释至 50 mL,摇匀。以不含 KIO$_3$ 的试剂空白作参比,在最大测定波长 λ_{max} 处测定吸光度 As,用 Excel 电子表格绘制 As 与 Cs(KIO$_3$ 质量为 μg)标准曲线,并计算回归方程。

6. 样品分析

准确称取市售加碘食盐 5 g(W),置于 250 mL(V_1) 容量瓶中,用蒸馏水溶解并稀释至刻度,摇匀。准确吸取该溶液 5 mL(V_2),以下按"标准曲线的绘制"项下操作测定吸光度 Ax,根据标准曲线的回归方程计算市售加碘食盐中的 KIO$_3$ 质量 Cx(μg),同时可以计算出市售加碘食盐中的 KIO$_3$ 含量(mg/kg)。

计算公式为:KIO$_3$ 含量(mg/kg)= $Cx \times V_1 \div V_2 \div W$

方法(二)(I_2 - 淀粉比色法)

1. 吸收曲线的绘制

准确吸取 20 μg・L^{-1} KIO_3 标准溶液 2 mL 置于系列洁净 50 mL 容量瓶中,依次加入 2 mL 0.2 mol・L^{-1} KI 溶液、2 mL 1 mol・L^{-1} 盐酸溶液和 2 mL 1%(W/V)淀粉溶液,摇匀用蒸馏水稀释至 50 mL,摇匀。同时制作相应的试剂空白。以相应试剂空白作参比,在 400 nm～800 nm 范围内测定不同波长条件下的吸光度 A,绘制吸收曲线,选择最大测定波长 λ_{max}。

2. 溶液酸度的影响

准确吸取 20 μg・L^{-1} KIO_3 标准溶液 2 mL 置于系列洁净 50 mL 容量瓶中,依次加入 5 mL 0.2 mol・L^{-1} KI 溶液,摇匀;分别加入 0.50、1.00、1.50、2.00、3.00、4.00 mL 1 mol・L^{-1} 盐酸溶液,均加入 2 mL 1%(W/V)淀粉溶液,用蒸馏水稀释至 50 mL,摇匀。同时制作相应的试剂空白。以相应试剂空白作参比,在最大测定波长 λ_{max} 处测定吸光度 A。绘制盐酸溶液用量 V^{HCl} 对吸光度 A 的影响图(V^{HCl} 与 A 作图),确定 1 mol・L^{-1} 盐酸溶液的最佳用量 V_g^{HCl}。

3. 碘化钾溶液用量的影响

准确吸取 20 μg・L^{-1} KIO_3 标准溶液 2 mL 置于系列洁净 50 mL 容量瓶中,依次分别加入 0.50、1.00、1.50、2.00、3.00、4.00 mL 0.2 mol・L^{-1} KI 溶液,摇匀;均加入 V_g^{HCl} mL 1 mol・L^{-1} 盐酸溶液和 2 mL 1%(W/V)淀粉溶液,用蒸馏水稀释至 50 mL,摇匀。同时制作相应的试剂空白。以相应试剂空白作参比,在最大测定波长 λ_{max} 处测定吸光度 A。绘制碘化钾溶液用量 V^{KI} 对吸光度 A 的影响图(V^{KI} 与 A 作图),确定 0.2 mol・L^{-1} KI 溶液的最佳用量 V_g^{KI}。

4. 淀粉溶液用量的影响

准确吸取 20 μg・L^{-1} KIO_3 标准溶液 2 mL 置于系列洁净 50 mL 容量瓶中,分别加入 V_g^{KI} mL 0.2 mol・L^{-1} KI 溶液、V_g^{HCl} mL 1 mol・L^{-1} 盐酸溶液,分别加入 0.50、1.00、1.50、2.00、2.50、3.00、4.00 mL 1%(W/V)淀粉溶液,用蒸馏水稀释至 50 mL,摇匀。同时制作相应的试剂空白。以相应试剂空白作参比,在最大测定波长 λ_{max} 处测定吸光度 A。绘制 1%(W/V)淀粉溶液用量 Vg(淀粉)对吸光度 A 的影响图[Vg(淀粉)与 A 作图],确定 1%(W/V)淀粉溶液的最佳用量 Vg(淀粉)。

5. 稳定性试验

准确吸取 20 μg・L^{-1} KIO_3 标准溶液 2 mL 置于洁净 50 mL 容量瓶中,依次加入 V_g^{KI} mL 0.2 mol・L^{-1} KI 溶液、V_g^{HCl} mL 1 mol・L^{-1} 盐酸溶液,Vg(淀粉)mL 1%(W/V)淀粉溶液,用蒸馏水稀释至 50 mL,摇匀。同时制作相应的试剂空白。以相应试剂空白作参比,在最大测定波长 λ_{max} 处测定吸光度 A。在 90 min 内测定不同时间对测定溶液吸光度 A 的影响,确定最佳反应时间 t_g。

6. 标准曲线的绘制

准确吸取 20 μg/L KIO_3 标准溶液 0.00、1.00、2.00、3.00、4.00、5.00 mL,分别置于系列洁净 50 mL 容量瓶中,依次加入 V_g^{KI} mL 0.2 mol・L^{-1} KI 溶液、V_g^{HCl} mL 1 mol・L^{-1} 盐酸溶液和 Vg(淀粉)mL 1%(W/V)淀粉溶液,用蒸馏水稀释至 50 mL,摇匀。以不含 KIO_3 的试剂空白作参比,在最大测定波长 λ_{max} 处测定吸光度 As,以用 Excel 电子表格绘制 As 与 Cs(KIO_3 质量为 μg)标准曲线,并计算回归方程。

7. 样品分析

准确称取市售加碘食盐 5 g (W)，置于 250 mL (V_1) 容量瓶中，用蒸馏水溶解并稀释至刻度，摇匀。准确吸取该溶液 5 mL(V_2)，以下按"标准曲线的绘制"项下操作测定吸光度 Ax，根据标准曲线的回归方程计算市售加碘食盐中的 KIO_3 质量 $Cx(\mu g)$，同时可以计算出市售加碘食盐中的 KIO_3 含量(mg/Kg)。

计算公式为：KIO_3 含量$(mg/Kg)=Cx\times V_1\div V_2\div W$

实验说明与指导

1. 淀粉溶液必须新鲜配制。
2. 用 I_3^- 直接测定时必须用石英比色皿。
3. 其他相关的测定方法　加碘食盐中碘酸钾的测定可用碘量滴定法测定，也可以利用碘酸钾与碘化钾在酸性条件下反应 I_3^-，后者与阳离子染料（如结晶紫）等形成离子缔合物，溶解于胶束中，用可见分光光度测定等。

思考题

1. 如何配制淀粉溶液？
2. 比较 I_3^- 紫外光度法与 I_2^- 淀粉比色法有什么异同？
3. 为什么要在食盐中添加 KIO_3？

参考文献

[1] 马卫兴,薛婉立. 紫外光度法测定食盐中的添加剂碘酸钾. 中国调味品,1997,(6)：22～24

[2] 刘占广. I_3^- 分光光度法测定碘盐中的碘酸根. 海湖盐与化工,2004,33(2).30～31

[3] 马卫兴. 快速比色法测定食盐中的碘酸钾. 江苏调味副食品,1997,(2);23～24

实验五十三　盐酸羟胺的酸碱滴定法

主 题 词　盐酸羟胺　酸碱滴定法　丙酮

主要操作　称量操作　滴定操作

背景材料

盐酸羟胺($NH_2OH \cdot HCl$),分子式为 NH_4OCl,分子量是 64.49。其性状为：白色结晶体,吸潮分解,溶于水、醇和甘油,不溶于醚,熔点151℃,有腐蚀性。盐酸羟胺用作还原剂和显像剂,广泛用作医药中间体。盐酸羟胺的 $pK_a= 5.96(20℃)$。

实验目的

1. 掌握碱式滴定管的正确使用；
2. 掌握盐酸羟胺的测定原理；

3. 掌握酸碱指示剂的选择原则。

实验原理

盐酸羟胺可以与氢氧化钠直接反应,可以直接用氢氧化钠标准溶液滴定。反应式如下:

$$NH_2OH \cdot HCl + NaOH \Longrightarrow NH_2OH + NaCl + H_2O$$

盐酸羟胺可以与过量的丙酮形成丙酮肟,同时释放出盐酸,新生的盐酸可以用氢氧化钠标准溶液滴定,用合适的酸碱指示剂指示滴定终点。反应式如下:

$$NH_2OH \cdot HCl + CH_3COCH_3 \Longrightarrow CH_3C(CNOH)CH_3 + HCl$$

$$NaOH + HCl \Longrightarrow NaCl + H_2O$$

仪器与试剂

仪器:万分之一的电子天平、碱式滴定管、锥形瓶等

试剂:盐酸羟胺、丙酮、氢氧化钠标准溶液($0.5 \ mol \cdot L^{-1}$)、常见酸碱指示剂若干种

实验步骤

方法一:使用减重称量法,准确称取适量的盐酸羟胺($NH_2OH \cdot HCl$)样品,用适量的蒸馏水溶解,加入适量的过量的丙酮,加入 2 滴合适的酸碱指示剂,摇匀,用 $0.5 \ mol \cdot L^{-1}$ 的氢氧化钠标准溶液滴定至终点。

方法二:使用减重称量法,准确称取适量的盐酸羟胺($NH_2OH \cdot HCl$)样品,用适量的蒸馏水溶解,加入 2 滴合适的酸碱指示剂,摇匀,用 $0.5 \ mol \cdot L^{-1}$ 的氢氧化钠标准溶液滴定至终点。

实验说明与指导

1. 测定中丙酮必须过量,以保证所有盐酸羟胺成肟.

2. 丙酮挥发性较强,拟在 25℃ 以下进行测定。

3. 其他相关的测定方法　盐酸羟胺可用高锰酸钾滴定法测定,也可以用分光光度法进行测定,或经处理后,用银量沉淀滴定法测定氯离子来测定其含量。高锰酸钾法(见 GB6685-86)测定盐酸羟胺的具体操作方法:准确称取 0.5 g 溶于不含溶解氧的水,定量转移到 100 mL 容量瓶中,用水稀释至刻度。准确移取 20 mL 该溶液,加入 10 mL 6 mol · L⁻¹ 的硫酸和 20 mL 25% 硫酸铁铵溶液,摇匀,缓缓加热 5 min,加入 25 mL 无 CO₂ 的水,加 2 mL H_3PO_4,于 60℃ 用 $0.1 \ mol \cdot L^{-1}$ 的高锰酸钾标准溶液滴定至溶液呈粉红色。同时做空白试验。

计算公式:$x = \{[(V_1 - V_2) \times C \div m] \times 0.03475 \times 100 \div 20\} \times 100\%$

式中　V_1 为样品溶液消耗高锰酸钾标准溶液的体积,mL;

V_2 为空白试验消耗高锰酸钾标准溶液的体积,mL;

C 为高锰酸钾标准溶液的浓度,mol · L⁻¹;

m 为盐酸羟胺的质量,g;

0.03475 为每 m mol $0.5NH_2OH \cdot HCl$ 之克数(g/m mol)。

思考题

1. 加入丙酮的作用是什么？能否用其他试剂替代？
2. 本法与高锰酸钾法或分光光度法相比，有什么优点？
3. 比较氢氧化钠直接滴定法与衍生化-氢氧化钠滴定法，各有什么特点？

参考文献

［1］俞元龙. 酸碱滴定法测定盐酸羟胺. 医药工业,1987,18(8)：260

［2］化学工业部化学试剂质量检测中心编. 化学试剂标准大全. 北京：化学工业出版社,1995

［3］氯化羟胺(盐酸羟胺). GB6685～86

［4］马卫兴,刘文明. 盐酸羟胺的分光光度测定法. 中国医药工业杂志,1993,24(7)：315～316

［5］马卫兴,刘文明. 间接光度法测定盐酸羟胺. 淮海工学院学报,1994,(1)：82～84

实验五十四　　紫外光度法测定抗坏血酸含量

主 题 词　维生素C　抗坏血酸　紫外光度法　测定

主要操作　称量操作　移液操作　吸光度测量操作

背景材料

　　抗坏血酸，也叫维生素 C，化学名称为：L-3-氧代苏己糖醛酸内酯，分子式为 $C_6H_8O_6$，相对分子质量：176.13。其易溶于水。自然界存在两种形式的维生素 C：抗坏血酸（还原型 VC）和脱氢抗坏血酸（氧化型 DHVC），抗坏血酸易被氧化成脱氢抗坏血酸，脱氢抗坏血酸又易还原成抗坏血酸。两种天然形式都可被人体利用，体内也能有效地利用两种合成的 L-抗坏血酸。抗坏血酸极不稳定，它很容易氧化，加热、暴露于空气中，碱性溶液及金属离子 Cu^{2+}、Fe^{3+} 等，都能加速其氧化，易受光、湿和强力挤压等因素影响而被破坏。维生素 C 广泛存在于新鲜植物如水果、蔬菜中，由于植物中的有机酸及其他抗氧化剂的保护使它免受破坏。抗坏血酸被氧化后成为脱氢抗坏血酸，反应如下：

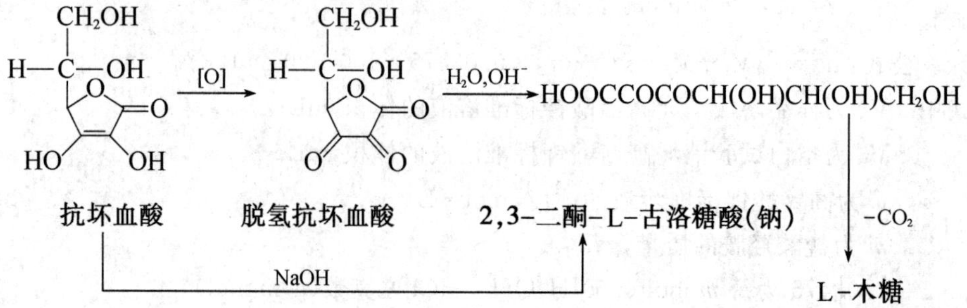

当具有紫外吸收的有机化合物(如维生素 C 银翘片中存在的扑热息痛)存在时,直接紫外光度法测定抗坏血酸会有强烈的干扰。

实验目的

1. 了解抗坏血酸测定的意义;
2. 掌握测定抗坏血酸的不同紫外光度法的原理;
3. 比较不同紫外光度法测定抗坏血酸含量的优缺点。

实验原理

具有烯二醇结构的抗坏血酸有特征的紫外吸收光谱,可以用直接紫外光度法测定其含量;它可以被铁(Ⅲ)、铜(Ⅱ)等氧化而使其紫外吸收光谱消失,可建立铁(Ⅲ)或铜(Ⅱ)氧化－紫外光度法,用于测定抗坏血酸;它被强碱 NaOH 溶液处理后也使紫外吸收光谱消失,也建立 NaOH 溶液处理——紫外光度法,用于测定抗坏血酸。

仪器与试剂

仪器:电子天平、紫外-可见分光光度计、容量瓶及吸量管等

试剂:抗坏血酸标准溶液($100\ \mu g \cdot mL^{-1}$)、盐酸溶液($0.2\ mol \cdot L^{-1}$)、铁(Ⅲ)($100\ \mu g \cdot mL^{-1}$)(见邻菲罗啉分光光度法测定铁),NH_4F 溶液(2.5%)、$(CH_2)_6N_4$ － HCl 缓冲溶液(pH5.4)、NaOH 溶液($0.2\ mol \cdot L^{-1}$)

实验步骤

方法(一) 直接紫外光度法

1. 吸收曲线的绘制

准确吸取 $100\ \mu g \cdot mL^{-1}$ 抗坏血酸标准溶液 3 mL 置于洁净 50 mL 容量瓶中,加入 5 mL $0.2\ mol \cdot L^{-1}$ 盐酸溶液,摇匀,用蒸馏水稀释至 50 mL,摇匀。同时制作相应的试剂空白。以相应试剂空白作参比,在 200 nm～300 nm 范围内测定不同波长条件下的吸光度 A,绘制吸收曲线,选择最大测定波长 λ_{max}。(或者:准确吸取 $100\ \mu g \cdot mL^{-1}$ 抗坏血酸标准溶液 3 mL 置于洁净 50 mL 容量瓶中,用 pH5～6 的 HAc-NaAc 缓冲溶液稀释至 50 mL,摇匀。以相应 pH5～6 的 HAc-NaAc 缓冲溶液试剂空白作参比,在 200 nm～300 nm 范围内测定不同波长条件下的吸光度 A,绘制吸收曲线,选择最大测定波长 λ_{max})。

2. 标准曲线的绘制

准确吸取 $100\ \mu g \cdot mL^{-1}$ 抗坏血酸标准溶液 0.00、0.50、1.00、2.00、3.00、4.00、5.00、6.00、7.00 mL,分别置于系列洁净 50 mL 容量瓶中,分别加入 5 mL $0.2\ mol \cdot L^{-1}$ 盐酸溶液,摇匀用蒸馏水稀释至 50 mL,摇匀。以不含抗坏血酸的试剂空白作参比,在最大测定波长 λ_{max} 处测定吸光度 As,用 Excel 电子表格绘制 $As～Cs$(抗坏血酸,$\mu g/50\ mL$)标准曲线,并计算回归方程。(或者:准确吸取 $100\ \mu g \cdot mL^{-1}$ 抗坏血酸标准溶液 0.00、0.50、1.00、2.00、3.00、4.00、5.00、6.00、7.00 mL,分别置于系列洁净 50 mL 容量瓶中,用 pH5～6 的 HAc－NaAc 缓冲溶液稀释至 50 mL,摇匀。以相应 pH5～6 的 HAc－NaAc 缓冲溶液试剂空白作参比,在 200 nm～300 nm 范围内测定不同波长条件下的吸光度 A,绘制吸收曲线,选择最大

测定波长 λ_{max}）。

3. 样品分析

取维生素 C 片 20 片，准确称重，求平均片重后研细。取适量（相当于 VC 100 mg）精确称重后，置 1000 mL 容量瓶中，加水到刻度，摇匀，并过滤。弃去初滤液，准确吸取续滤液 3 mL 置 50 mL 容量瓶中，以下按"标准曲线的绘制"项下操作测定吸光度 Ax，根据标准曲线的回归方程计算维生素 C 片中的抗坏血酸含量（mg/片）。

方法（二）铁（Ⅲ）氧化－紫外光度法

1. 吸收曲线的绘制

准确吸取 100 μg·mL^{-1} 抗坏血酸标准溶液 3 mL 二份，分别置于不同的洁净 50 mL 容量瓶中，其中之一中加入 5 mL pH5.4 的 $(CH_2)_6N_4$-HCl 缓冲溶液，用蒸馏水稀释至 50 mL，摇匀；另一则依次加入 5 mL 100 μg·mL^{-1} 铁（Ⅲ），3 mL 2.5% NH_4F 溶液和 5 mL pH5.4 的 $(CH_2)_6N_4$-HCl 缓冲溶液，每加一种试剂均需要摇匀，用蒸馏水稀释至 50 mL，摇匀。同时制作相应的试剂空白。在第三个 50 mL 容量瓶中加入 5 mL pH5.4 的 $(CH_2)_6N_4$-HCl 缓冲溶液，用蒸馏水稀释至 50 mL，摇匀作为参比溶液，在 200 nm～300 nm 范围内测定不同波长条件下的吸光度 A，绘制铁（Ⅲ）氧化前后的吸收曲线，选择最大测定波长 λ_{max}。

2. 标准曲线的绘制

准确吸取 100 μg·mL^{-1} 抗坏血酸标准溶液 0.00、0.50、1.00、2.00、3.00、4.00、5.00、6.00、7.00 mL，分别置于系列洁净 50 mL 容量瓶中，加入 5 mL pH5.4 的 $(CH_2)_6N_4$-HCl 缓冲溶液，每加一种试剂均需要摇匀，用蒸馏水稀释至 50 mL，摇匀。同时准确吸取 100 μg·mL^{-1} 抗坏血酸标准溶液 0.00、0.50、1.00、2.00、3.00、4.00、5.00、6.00、7.00 mL，分别置于系列洁净 50 mL 容量瓶中，依次加入 5 mL 100 μg·mL^{-1} 铁（Ⅲ）标准溶液，3 mL 2.5% NH_4F 溶液和 5 mL pH5.4 的 $(CH_2)_6N_4$-HCl 缓冲溶液，每加一种试剂均需要摇匀，用蒸馏水稀释至 50 mL，摇匀。以铁（Ⅲ）标准溶液氧化抗坏血酸后的溶液作参比，在最大测定波长 λ_{max} 处测定吸光度 As，用 Excel 电子表格绘制 As～Cs（抗坏血酸，μg/50 mL）标准曲线，并计算回归方程。

3. 样品分析

取维生素 C 片 20 片，准确称重，求平均片重后研细。取适量（相当于 VC 100 mg）精确称重后，置 1000 mL 容量瓶中，加水到刻度，摇匀，并过滤。弃去初滤液，准确吸取续滤液 3 mL 置 50 mL 容量瓶中，以下按"标准曲线的绘制"项下操作测定吸光度 Ax，根据标准曲线的回归方程计算维生素 C 片中的抗坏血酸含量（mg/片）。

取维生素 C 银翘片 20 片，准确称重，求平均片重后研细。取适量（相当于维生素 C 25 mg）精确称重后，置于 250 mL 容量瓶中，加水到刻度，摇匀，并过滤。弃去初滤液，准确吸取续滤液 3 mL 置 50 mL 容量瓶中，以下按"标准曲线的绘制"项下操作测定吸光度 Ax，根据标准曲线的回归方程计算维生素 C 银翘片中的抗坏血酸含量（mg/片）。

准确称取果味维生素 C 冲剂 0.2000 g，置于 1000 mL 容量瓶中，加水到刻度，摇匀，并过滤。弃去初滤液，准确吸取续滤液 2 mL 置 50 mL 容量瓶中，以下按"标准曲线的绘制"项下操作测定吸光度 Ax，根据标准曲线的回归方程计算果味维生素 C 冲剂中的抗坏血酸含量（mg/100 g）。

方法（三）强碱 NaOH 溶液处理——紫外光度法

1. 吸收曲线的绘制

准确吸取 100 μg·mL^{-1} 抗坏血酸标准溶液 4 mL 二份,分别置于不同的洁净 50 mL 容量瓶中,在其中之一加入 5 mL pH5.4 的 $(CH_2)_6N_4$ – HCl 缓冲溶液,用蒸馏水稀释至 50 mL,摇匀;在另一个容量瓶中加入 5 mL pH5.4 的 $(CH_2)_6N_4$-HCl 缓冲溶液,用蒸馏水稀释至 50 mL,摇匀后的试剂空白作为参比溶液,在 220 nm～300 nm 范围内测定不同波长条件下的吸光度 A,绘制抗坏血酸的吸收曲线;另一则加入 10 mL 0.2 mol·L^{-1} NaOH 溶液,用蒸馏水稀释至 50 mL,摇匀,放置 5 min,以加入 10 mL 0.2 mol·L^{-1} NaOH 溶液用蒸馏水稀释至 50 mL 的摇匀后的试剂空白作为参比溶液,在 220 nm～300 nm 范围内测定不同波长条件下的吸光度 A,绘制 NaOH 溶液处理抗坏血酸后的吸收曲线。选择最大测定波长 λ_{max}。

2. 标准曲线的绘制

准确吸取 100 μg·mL^{-1} 抗坏血酸标准溶液 0.00、0.50、1.00、2.00、3.00、4.00、5.00、6.00、7.00 和 8.00 mL,分别置于系列洁净 50 mL 容量瓶中,均加入 5 mL pH5.4 的 $(CH_2)_6N_4$ – HCl 缓冲溶液,用蒸馏水稀释至 50 mL,摇匀。同时准确吸取 100 μg·mL^{-1} 抗坏血酸标准溶液 0.00、0.50、1.00、2.00、3.00、4.00、5.00、6.00、7.00 mL 和 8.00 mL,分别置于系列洁净 50 mL 容量瓶中,分别用 10 mL 0.2 mol·L^{-1} NaOH 溶液处理,用蒸馏水稀释至 50 mL,摇匀。以相应的 NaOH 溶液处理抗坏血酸后的溶液作参比,在最大测定波长 λ_{max} 处测定吸光度 As,用 Excel 电子表格绘制 $As \sim Cs$(抗坏血酸,μg/ 50 mL)标准曲线,并计算回归方程。

3. 样品分析

取维生素 C 片 20 片,准确称重,求平均片重后研细。取适量(相当于 VC 100 mg)精确称重后,置 1000 mL 容量瓶中,加水到刻度,摇匀,并过滤。弃去初滤液,准确吸取续滤液 3 mL 置 50 mL 容量瓶中,以下按"标准曲线的绘制"项下操作测定吸光度 Ax,根据标准曲线的回归方程计算维生素 C 片中的抗坏血酸含量(mg/片)。

准确称取果味维生素 C 冲剂 0.2000 g,置于 1000 mL 容量瓶中,加水到刻度,摇匀,并过滤。弃去初滤液,准确吸取续滤液 2 mL 置 50 mL 容量瓶中,以下按"标准曲线的绘制"项下操作测定吸光度 Ax,根据标准曲线的回归方程计算果味维生素 C 冲剂中的抗坏血酸含量(mg/100 g)。

实验说明与指导

1. 抗坏血酸易氧化变质,尤其在溶液中更易被溶解氧影响,必须现配现用。

2. 必须使用石英比色皿,因为玻璃比色皿吸收紫外光,对测定有严重影响。

3. 直接紫外光度法测定抗坏血酸时其他在紫外区有吸收的成分(如在复方制剂维 C 银翘片中的扑热息痛)对于其测定有影响。

4. 其他相关的测定方法　抗坏血酸的测定也可用碘量滴定法或 2,6-二氯靛酚滴定法,但前者需要用价格较贵的碘化钾、碘,后者需要用价格较贵的有机试剂 2,6-二氯靛酚;另外还有衍生反应可见光度法、荧光光度法等。

思考题

1. 为什么要用铁(Ⅲ)氧化－紫外光度法测定抗坏血酸含量? 加入 NH_4F 的作用是什

么?

2. 比较三类紫外光度法测定抗坏血酸含量的优点、缺点,说明哪一种方法最好?

参考文献

[1] 庞光书.直接紫外分光光度法测定抗坏血酸的本底校正法.药物分析杂志,1991,11(6):354~355

[2] 马卫兴.制剂中抗坏血酸的本底校正测定.中国医药工业杂志,1994,25(6):269~271

[3] 马卫兴、陈华、张珍明.制剂中抗坏血酸的紫外分光光度测定.中国医药工业杂志,1995,26(7):323~324

[4] 谭廷华、丁东宁、陈文.直接紫外分光光度法测定抗坏血酸的本底校正法.药物分析杂志,1991,11(1):26~29

附　　录

附录一　相对原子质量表(1997 年国际相对原子质量表)

元素		相对原子质量	元素		相对原子质量	元素		相对原子质量
符号	名称		符号	名称		符号	名称	
Ag	银	107.87	He	氦	4.0026	Pt	铂	195.08
Al	铝	26.982	Hf	铪	178.49	Rb	铷	85.468
Ar	氩	39.948	Hg	汞	200.59	Re	铼	186.2
As	砷	74.922	I	碘	126.90	Rh	铑	102.91
Au	金	196.97	In	铟	114.82	Ru	钌	101.07
B	硼	10.811	Ir	铱	192.22	S	硫	32.066
Ba	钡	137.33	K	钾	39.098	Sb	锑	121.75
Be	铍	9.0122	Kr	氪	83.80	Sc	钪	44.956
Bi	铋	208.98	La	镧	138.91	Se	硒	78.96
Br	溴	79.904	Li	锂	6.941	Si	硅	28.086
C	碳	12.011	Mg	镁	24.305	Sn	锡	118.71
Ca	钙	40.078	Mn	锰	54.938	Sr	锶	87.62
Cd	镉	112.41	Mo	钼	95.94	Ta	钽	180.95
Ce	铈	140.12	N	氮	14.007	Te	碲	127.60
Cl	氯	35.453	Na	钠	22.990	Th	钍	232.04
Co	钴	58.933	Nb	铌	92.906	Ti	钛	47.867
Cr	铬	51.996	Nd	钕	144.24	Tl	铊	204.38
Cs	铯	132.91	Ne	氖	20.180	U	铀	238.03
Cu	铜	63.546	Ni	镍	58.693	V	钒	50.942
F	氟	18.998	O	氧	15.999	W	钨	183.84
Fe	铁	55.845	Os	锇	190.23	Xe	氙	131.29
Ga	镓	69.72	P	磷	30.974	Y	钇	88.906
Ge	锗	72.61	Pb	铅	207.2	Zn	锌	65.39
H	氢	1.0079	Pd	钯	106.42	Zr	锆	91.224

注:引自辛剑,孟长功主编,基础化学实验.北京:高等教育出版社,2004

附录二　常用化合物的相对分子质量表

分子式	式量	分子式	式量
AgBr	187.78	CuSCN	121.62
AgCl	143.32	FeO	71.85
AgI	234.77	Fe_2O_3	159.69
AgCN	133.84	Fe_3O_4	231.54
$AgNO_3$	169.87	$FeSO_4 \cdot 7H_2O$	278.02
Al_2O_3	101.96	$Fe_2(SO_4)_3$	399.87
$Al_2(SO_4)_3$	342.15	$FeSO_4 \cdot (NH_4)_2SO_4 \cdot 6H_2O$	392.14
As_2O_3	197.84	$NH_4Fe(SO_4)_2 \cdot 12H_2O$	482.19
$BaCl_2$	208.25	HCHO	30.03
$BaCl_2 \cdot 2H_2O$	244.28	HCOOH	46.03
$BaCO_3$	197.35	$H_2C_2O_4$	90.04
BaO	153.34	HCl	36.46
$Ba(OH)_2$	171.36	$HClO_4$	100.46
$BaSO_4$	233.40	HNO_2	47.01
$CaCO_3$	100.09	HNO_3	63.01
CaC_2O_4	128.10	H_2O	18.02
CaO	56.08	H_2O_2	34.02
$Ca(OH)_2$	74.09	H_3PO_4	98.00
$CaSO_4$	136.14	H_2S	34.08
$Ce(SO_4)_2$	332.24	HF	20.01
$Ce(SO_4)_2 \cdot 2(NH_4)_2 SO_4 \cdot 2H_2O$	632.56	HCN	27.03
		H_2SO_4	98.08
CO_2	44.01	$HgCl_2$	271.50
CH_3COOH	60.05	KBr	119.01
$C_6H_8O_7 \cdot H_2O$(柠檬酸)	210.14	$KBrO_3$	167.01
$C_4H_8O_6$(酒石酸)	150.09	KCl	74.56
CH_3COCH_3	58.08	K_2CO_3	138.21
C_6H_5OH	94.11	KCN	65.12
$C_2H_2(COOH)_2$(丁烯二酸)	116.07	K_2CrO_4	194.20
		$K_2Cr_2O_7$	294.19
CuO	79.54	$KHC_8H_4O_4$	204.23
$CuSO_4$	159.60	KI	166.01
$CuSO_4 \cdot 5H_2O$	249.68	KIO_3	214.00
$KMnO_4$	158.04	Na_2O	61.98
K_2O	94.20	NaOH	40.01

续上表

分子式	式量	分子式	式量
KOH	56.11	Na_2SO_4	142.04
KSCN	97.18	$Na_2S_2O_3 \cdot 5H_2O$	248.18
K_2SO_4	172.25	Na_2SiF_6	188.06
$KAl(SO_4)_2 \cdot 12H_2O$	474.39	Na_2S	78.04
KNO_2	85.10	Na_2SO_3	126.04
$K_4Fe(CN)_6$	368.36	NH_4Cl	53.49
$K_3Fe(CN)_6$	329.26	NH_3	17.03
$MgCl_2 \cdot 6H_2O$	203.30	$NH_3 \cdot H_2O$	35.05
$MgCO_3$	84.32	$(NH_4)_2SO_4$	132.14
MgO	40.31	P_2O_5	141.95
$MgNH_4PO_4$	137.33	PbO_2	239.19
$Mg_2P_2O_7$	222.56	$PbCrO_4$	323.18
MnO_2	86.94	SiF_4	104.08
$Na_2B_4O_7 \cdot 10H_2O$	381.37	SiO_2	60.08
NaBr	102.90	SO_2	64.06
Na_2CO_3	105.99	SO_3	80.06
$Na_2C_2O_4$	134.00	$SnCl_2$	189.60
NaCl	58.44	TiO_2	79.90
NaCN	49.01	ZnO	81.37

注:引自四川大学化学化工学院,浙江大学化学系分析化学组编.分析化学实验(第三版).北京:高等教育出版社,2003

附录三　常见弱电解质电离常数

名称	化学式	解离常数,K	pK
醋酸	HAc	1.76×10^{-5}	4.75
碳酸	H_2CO_3	$K_1 = 4.30 \times 10^{-7}$	6.37
		$K_2 = 5.61 \times 10^{-11}$	10.25
草酸	$H_2C_2O_4$	$K_1 = 5.90 \times 10^{-2}$	1.23
		$K_2 = 6.40 \times 10^{-5}$	4.19
亚硝酸	HNO_2	$4.6 \times 10^{-4}(285.5K)$	3.37
磷酸	H_3PO_4	$K_1 = 7.52 \times 10^{-3}$	2.12
		$K_2 = 6.23 \times 10^{-8}$	7.21
		$K_3 = 4.4 \times 10^{-13}(291K)$	12.36
亚硫酸	H_2SO_3	$K_1 = 1.54 \times 10^{-2}(291K)$	1.81
		$K_2 = 1.02 \times 10^{-7}$	6.91
硫酸	H_2SO_4	$K_2 = 1.20 \times 10^{-2}$	1.92
硫化氢	H_2S	$K_1 = 9.1 \times 10^{-8}(291K)$	7.04

续上表

名称	化学式	解离常数，K	pK
		$K_2 = 1.1 \times 10^{-13}$	12.96
氢氰酸	HCN	4.93×10^{-10}	9.31
铬酸	H_2CrO_4	$K_1 = 1.8 \times 10^{-1}$	0.74
		$K_2 = 3.20 \times 10^{-7}$	6.49
硼酸	H_3BO_3	5.8×10^{-10}	9.24
氢氟酸	HF	3.53×10^{-4}	3.45
过氧化氢	H_2O_2	2.4×10^{-12}	11.62
次氯酸	HClO	2.95×10^{-5} (291K)	4.53
次溴酸	HBrO	2.06×10^{-9}	8.69
次碘酸	HIO	2.3×10^{-11}	10.64
碘酸	HIO_3	1.69×10^{-1}	0.77
砷酸	H_3AsO_4	$K_1 = 5.62 \times 10^{-3}$ (291K)	2.25
		$K_2 = 1.70 \times 10^{-7}$	6.77
		$K_3 = 3.95 \times 10^{-12}$	11.40
亚砷酸	$HAsO_2$	6×10^{-10}	9.22
铵离子	$NH_4{}^+$	5.56×10^{-10}	9.25
氨水	$NH_3 \cdot H_2O$	1.79×10^{-5}	4.75
乙二胺	$H_2NC_2H_4NH_2$	$K_1 = 8.5 \times 10^{-5}$	4.07
		$K_2 = 7.1 \times 10^{-8}$	7.15
六亚甲基四胺	$(CH_2)_6N_4$	1.35×10^{-9}	8.87
尿素	$CO(NH_2)_2$	1.3×10^{-14}	13.89
质子化六亚甲基四胺	$(CH_2)_6N_4H^+$	7.1×10^{-6}	5.15
甲酸	HCOOH	1.77×10^{-4} (293K)	3.75
氯乙酸	$ClCH_2COOH$	1.40×10^{-3}	2.85
氨基乙酸	NH_2CH_2COOH	1.67×10^{-10}	9.78
邻苯二甲酸	$C_6H_4(COOH)_2$	$K_1 = 1.12 \times 10^{-3}$	2.95
		$K_2 = 3.91 \times 10^{-6}$	5.41
柠檬酸	$(HOOCCH_2)_2C(OH)COOH$	$K_1 = 7.1 \times 10^{-4}$	3.14
		$K_2 = 1.68 \times 10^{-5}$ (293K)	4.77
		$K_3 = 4.1 \times 10^{-7}$	6.39
α-酒石酸	$(CH(OH)COOH)_2$	$K_1 = 9.1 \times 10^{-4}$	3.04
		$K_2 = 4.3 \times 10^{-5}$	4.37
8-羟基喹啉	C_9H_6NOH	$K_1 = 8 \times 10^{-6}$	5.1
		$K_2 = 1 \times 10^{-9}$	9.0
苯酚	C_6H_5OH	1.28×10^{-10} (293K)	9.89

注:引自 R. C. Weast, Hand book of chemistry and Physics D－165, Toth. edition, 1989～1990

附录四　常用指示剂

一、酸碱指示剂

名称	变色 pH 范围	颜色变化	配制方法
百里酚蓝(0.1%)	1.2～2.8	红～黄	0.1 g 指示剂与 4.3 mL 0.05 mol/L NaOH 溶液一起研匀,加水稀释成 100 mL。
	8.0～9.6	黄～蓝	
甲基橙(0.1%)	3.1～4.4	红～黄	将 0.1 g 甲基橙溶于 100 mL 热水。
溴酚蓝(0.1%)	3.0～4.6	黄～紫蓝	0.1 g 溴酚蓝与 3 mL 0.05 mol/L NaOH 溶液一起研匀,加水稀释成 100 mL。
溴甲酚绿(0.1%)	3.8～5.4	黄～蓝	0.1 g 指示剂与 21 mL 0.05 mol/L NaOH 溶液一起研匀,加水稀释成 100 mL。
甲基红(0.1%)	4.8～6.0	红～黄	将 0.1 g 甲基红溶于 60 mL 乙醇中加水至 100 mL。
中性红(0.1%)	6.8～8.0	红～黄橙	将 0.1 g 中性红溶于 60 mL 乙醇中加水至 100 mL。
酚酞(1%)	8.2～10.0	无色～淡红	将 1 g 酚酞溶于 90 mL 乙醇中,加水至 100 mL。
百里酚酞(0.1%)	9.4～10.6	无色～蓝色	将 0.1 g 百里酚酞溶于 90 mL 乙醇中,加水至 100 mL。
茜素黄 R(0.1%)	10.1～12.1	黄～紫	将 0.1 g 茜素黄 R 溶于 100 mL 水中。
混合指示剂:			
甲基红－溴甲酚绿	5.1(灰)	红～绿	3 份 0.1% 溴甲酚绿乙醇溶液与 1 份 0.2% 甲基红乙醇溶液混合。
百里酚酞－茜素黄 R	10.2	黄～紫	将 0.1 g 茜素黄 R 和 0.2 g 百里酚酞溶于 100 mL 乙醇中。
甲酚红－百里酚蓝	8.3	黄～紫	1 份 0.1% 甲酚红钠盐水溶液与 3 份 0.1% 百里酚蓝钠盐水溶液。

二、氧化还原指示剂

名称	变色电位 ϕ/V	颜色		配制方法
		氧化态	还原态	
二苯胺(1%)	0.76	紫	无色	将 1 g 二苯胺在搅拌下溶于 100 mL 浓磷酸和 100 mL 浓磷酸,贮于棕色瓶中
二苯胺磺酸钠(0.5%)	0.85	紫	无色	将 0.5 g 二苯胺磺酸钠溶于 100 mL 水中,必要时过滤
邻菲罗啉硫酸亚铁(0.5%)	1.06	淡蓝	红	将 0.5 g $FeSO_4 \cdot 7H_2O$ 溶于 100 mL 水中,加 2 滴硫酸,加 0.5 g 邻菲罗啉
邻苯氨基苯甲酸(0.2%)	1.08	紫红	无色	将 0.2 g 邻苯氨基苯甲酸加热溶解在 100 mL 0.2% Na_2CO_3 溶液中,必要时过滤
淀粉(1%)				将 1 g 可溶性淀粉,加少许水调成浆状,在搅拌下注入 100 mL 沸水中,微热 2 min,放置,取上层溶液使用(若要保持稳定,可在研磨淀粉时加入 1 mg HgI_2)

三、沉淀及金属指示剂

名称	颜色		配制方法
	氧化态	还原态	
铬酸钾	黄	砖红	5%水溶液。
硫酸铁铵(40%)	无色	血红	$NH_4Fe(SO_4)_2 \cdot 12H_2O$ 饱和水溶液,加数滴浓 H_2SO_4。
荧光黄(0.5%)	绿色荧光	玫瑰红	0.5 g 荧光黄溶于乙醇,并用乙醇稀释至 100 mL。
铬黑 T(EBT)	蓝	酒红	(1) 将 0.2g 铬黑 T 溶于 15 mL 三乙醇胺及 5 mL 甲醇中。 (2) 将 1g 铬黑 T 溶于 100 g NaCl 研细、混匀(1∶100)。
钙指示剂	蓝	红	将 0.5 g 钙指示剂与 100 g NaCl 研细、混匀。
二甲酚橙[0.1%(XO)]	黄	红	将 0.1 g 二甲酚橙溶于 100 mL 离子交换水中。
K-B 指示剂	蓝	红	将 0.5 g 酸性铬蓝 K 加 1.25 g 萘酚绿 B,再加 25 g K_2SO_4 研细、混匀。
磺基水杨酸	无	红	10%水溶液。
PAN 指示剂(0.2%)	黄	红	将 0.2 g PAN 溶于 100 mL 乙醇中。
邻苯二酚紫(0.1%)	紫	蓝	将 0.1 g 邻苯二酚紫溶于 100 mL 离子交换水中。
钙镁试剂(Calmagite)(0.5%)	红	蓝	将 0.5 g 钙镁试剂溶于 100 mL 离子交换水中。

注:引自成都科学技术大学分析化学教研组、浙江大学分析化学教研组编.分析化学实验(第二版).北京:高等教育出版社,1988

附录五　常用缓冲溶液

缓冲溶液组成	pK_a	缓冲溶液 pH	配置方法
一氯乙酸-NaOH	2.86	2.8	将 200 g 一氯乙酸溶于 200 mL 水中,加 NaOH 40 g,溶解后稀释至 1 L。
甲酸-NaOH	3.76	3.7	将 95 g 甲酸和 40 g NaOH 溶于 500 mL 水中,稀释至 1 L。
NH_4Ac-HAc	4.74	4.5	将 77 g NH_4Ac 溶于 200 mL 水中,加冰 HAc 59 mL,稀释至 1 L。
NaAc-HAc	4.74	5.0	将 120 g 无水 NaAc 溶于水,加冰 HAc 60 mL 稀释至 1 L。
$(CH_2)_6N_4$-HCl	5.15	5.4	将 40 g 六次甲基四胺溶于 200 mL 水中,加浓 HCl 10 mL,稀释至 1 L。
NH_4Ac-HAc		6.0	将 60 g NH_4Ac 溶于水中,加冰 HAc 20 mL,稀释至 1 L。
NH_4Cl-NH_3	9.26	8.0	将 100 g NH_4Cl 溶于水中,加浓氨水 7.0 mL,稀释至 1 L。
NH_4Cl-NH_3	9.26	9.0	将 70 g NH_4Cl 溶于水中,加浓氨水 48 mL,稀释至 1 L。
NH_4Cl-NH_3	9.26	10	将 54 g NH_4Cl 溶于水中,加浓氨水 350 mL,稀释至 1 L。

注:引自成都科学技术大学分析化学教研组、浙江大学分析化学教研组编.分析化学实验(第二版).北京:高等教育出版社,1988

附录六　常用基准物及其干燥条件

基准物	干燥后的组成	干燥温度及时间
$NaHCO_3$	Na_2CO_3	260℃～270℃干燥至恒重。
$Na_2B_4O_7 \cdot 10H_2O$	$Na_2B_4O_7 \cdot 10H_2O$	NaCl-蔗糖饱和溶液干燥器中室温下保存。
$KHC_6H_4(COO)_2$	$KHC_6H_4(COO)_2$	105℃～110℃干燥 1 h。
$Na_2C_2O_4$	$Na_2C_2O_4$	105℃～110℃干燥 2 h。
$K_2Cr_2O_7$	$K_2Cr_2O_7$	130℃～140℃加热 0.5 h～1 h。
$KBrO_3$	$KBrO_3$	120℃干燥 1 h～2 h。
KIO_3	KIO_3	105℃～120℃干燥。
As_2O_3	As_2O_3	硫酸干燥器中干燥至恒重。
$(NH_4)_2Fe(SO_4)_2 \cdot 6H_2O$	$(NH_4)_2Fe(SO_4)_2 \cdot 6H_2O$	室温下空气干燥。
$NaCl$	$NaCl$	250℃～350℃加热 1 h～2 h。
$AgNO_3$	$AgNO_3$	120℃干燥 2 h。
$CuSO_4 \cdot 5H_2O$	$CuSO_4 \cdot 5H_2O$	室温下空气干燥。
$KHSO_4$	K_2SO_4	750℃以上灼烧。
ZnO	ZnO	约 800℃灼烧至恒重。
无水 Na_2CO_3	Na_2CO_3	260℃～270℃加热半小时。
$CaCO_3$	$CaCO_3$	105℃～110℃干燥。

注:引自成都科学技术大学分析化学教研组、浙江大学分析化学教研组编.分析化学实验(第二版).北京:高等教育出版社,1988

附录七　常用洗涤剂

名称	配制方法	备注
合成洗涤剂*	将合成洗涤剂用热水搅拌配成浓溶液	用于一般的洗涤
皂角水	将皂夹捣碎,用水熬成溶液	同上
铬酸洗液	取 $K_2Cr_2O_7$(L. R.)20 g 于 500 mL 烧杯中,加水 40 mL,加热溶解,冷后,缓缓加入 320 mL 粗浓 H_2SO_4 即成(注意边加边搅),贮于磨口细瓶中	用于洗涤油污及有机物,使用时防止被水稀释。用后倒回原瓶,可反复使用,直至溶液变为绿色**
$KMnO_4$ 碱性洗液	取 $KMnO_4$(L. R.)4 g,溶于少量水中,缓缓加入 100 mL 10% NaOH 溶液	用于洗涤油污及有机物,洗后玻璃壁上附着的 MnO_2 沉淀,可用粗亚铁盐或 Na_2SO_3 溶液洗去
碱性酒精溶液	30%～40% NaOH 酒精溶液	用于洗涤油污
酒精-浓硝酸洗液		用于洗涤沾有有机物或油污的结构较复杂的仪器。洗涤时再加入少量酒精于脏仪器中,再加入少量的浓硝酸,即产生大量棕色 NO_2,将有机物氧化而破坏

　* 也可用肥皂水。　** 已还原为绿色的铬酸洗液,可加入固体 $KMnO_4$ 使其再生,这样,实际消耗的是 $KMnO_4$,可减少铬对环境的污染。

注:引自成都科学技术大学分析化学教研组、浙江大学分析化学教研组编.分析化学实验(第二版).北京:高等教育出版社,1988

附录八 溶度积常数

化合物	溶度积	化合物	溶度积	化合物	溶度积
醋酸盐		**氢氧化物**		* CdS	8.0×10^{-27}
* * AgAc	1.94×10^{-3}	* AgOH	2.0×10^{-8}	* CoS(α-型)	4.0×10^{-21}
卤化物		* Al(OH)$_3$（无定形）	1.3×10^{-33}	* CoS(β-型)	2.0×10^{-25}
* AgBr	5.0×10^{-13}	* Be(OH)$_2$（无定形）	1.6×10^{-22}	* Cu$_2$S	2.5×10^{-48}
* AgCl	1.8×10^{-10}	* Ca(OH)$_2$	5.5×10^{-6}	* CuS	6.3×10^{-36}
* AgI	8.3×10^{-17}	* Cd(OH)$_2$	5.27×10^{-15}	* FeS	6.3×10^{-18}
BaF$_2$	1.84×10^{-7}	* * Co(OH)$_2$（粉红色）	1.09×10^{-15}	* HgS(黑色)	1.6×10^{-52}
* CaF$_2$	5.3×10^{-9}	* * Co(OH)$_2$（蓝色）	5.92×10^{-15}	* HgS(红色)	4×10^{-53}
* CuBr	5.3×10^{-9}	* Co(OH)$_3$	1.6×10^{-44}	* MnS(晶形)	2.5×10^{-13}
* CuCl	1.2×10^{-6}	* Cr(OH)$_2$	2×10^{-16}	* * NiS	1.07×10^{-21}
* CuI	1.1×10^{-12}	* Cr(OH)$_3$	6.3×10^{-31}	* PbS	8.0×10^{-28}
* Hg$_2$Cl$_2$	1.3×10^{-18}	* Cu(OH)$_2$	2.2×10^{-20}	* SnS	1×10^{-25}
* Hg$_2$I$_2$	4.5×10^{-29}	* Fe(OH)$_2$	8.0×10^{-16}	* * SnS$_2$	2×10^{-27}
HgI$_2$	2.9×10^{-29}	* Fe(OH)$_3$	4×10^{-38}	* * ZnS	2.93×10^{-25}
PbBr$_2$	6.60×10^{-6}	* Mg(OH)$_2$	1.8×10^{-11}	**磷酸盐**	
* PbCl$_2$	1.6×10^{-5}	* Mn(OH)$_2$	1.9×10^{-13}	* Ag$_3$PO$_4$	1.4×10^{-16}
PbF$_2$	3.3×10^{-8}	* Ni(OH)$_2$（新制备）	2.0×10^{-15}	* AlPO$_4$	6.3×10^{-19}
* PbI$_2$	7.1×10^{-9}	* Pb(OH)$_2$	1.2×10^{-15}	* CaHPO$_4$	1×10^{-7}
SrF$_2$	4.33×10^{-9}	* Sn(OH)$_2$	1.4×10^{-28}	* Ca$_3$(PO$_4$)$_2$	2.0×10^{-29}
碳酸盐		* Sr(OH)$_2$	9×10^{-4}	* * Cd$_3$(PO$_4$)$_2$	2.53×10^{-33}
Ag$_2$CO$_3$	8.45×10^{-12}	* Zn(OH)$_2$	1.2×10^{-17}	Cu$_3$(PO$_4$)$_2$	1.40×10^{-37}
* BaCO$_3$	5.1×10^{-9}	**草酸盐**		FePO$_4$ · 2H$_2$O	9.91×10^{-16}
CaCO$_3$	3.36×10^{-9}	Ag$_2$C$_2$O$_4$	5.4×10^{-12}	* MgNH$_4$PO$_4$	2.5×10^{-13}
CdCO$_3$	1.0×10^{-12}	* BaC$_2$O$_4$	1.6×10^{-7}	Mg$_3$(PO$_4$)$_2$	1.04×10^{-24}
* CuCO$_3$	1.4×10^{-10}	* CaC$_2$O$_4$ · H$_2$O	4×10^{-9}	* Pb$_3$(PO$_4$)$_2$	8.0×10^{-43}
FeCO$_3$	3.13×10^{-11}	CuC$_2$O$_4$	4.43×10^{-10}	* Zn$_3$(PO$_4$)$_2$	9.0×10^{-33}
Hg$_2$CO$_3$	3.6×10^{-17}	* FeC$_2$O$_4$ · 2H$_2$O	3.2×10^{-7}	**其他盐**	
MgCO$_3$	6.82×10^{-6}	Hg$_2$C$_2$O$_4$	1.75×10^{-13}	* [Ag$^+$][Ag(CN)$_2$$^-$]	7.2×10^{-11}
MnCO$_3$	2.24×10^{-11}	MgC$_2$O$_4$ · 2H$_2$O	4.83×10^{-6}	* Ag$_4$[Fe(CN)$_6$]	1.6×10^{-41}
NiCO$_3$	1.42×10^{-7}	MnC$_2$O$_4$ · 2H$_2$O	1.70×10^{-7}	* Cu$_2$[Fe(CN)$_6$]	1.3×10^{-16}
* PbCO$_3$	7.4×10^{-14}	* * PbC$_2$O$_4$	8.51×10^{-10}	AgSCN	1.03×10^{-12}
SrCO$_3$	5.6×10^{-10}	* SrC$_2$O$_4$ · H$_2$O	1.6×10^{-7}	CuSCN	4.8×10^{-15}
ZnCO$_3$	1.46×10^{-10}	ZnC$_2$O$_4$ · 2H$_2$O	1.38×10^{-9}	* AgBrO$_3$	5.3×10^{-5}
铬酸盐		**硫酸盐**		* AgIO$_3$	3.0×10^{-8}
Ag$_2$CrO$_4$	1.12×10^{-12}	* Ag$_2$SO$_4$	1.4×10^{-5}	Cu(IO$_3$)$_2$ · H$_2$O	7.4×10^{-8}

续上表

化合物	溶度积	化合物	溶度积	化合物	溶度积
* $Ag_2Cr_2O_7$	$2.0×10^{-7}$	* $BaSO_4$	$1.1×10^{-10}$	* * $KHC_4H_4O_6$ （酒石酸氢钾）	$3×10^{-4}$
* $BaCrO_4$	$1.2×10^{-10}$	* $CaSO_4$	$9.1×10^{-6}$	* * $Al(8-羟基喹啉)_3$	$5×10^{-33}$
* $CaCrO_4$	$7.1×10^{-4}$	Hg_2SO_4	$6.5×10^{-7}$	* $K_2Na[Co(NO_2)_6]·H_2O$	$2.2×10^{-11}$
* $CuCrO_4$	$3.6×10^{-6}$	* $PbSO_4$	$1.6×10^{-8}$	* $Na(NH_4)_2[Co(NO_2)_6]$	$4×10^{-12}$
* Hg_2CrO_4	$2.0×10^{-9}$	* $SrSO_4$	$3.2×10^{-7}$	* * $Ni(丁二酮肟)_2$	$4×10^{-24}$
* $PbCrO_4$	$2.8×10^{-13}$	硫化物		* * $Mg(8-羟基喹啉)_2$	$4×10^{-16}$
* $SrCrO_4$	$2.2×10^{-5}$	* Ag_2S	$6.3×10^{-50}$	* * $Zn(8-羟基喹啉)_2$	$5×10^{-25}$

引自 David R. Lide, Handbook of Chemistry and Physics, 78th. edition,1997～1998

* 引自 J. A. Dean Ed. Lange's Handbook of Chemistry, 13th. edition 1985, * * 引自其他参考书。

附录九　常用酸碱溶液配制

一、常见酸

名称	化学式	浓度（约）	配制方法
硝酸	HNO_3	$16\ mol·L^{-1}$	密度为 1.42 的硝酸。
		$6\ mol·L^{-1}$	取 $16\ mol·L^{-1}$硝酸 375 mL,然后用水稀释成 1 L。
		$3\ mol·L^{-1}$	取 $16\ mol·L^{-1}$硝酸 188 mL,然后用水稀释成 1 L。
盐酸	HCl	$12\ mol·L^{-1}$	密度为 1.19 的盐酸。
		$8\ mol·L^{-1}$	取 $12\ mol·L^{-1}$盐酸 666.7 mL,然后用水稀释成 1 L。
		$6\ mol·L^{-1}$	取 $12\ mol·L^{-1}$盐酸 500 mL,然后用水稀释成 1 L。
		$3\ mol·L^{-1}$	取 $12\ mol·L^{-1}$盐酸 250 mL,然后用水稀释成 1 L。
硫酸	H_2SO_4	$18\ mol·L^{-1}$	密度为 1.84 的硫酸。
		$3\ mol·L^{-1}$	取 $18\ mol·L^{-1}$硫酸 167 mL,在不断搅拌下缓缓加入适量水中,待冷却至室温,加水至 1 L。
		$1\ mol·L^{-1}$	取 $18\ mol·L^{-1}$硫酸 56 mL,在不断搅拌下缓缓加入适量水中,待冷却至室温,加水至 1 L。
醋酸	HAc	$17\ mol·L^{-1}$	密度为 1.05 的醋酸。
		$6\ mol·L^{-1}$	取 $17\ mol·L^{-1}$醋酸 353 mL,然后用水稀释成 1 L。
		$3\ mol·L^{-1}$	取 $17\ mol·L^{-1}$醋酸 177 mL,然后用水稀释成 1 L。
酒石酸	$H_2C_4H_4O_6$	饱和	将酒石酸溶于水,使之饱和。
草酸	$H_2C_2O_4$	1%	称取二水草酸 1 g 溶于少量水中,加水稀释至 100 mL。

二、碱溶液

名称	化学式	浓度（约）	配制方法
氢氧化钠	$NaOH$	$6\ mol·L^{-1}$	将 240 g NaOH 溶于水中,稀释至 1 L。
氨水	NH_3	$15\ mol·L^{-1}$	比重为 0.9 的氨水。
		$6\ mol·L^{-1}$	取 15 $mol·L^{-1}$氨水 400 mL,然后用水稀释成 1 L。
氢氧化钡	$Ba(OH)_2$	$0.2\ mol·L^{-1}$	38 g $Ba(OH)_2·H_2O$ 溶于 1 L 水中。
氢氧化钾	KOH	$6\ mol·L^{-1}$	将 336 g KOH 溶于水中,然后用水稀释成 1 L。

三、钾盐溶液

名称	化学式	浓度（约）	配制方法
铬酸钾	K_2CrO_4	$0.25\ mol \cdot L^{-1}$	将 48.5 g K_2CrO_4 溶于适量水中，稀释至 1 L
氰化钾	KCN	5%	将 5 g KCN 溶于 100 mL 水中（新配）（剧毒）
碘化钾	KI	$1\ mol \cdot L^{-1}$	将 166 g KI 溶于 1 L 水中（棕色瓶）
亚铁氰化钾	$K_4Fe(CN)_6$	$0.25\ mol \cdot L^{-1}$	将 97 g $K_4Fe(CN)_6 \cdot H_2O$ 溶于 1 L 水中
铁氰化钾	$K_3Fe(CN)_6$	$0.3\ mol \cdot L^{-1}$	将 99 g $K_3Fe(CN)_6$ 溶于 1 L 水中
碘酸钾	KIO_3	5%	将 5 g KIO_3 溶于 100 mL 水中
溴化钾	KBr	$0.5\ mol \cdot L^{-1}$	将 60 g KBr 溶于 1 L 水中
高锰酸钾	$KMnO_4$	0.03%	将 0.3 g $KMnO_4$ 溶于 1 L 水中，以棕色瓶保存

四、钠盐溶液

名称	化学式	浓度（约）	配制方法
硫化钠	Na_2S	$0.2\ mol \cdot L^{-1}$	$Na_2S \cdot 9H_2O$ 48 g 及 NaOH 40 g 溶于适量水中，稀释至 1 L（用时新配）
醋酸钠	NaAc	$3\ mol \cdot L^{-1}$	408 g NaAc·$3H_2O$ 溶于 1 L 水中
		饱和	约 760 g 溶于 1 L 水中（293K）
亚硝酰铁氰化钠	$Na_2[Fe(CN)_5NO]$	1%	将 1 g $Na_2[Fe(CN)_5NO]$ 溶于 100 mL 水中（新配）
亚硫酸钠	Na_2SO_3	饱和	约 23 g Na_2SO_3 溶于 100 mL 水中（新配）
钴亚硝酸钠试剂	$Na_3Co(NO_2)_6$		$NaNO_2$ 23 g 溶于 50 mL 水中，加 $6\ mol \cdot L^{-1}$ HAc 16.5 mL 及 $Co(NO_3)_2 \cdot 6H_2O$ 30 g，搅拌，静置过夜，过滤或汲取其溶液（每隔四星期须重新配制，存于棕色瓶里）

五、铵盐溶液

名称	化学式	浓度（约）	配制方法
氯化铵	NH_4Cl	$3\ mol \cdot L^{-1}$	160 g NH_4Cl 溶于适量水中，稀释至 1 L。
碳酸铵	$(NH_4)_2CO_3$	$2\ mol \cdot L^{-1}$	190 g $(NH_4)_2CO_3$ 溶于 500 mL $3\ mol \cdot L^{-1}$ 氨水中，再加水稀释至 1 L。
		12%	120 g $(NH_4)_2CO_3$ 溶于适量水中，再加水稀释至 1 L。
硫氰酸汞铵	$(NH_4)_2Hg(SCN)_4$	$0.15\ mol \cdot L^{-1}$	80 g $HgCl_2$ 和 90 g NH_4SCN 溶于 1 L 水中。
氟化铵	NH_4F	$3\ mol \cdot L^{-1}$	将 111 g NH_4F 溶于水中，然后加水稀释成 1 L。
硫化铵	$(NH_4)_2S$	$3\ mol \cdot L^{-1}$	通 H_2S 于 200 mL $15\ mol \cdot L^{-1}$ NH_3 中至不再吸收为止，然后再加 200 mL $15\ mol \cdot L^{-1}$ NH_3，最后稀释至 1 L。
钼酸铵试剂	$(NH_4)_2MoO_4$		将 100 g 市售钼酸铵溶于 1 L 水中，然后将所得的溶液倒入 1 L $6\ mol \cdot L^{-1}$ 硝酸中（切勿将硝酸往溶液里倒）。这时，最初生成钼酸铵的白色沉淀，然后再溶解；将溶液放置 48 小时，最后从沉淀（如生成沉淀时）倾倒出溶液。
磷酸氢二铵	$(NH_4)_2HPO_4$	$4\ mol \cdot L^{-1}$	528 g $(NH_4)_2HPO_4$ 溶于 1 L 水中
硫酸铵	$(NH_4)_2SO_4$	饱和	$(NH_4)_2SO_4$ 饱和溶液（293K 的溶解度 75.4 g）
硫氰酸铵	NH_4SCN	饱和	NH_4SCN 饱和溶液（293K 的溶解度为 170 克）
草酸铵	$(NH_4)_2C_2O_4$	$0.25\ mol \cdot L^{-1}$	$(NH_4)_2C_2O_4 \cdot H_2O$ 35 g 溶于适量水中，然后稀释至 1 L。
氯化铵饱和溶液	NH_4Cl	饱和溶液	NH_4Cl 溶于水中直到饱和为止

附录十　标准电极电位

1 在酸性溶液中（298K）

电对	方程式	$E^{\ominus}/V$
Li（Ⅰ）—（0）	$Li^+ + e^- = Li$	-3.0401
Cs（Ⅰ）—（0）	$Cs^+ + e^- = Cs$	-3.026
Rb（Ⅰ）—（0）	$Rb^+ + e^- = Rb$	-2.98
K（Ⅰ）—（0）	$K^+ + e^- = K$	-2.931
Ba（Ⅱ）—（0）	$Ba^{2+} + 2e^- = Ba$	-2.912
Sr（Ⅱ）—（0）	$Sr^{2+} + 2e^- = Sr$	-2.89
Ca（Ⅱ）—（0）	$Ca^{2+} + 2e^- = Ca$	-2.868
Na（Ⅰ）—（0）	$Na^+ + e^- = Na$	-2.71
La（Ⅲ）—（0）	$La^{3+} + 3e^- = La$	-2.522
Mg（Ⅱ）—（0）	$Mg^{2+} + 2e^- = Mg$	-2.372
Ce（Ⅲ）—（0）	$Ce^{3+} + 3e^- = Ce$	-2.336
H（0）—（−Ⅰ）	$H_2(g) + 2e^- = 2H^-$	-2.23
Al（Ⅲ）—（0）	$AlF_6{}^{3-} + 3e^- = Al + 6F^-$	-2.069
Th（Ⅳ）—（0）	$Th^{4+} + 4e^- = Th$	-1.899
Be（Ⅱ）—（0）	$Be^{2+} + 2e^- = Be$	-1.847
U（Ⅲ）—（0）	$U^{3+} + 3e^- = U$	-1.798
Hf（Ⅳ）—（0）	$HfO^{2+} + 2H^+ + 4e^- = Hf + H_2O$	-1.724
Al（Ⅲ）—（0）	$Al^{3+} + 3e^- = Al$	-1.662
Ti（Ⅱ）—（0）	$Ti^{2+} + 2e^- = Ti$	-1.630
Zr（Ⅳ）—（0）	$ZrO_2 + 4H^+ + 4e^- = Zr + 2H_2O$	-1.553
Si（Ⅳ）—（0）	$[SiF_6]^{2-} + 4e^- = Si + 6F^-$	-1.24
Mn（Ⅱ）—（0）	$Mn^{2+} + 2e^- = Mn$	-1.185
Cr（Ⅱ）—（0）	$Cr^{2+} + 2e^- = Cr$	-0.913
Ti（Ⅲ）—（Ⅱ）	$Ti^{3+} + e^- = Ti^{2+}$	-0.9
B（Ⅲ）—（0）	$H_3BO_3 + 3H^+ + 3e^- = B + 3H_2O$	-0.8698
＊Ti（Ⅳ）—（0）	$TiO_2 + 4H^+ + 4e^- = Ti + 2H_2O$	-0.86
Te（0）—（−Ⅱ）	$Te + 2H^+ + 2e^- = H_2Te$	-0.793
Zn（Ⅱ）—（0）	$Zn^{2+} + 2e^- = Zn$	-0.7618
Ta（Ⅴ）—（0）	$Ta_2O_5 + 10H^+ + 10e^- = 2Ta + 5H_2O$	-0.750
Cr（Ⅲ）—（0）	$Cr^{3+} + 3e^- = Cr$	-0.744
Nb（Ⅴ）—（0）	$Nb_2O_5 + 10H^+ + 10e^- = 2Nb + 5H_2O$	-0.644
As（0）—（−Ⅲ）	$As + 3H^+ + 3e^- = AsH_3$	-0.608
U（Ⅳ）—（Ⅲ）	$U^{4+} + e^- = U^{3+}$	-0.607
Ga（Ⅲ）—（0）	$Ga^{3+} + 3e^- = Ga$	-0.560

续上表

1 在酸性溶液中（298K）

电对	方程式	$E^{\ominus}/V$
$P(I)-(0)$	$H_3PO_2+H^++e^-\Longrightarrow P+2H_2O$	-0.508
$P(III)-(I)$	$H_3PO_3+2H^++2e^-\Longrightarrow H_3PO_2+H_2O$	-0.499
$*\,C(IV)-(III)$	$2CO_2+2H^++2e^-\Longrightarrow H_2C_2O_4$	-0.49
$Fe(II)-(0)$	$Fe^{2+}+2e^-\Longrightarrow Fe$	-0.447
$Cr(III)-(II)$	$Cr^{3+}+e^-\Longrightarrow Cr^{2+}$	-0.407
$Cd(II)-(0)$	$Cd^{2+}+2e^-\Longrightarrow Cd$	-0.4030
$Se(0)-(-II)$	$Se+2H^++2e^-\Longrightarrow H_2Se(aq)$	-0.399
$Pb(II)-(0)$	$PbI_2+2e^-\Longrightarrow Pb+2I^-$	-0.365
$Eu(III)-(II)$	$Eu^{3+}+e^-\Longrightarrow Eu^{2+}$	-0.36
$Pb(II)-(0)$	$PbSO_4+2e^-\Longrightarrow Pb+SO_4{}^{2-}$	-0.3588
$In(III)-(0)$	$In^{3+}+3e^-\Longrightarrow In$	-0.3382
$Tl(I)-(0)$	$Tl^++e^-\Longrightarrow Tl$	-0.336
$Co(II)-(0)$	$Co^{2+}+2e^-\Longrightarrow Co$	-0.28
$P(V)-(III)$	$H_3PO_4+2H^++2e^-\Longrightarrow H_3PO_3+H_2O$	-0.276
$Pb(II)-(0)$	$PbCl_2+2e^-\Longrightarrow Pb+2Cl^-$	-0.2675
$Ni(II)-(0)$	$Ni^{2+}+2e^-\Longrightarrow Ni$	-0.257
$V(III)-(II)$	$V^{3+}+e^-\Longrightarrow V^{2+}$	-0.255
$Ge(IV)-(0)$	$H_2GeO_3+4H^++4e^-\Longrightarrow Ge+3H_2O$	-0.182
$Ag(I)-(0)$	$AgI+e^-\Longrightarrow Ag+I^-$	-0.15224
$Sn(II)-(0)$	$Sn^{2+}+2e^-\Longrightarrow Sn$	-0.1375
$Pb(II)-(0)$	$Pb^{2+}+2e^-\Longrightarrow Pb$	-0.1262
$*\,C(IV)-(II)$	$CO_2(g)+2H^++2e^-\Longrightarrow CO+H_2O$	-0.12
$P(0)-(-III)$	$P(white)+3H^++3e^-\Longrightarrow PH_3(g)$	-0.063
$Hg(I)-(0)$	$Hg_2I_2+2e^-\Longrightarrow 2Hg+2I^-$	-0.0405
$Fe(III)-(0)$	$Fe^{3+}+3e^-\Longrightarrow Fe$	-0.037
$H(I)-(0)$	$2H^++2e^-\Longrightarrow H_2$	0.0000
$Ag(I)-(0)$	$AgBr+e^-\Longrightarrow Ag+Br^-$	0.07133
$S(II.V)-(II)$	$S_4O_6{}^{2-}+2e^-\Longrightarrow 2S_2O_3{}^{2-}$	0.08
$*\,Ti(IV)-(III)$	$TiO^{2+}+2H^++e^-\Longrightarrow Ti^{3+}+H_2O$	0.1
$S(0)-(-II)$	$S+2H^++2e^-\Longrightarrow H_2S(aq)$	0.142
$Sn(IV)-(II)$	$Sn^{4+}+2e^-\Longrightarrow Sn^{2+}$	0.151
$Sb(III)-(0)$	$Sb_2O_3+6H^++6e^-\Longrightarrow 2Sb+3H_2O$	0.152
$Cu(II)-(I)$	$Cu^{2+}+e^-\Longrightarrow Cu^+$	0.153
$Bi(III)-(0)$	$BiOCl+2H^++3e^-\Longrightarrow Bi+Cl^-+H_2O$	0.1583

续上表

1 在酸性溶液中（298K）

电对	方程式	$E^{\ominus}/V$
S(Ⅵ)−(Ⅳ)	$SO_4^{2-}+4H^++2e^- \Longrightarrow H_2SO_3+H_2O$	0.172
Sb(Ⅲ)−(0)	$SbO^++2H^++3e^- \Longrightarrow Sb+H_2O$	0.212
Ag(Ⅰ)−(0)	$AgCl+e^- \Longrightarrow Ag+Cl^-$	0.22233
As(Ⅲ)−(0)	$HAsO_2+3H^++3e^- \Longrightarrow As+2H_2O$	0.248
Hg(Ⅰ)−(0)	$Hg_2Cl_2+2e^- \Longrightarrow 2Hg+2Cl^-$（饱和 KCl）	0.26808
Bi(Ⅲ)−(0)	$BiO^++2H^++3e^- \Longrightarrow Bi+H_2O$	0.320
U(Ⅵ)−(Ⅳ)	$UO_2^{2+}+4H^++2e^- \Longrightarrow U^{4+}+2H_2O$	0.327
C(Ⅳ)−(Ⅲ)	$2HCNO+2H^++2e^- \Longrightarrow (CN)_2+2H_2O$	0.330
V(Ⅳ)−(Ⅲ)	$VO^{2+}+2H^++e^- \Longrightarrow V^{3+}+H_2O$	0.337
Cu(Ⅱ)−(0)	$Cu^{2+}+2e^- \Longrightarrow Cu$	0.3419
Re(Ⅶ)−(0)	$ReO_4^-+8H^++7e^- \Longrightarrow Re+4H_2O$	0.368
Ag(Ⅰ)−(0)	$Ag_2CrO_4+2e^- \Longrightarrow 2Ag+CrO_4^{2-}$	0.4470
S(Ⅳ)−(0)	$H_2SO_3+4H^++4e^- \Longrightarrow S+3H_2O$	0.449
Cu(Ⅰ)−(0)	$Cu^++e^- \Longrightarrow Cu$	0.521
Ⅰ(0)−(−Ⅰ)	$I_2+2e^- \Longrightarrow 2I^-$	0.5355
Ⅰ(0)−(−Ⅰ)	$I_3^-+2e^- \Longrightarrow 3I^-$	0.536
As(Ⅴ)−(Ⅲ)	$H_3AsO_4+2H^++2e^- \Longrightarrow HAsO_2+2H_2O$	0.560
Sb(Ⅴ)−(Ⅲ)	$Sb_2O_5+6H^++4e^- \Longrightarrow 2SbO^++3H_2O$	0.581
Te(Ⅳ)−(0)	$TeO_2+4H^++4e^- \Longrightarrow Te+2H_2O$	0.593
U(Ⅴ)−(Ⅳ)	$UO_2^++4H^++e^- \Longrightarrow U^{4+}+2H_2O$	0.612
＊＊Hg(Ⅱ)−(Ⅰ)	$2HgCl_2+2e^- \Longrightarrow Hg_2Cl_2+2Cl^-$	0.63
Pt(Ⅳ)−(Ⅱ)	$[PtCl_6]^{2-}+2e^- \Longrightarrow [PtCl_4]^{2-}+2Cl^-$	0.68
O(0)−(−Ⅰ)	$O_2+2H^++2e^- \Longrightarrow H_2O_2$	0.695
Pt(Ⅱ)−(0)	$[PtCl_4]^{2-}+2e^- \Longrightarrow Pt+4Cl^-$	0.755
＊Se(Ⅳ)−(0)	$H_2SeO_3+4H^++4e^- \Longrightarrow Se+3H_2O$	0.74
Fe(Ⅲ)−(Ⅱ)	$Fe^{3+}+e^- \Longrightarrow Fe^{2+}$	0.771
Hg(Ⅰ)−(0)	$Hg_2^{2+}+2e^- \Longrightarrow 2Hg$	0.7973
Ag(Ⅰ)−(0)	$Ag^++e^- \Longrightarrow Ag$	0.7996
Os(Ⅷ)−(0)	$OsO_4+8H^++8e^- \Longrightarrow Os+4H_2O$	0.85
N(Ⅴ)−(Ⅳ)	$2NO_3^-+4H^++2e^- \Longrightarrow N_2O_4+2H_2O$	0.803
Hg(Ⅱ)−(0)	$Hg^{2+}+2e^- \Longrightarrow Hg$	0.851
Si(Ⅳ)−(0)	$(quartz)SiO_2+4H^++4e^- \Longrightarrow Si+2H_2O$	0.857
Cu(Ⅱ)−(Ⅰ)	$Cu^{2+}+I^-+e^- \Longrightarrow CuI$	0.86
N(Ⅲ)−(Ⅰ)	$2HNO_2+4H^++4e^- \Longrightarrow H_2N_2O_2+2H_2O$	0.86

续上表

1 在酸性溶液中（298K）

电对	方程式	$E^{\ominus}/V$
Hg(Ⅱ)−(Ⅰ)	$2Hg^{2+}+2e^-\rightleftharpoons Hg_2^{2+}$	0.920
N(Ⅴ)−(Ⅲ)	$NO_3^-+3H^++2e^-\rightleftharpoons HNO_2+H_2O$	0.934
Pd(Ⅱ)−(0)	$Pd^{2+}+2e^-\rightleftharpoons Pd$	0.951
N(Ⅴ)−(Ⅱ)	$NO_3^-+4H^++3e^-\rightleftharpoons NO+2H_2O$	0.957
N(Ⅲ)−(Ⅱ)	$HNO_2+H^++e^-\rightleftharpoons NO+H_2O$	0.983
I(Ⅰ)−(−Ⅰ)	$HIO+H^++2e^-\rightleftharpoons I^-+H_2O$	0.987
V(Ⅴ)−(Ⅳ)	$VO_2^++2H^++e^-\rightleftharpoons VO^{2+}+H_2O$	0.991
V(Ⅴ)−(Ⅳ)	$V(OH)_4^++2H^++e^-\rightleftharpoons VO^{2+}+3H_2O$	1.00
Au(Ⅲ)−(0)	$[AuCl_4]^-+3e^-\rightleftharpoons Au+4Cl^-$	1.002
Te(Ⅵ)−(Ⅳ)	$H_6TeO_6+2H^++2e^-\rightleftharpoons TeO_2+4H_2O$	1.02
N(Ⅳ)−(Ⅱ)	$N_2O_4+4H^++4e^-\rightleftharpoons 2NO+2H_2O$	1.035
N(Ⅳ)−(Ⅲ)	$N_2O_4+2H^++2e^-\rightleftharpoons 2HNO_2$	1.065
I(Ⅴ)−(−Ⅰ)	$IO_3^-+6H^++6e^-\rightleftharpoons I^-+3H_2O$	1.085
Br(0)−(−Ⅰ)	$Br_2(aq)+2e^-\rightleftharpoons 2Br^-$	1.0873
Se(Ⅵ)−(Ⅳ)	$SeO_4^{2-}+4H^++2e^-\rightleftharpoons H_2SeO_3+H_2O$	1.151
Cl(Ⅴ)−(Ⅳ)	$ClO_3^-+2H^++e^-\rightleftharpoons ClO_2+H_2O$	1.152
Pt(Ⅱ)−(0)	$Pt^{2+}+2e^-\rightleftharpoons Pt$	1.118
Cl(Ⅶ)−(Ⅴ)	$ClO_4^-+2H^++2e^-\rightleftharpoons ClO_3^-+H_2O$	1.189
I(Ⅴ)−(0)	$2IO_3^-+12H^++10e^-\rightleftharpoons I_2+6H_2O$	1.195
Cl(Ⅴ)−(Ⅲ)	$ClO_3^-+3H^++2e^-\rightleftharpoons HClO_2+H_2O$	1.214
Mn(Ⅳ)−(Ⅱ)	$MnO_2+4H^++2e^-\rightleftharpoons Mn^{2+}+2H_2O$	1.224
O(0)−(−Ⅱ)	$O_2+4H^++4e^-\rightleftharpoons 2H_2O$	1.229
Tl(Ⅲ)−(Ⅰ)	$Tl^{3+}+2e^-\rightleftharpoons Tl^+$	1.252
Cl(Ⅳ)−(Ⅲ)	$ClO_2+H^++e^-\rightleftharpoons HClO_2$	1.277
N(Ⅲ)−(Ⅰ)	$2HNO_2+4H^++4e^-\rightleftharpoons N_2O+3H_2O$	1.297
＊＊Cr(Ⅵ)−(Ⅲ)	$Cr_2O_7^{2-}+14H^++6e^-\rightleftharpoons 2Cr^{3+}+7H_2O$	1.33
Br(Ⅰ)−(−Ⅰ)	$HBrO+H^++2e^-\rightleftharpoons Br^-+H_2O$	1.331
Cr(Ⅵ)−(Ⅲ)	$HCrO_4^-+7H^++3e^-\rightleftharpoons Cr^{3+}+4H_2O$	1.350
Cl(0)−(−Ⅰ)	$Cl_2(g)+2e^-\rightleftharpoons 2Cl^-$	1.35827
Cl(Ⅶ)−(−Ⅰ)	$ClO_4^-+8H^++8e^-\rightleftharpoons Cl^-+4H_2O$	1.389
Cl(Ⅶ)−(0)	$ClO_4^-+8H^++7e^-\rightleftharpoons 1/2Cl_2+4H_2O$	1.39
Au(Ⅲ)−(Ⅰ)	$Au^{3+}+2e^-\rightleftharpoons Au^+$	1.401
Br(Ⅴ)−(−Ⅰ)	$BrO_3^-+6H^++6e^-\rightleftharpoons Br^-+3H_2O$	1.423
I(Ⅰ)−(0)	$2HIO+2H^++2e^-\rightleftharpoons I_2+2H_2O$	1.439

续上表

1 在酸性溶液中（298K）

电对	方程式	$E^{\ominus}/V$
$Cl(V)-(-I)$	$ClO_3^- + 6H^+ + 6e^- \Longrightarrow Cl^- + 3H_2O$	1.451
$Pb(IV)-(II)$	$PbO_2 + 4H^+ + 2e^- \Longrightarrow Pb^{2+} + 2H_2O$	1.455
$Cl(V)-(0)$	$ClO_3^- + 6H^+ + 5e^- \Longrightarrow 1/2Cl_2 + 3H_2O$	1.47
$Cl(I)-(-I)$	$HClO + H^+ + 2e^- \Longrightarrow Cl^- + H_2O$	1.482
$Br(V)-(0)$	$BrO_3^- + 6H^+ + 5e^- \Longrightarrow 1/2Br_2 + 3H_2O$	1.482
$Au(III)-(0)$	$Au^{3+} + 3e^- \Longrightarrow Au$	1.498
$Mn(VII)-(II)$	$MnO_4^- + 8H^+ + 5e^- \Longrightarrow Mn^{2+} + 4H_2O$	1.507
$Mn(III)-(II)$	$Mn^{3+} + e^- \Longrightarrow Mn^{2+}$	1.5415
$Cl(III)-(-I)$	$HClO_2 + 3H^+ + 4e^- \Longrightarrow Cl^- + 2H_2O$	1.570
$Br(I)-(0)$	$HBrO + H^+ + e^- \Longrightarrow 1/2Br_2(aq) + H_2O$	1.574
$N(II)-(I)$	$2NO + 2H^+ + 2e^- \Longrightarrow N_2O + H_2O$	1.591
$I(VII)-(V)$	$H_5IO_6 + H^+ + 2e^- \Longrightarrow IO_3^- + 3H_2O$	1.601
$Cl(I)-(0)$	$HClO + H^+ + e^- \Longrightarrow 1/2Cl_2 + H_2O$	1.611
$Cl(III)-(I)$	$HClO_2 + 2H^+ + 2e^- \Longrightarrow HClO + H_2O$	1.645
$Ni(IV)-(II)$	$NiO_2 + 4H^+ + 2e^- \Longrightarrow Ni^{2+} + 2H_2O$	1.678
$Mn(VII)-(IV)$	$MnO_4^- + 4H^+ + 3e^- \Longrightarrow MnO_2 + 2H_2O$	1.679
$Pb(IV)-(II)$	$PbO_2 + SO_4^{2-} + 4H^+ + 2e^- \Longrightarrow PbSO_4 + 2H_2O$	1.6913
$Au(I)-(0)$	$Au^+ + e^- \Longrightarrow Au$	1.692
$Ce(IV)-(III)$	$Ce^{4+} + e^- \Longrightarrow Ce^{3+}$	1.72
$N(I)-(0)$	$N_2O + 2H^+ + 2e^- \Longrightarrow N_2 + H_2O$	1.766
$O(-I)-(-II)$	$H_2O_2 + 2H^+ + 2e^- \Longrightarrow 2H_2O$	1.776
$Co(III)-(II)$	$Co^{3+} + e^- \Longrightarrow Co^{2+} (2\ mol \cdot L^{-1}\ H_2SO_4)$	1.83
$Ag(II)-(I)$	$Ag^{2+} + e^- \Longrightarrow Ag^+$	1.980
$S(VII)-(VI)$	$S_2O_8^{2-} + 2e^- \Longrightarrow 2SO_4^{2-}$	2.123
$O(0)-(-II)$	$O(g) + 2H^+ + 2e^- \Longrightarrow H_2O$	2.421
$O(II)-(-II)$	$F_2O + 2H^+ + 4e^- \Longrightarrow H_2O + 2F^-$	2.153
$Fe(VI)-(III)$	$FeO_4^{2-} + 8H^+ + 3e^- \Longrightarrow Fe^{3+} + 4H_2O$	2.20
$F(0)-(-I)$	$F_2 + 2e^- \Longrightarrow 2F^-$	2.866
	$F_2 + 2H^+ + 2e^- \Longrightarrow 2HF$	3.053

2 在碱性溶液中（298K）

电对	方程式	$E^{\ominus}/V$
Ca（Ⅱ）－(0)	$Ca(OH)_2 + 2e^- \Longrightarrow Ca + 2OH^-$	-3.02
Ba（Ⅱ）－(0)	$Ba(OH)_2 \cdot 8H_2O \Longrightarrow Ba + 2OH^- + 8H_2O$	-2.99
La（Ⅲ）－(0)	$La(OH)_3 + 3e^- \Longrightarrow La + 3OH^-$	-2.90
Sr（Ⅱ）－(0)	$Sr(OH)_2 \cdot 8H_2O + 2e^- \Longrightarrow Sr + 2OH^- + 8H_2O$	-2.88
Mg（Ⅱ）－(0)	$Mg(OH)_2 + 2e^- \Longrightarrow Mg + 2OH^-$	-2.690
Be（Ⅱ）－(0)	$Be_2O_3{}^{2-} + 3H_2O + 4e^- \Longrightarrow 2Be + 6OH^-$	-2.63
Hf（Ⅳ）－(0)	$HfO(OH)_2 + H_2O + 4e^- \Longrightarrow Hf + 4OH^-$	-2.50
Zr（Ⅳ）－(0)	$H_2ZrO_3 + H_2O + 4e^- \Longrightarrow Zr + 4OH^-$	-2.36
Al（Ⅲ）－(0)	$H_2AlO_3{}^- + H_2O + 3e^- \Longrightarrow Al + OH^-$	-2.33
P（Ⅰ）－(0)	$H_2PO_2{}^- + e^- \Longrightarrow P + 2OH^-$	-1.82
B（Ⅲ）－(0)	$H_2BO_3{}^- + H_2O + 3e^- \Longrightarrow B + 4OH^-$	-1.79
P（Ⅲ）－(0)	$HPO_3{}^{2-} + 2H_2O + 3e^- \Longrightarrow P + 5OH^-$	-1.71
Si（Ⅳ）－(0)	$SiO_3{}^{2-} + 3H_2O + 4e^- \Longrightarrow Si + 6OH^-$	-1.697
P（Ⅲ）－（Ⅰ）	$HPO_3{}^{2-} + 2H_2O + 2e^- \Longrightarrow H_2PO_2{}^- + 3OH^-$	-1.65
Mn（Ⅱ）－(0)	$Mn(OH)_2 + 2e^- \Longrightarrow Mn + 2OH^-$	-1.56
Cr（Ⅲ）－(0)	$Cr(OH)_3 + 3e^- \Longrightarrow Cr + 3OH^-$	-1.48
＊Zn（Ⅱ）－(0)	$[Zn(CN)_4]^{2-} + 2e^- \Longrightarrow Zn + 4CN^-$	-1.26
Zn（Ⅱ）－(0)	$Zn(OH)_2 + 2e^- \Longrightarrow Zn + 2OH^-$	-1.249
Ga（Ⅲ）－(0)	$H_2GaO_3{}^- + H_2O + 2e^- \Longrightarrow Ga + 4OH^-$	-1.219
Zn（Ⅱ）－(0)	$ZnO_2{}^{2-} + 2H_2O + 2e^- \Longrightarrow Zn + 4OH^-$	-1.215
Cr（Ⅲ）－(0)	$CrO_2{}^- + 2H_2O + 3e^- \Longrightarrow Cr + 4OH^-$	-1.2
Te(0)－（－Ⅰ）	$Te + 2e^- \Longrightarrow Te^{2-}$	-1.143
P（Ⅴ）－（Ⅲ）	$PO_4{}^{3-} + 2H_2O + 2e^- \Longrightarrow HPO_3{}^{2-} + 3OH^-$	-1.05
＊Zn（Ⅱ）－(0)	$[Zn(NH_3)_4]^{2+} + 2e^- \Longrightarrow Zn + 4NH_3$	-1.04
＊W（Ⅵ）－(0)	$WO_4{}^{2-} + 4H_2O + 6e^- \Longrightarrow W + 8OH^-$	-1.01
＊Ge（Ⅳ）－(0)	$HGeO_3{}^- + 2H_2O + 4e^- \Longrightarrow Ge + 5OH^-$	-1.0
Sn（Ⅳ）－（Ⅱ）	$[Sn(OH)_6]^{2-} + 2e^- \Longrightarrow HSnO_2{}^- + H_2O + 3OH^-$	-0.93
S（Ⅵ）－（Ⅳ）	$SO_4{}^{2-} + H_2O + 2e^- \Longrightarrow SO_3{}^{2-} + 2OH^-$	-0.93
Se(0)－（－Ⅱ）	$Se + 2e^- \Longrightarrow Se^{2-}$	-0.924
Sn（Ⅱ）－(0)	$HSnO_2{}^- + H_2O + 2e^- \Longrightarrow Sn + 3OH^-$	-0.909
P(0)－（－Ⅲ）	$P + 3H_2O + 3e^- \Longrightarrow PH_3(g) + 3OH^-$	-0.87
N（Ⅴ）－（Ⅳ）	$2NO_3{}^- + 2H_2O + 2e^- \Longrightarrow N_2O_4 + 4OH^-$	-0.85
H（Ⅰ）－(0)	$2H_2O + 2e^- \Longrightarrow H_2 + 2OH^-$	-0.8277
Cd（Ⅱ）－(0)	$Cd(OH)_2 + 2e^- \Longrightarrow Cd(Hg) + 2OH^-$	-0.809
Co（Ⅱ）－(0)	$Co(OH)_2 + 2e^- \Longrightarrow Co + 2OH^-$	-0.73

续上表

2 在碱性溶液中（298K）

电对	方程式	$E^{\ominus}/V$
Ni(Ⅱ)—(0)	$Ni(OH)_2 + 2e^- \Longrightarrow Ni + 2OH^-$	-0.72
As(Ⅴ)—(Ⅲ)	$AsO_4{}^{3-} + 2H_2O + 2e^- \Longrightarrow AsO_2{}^- + 4OH^-$	-0.71
Ag(Ⅰ)—(0)	$Ag_2S + 2e^- \Longrightarrow 2Ag + S^{2-}$	-0.691
As(Ⅲ)—(0)	$AsO_2{}^- + 2H_2O + 3e^- \Longrightarrow As + 4OH^-$	-0.68
Sb(Ⅲ)—(0)	$SbO_2{}^- + 2H_2O + 3e^- \Longrightarrow Sb + 4OH^-$	-0.66
* Re(Ⅶ)—(Ⅳ)	$ReO_4{}^- + 2H_2O + 3e^- \Longrightarrow ReO_2 + 4OH^-$	-0.59
* Sb(Ⅴ)—(Ⅲ)	$SbO_3{}^- + H_2O + 2e^- \Longrightarrow SbO_2{}^- + 2OH^-$	-0.59
Re(Ⅶ)—(0)	$ReO_4{}^- + 4H_2O + 7e^- \Longrightarrow Re + 8OH^-$	-0.584
* S(Ⅳ)—(Ⅱ)	$2SO_3{}^{2-} + 3H_2O + 4e^- \Longrightarrow S_2O_3{}^{2-} + 6OH^-$	-0.58
Te(Ⅳ)—(0)	$TeO_3{}^{2-} + 3H_2O + 4e^- \Longrightarrow Te + 6OH^-$	-0.57
Fe(Ⅲ)—(Ⅱ)	$Fe(OH)_3 + e^- \Longrightarrow Fe(OH)_2 + OH^-$	-0.56
S(0)—(−Ⅱ)	$S + 2e^- \Longrightarrow S^{2-}$	-0.47627
Bi(Ⅲ)—(0)	$Bi_2O_3 + 3H_2O + 6e^- \Longrightarrow 2Bi + 6OH^-$	-0.46
N(Ⅲ)—(Ⅱ)	$NO_2{}^- + H_2O + e^- \Longrightarrow NO + 2OH^-$	-0.46
* Co(Ⅱ)—C(0)	$[Co(NH_3)_6]^{2+} + 2e^- \Longrightarrow Co + 6NH_3$	-0.422
Se(Ⅳ)—(0)	$SeO_3{}^{2-} + 3H_2O + 4e^- \Longrightarrow Se + 6OH^-$	-0.366
Cu(Ⅰ)—(0)	$Cu_2O + H_2O + 2e^- \Longrightarrow 2Cu + 2OH^-$	-0.360
Tl(Ⅰ)—(0)	$Tl(OH) + e^- \Longrightarrow Tl + OH^-$	-0.34
* Ag(Ⅰ)—(0)	$[Ag(CN)_2]^- + e^- \Longrightarrow Ag + 2CN^-$	-0.31
Cu(Ⅱ)—(0)	$Cu(OH)_2 + 2e^- \Longrightarrow Cu + 2OH^-$	-0.222
Cr(Ⅳ)—(Ⅲ)	$CrO_4{}^{2-} + 4H_2O + 3e^- \Longrightarrow Cr(OH)_3 + 5OH^-$	-0.13
* Cu(Ⅰ)—(0)	$[Cu(NH_3)_2]^+ + e^- \Longrightarrow Cu + 2NH_3$	-0.12
O(0)—(−Ⅰ)	$O_2 + H_2O + 2e^- \Longrightarrow HO_2{}^- + OH^-$	-0.076
Ag(Ⅰ)—(0)	$AgCN + e^- \Longrightarrow Ag + CN^-$	-0.017
N(Ⅴ)—(Ⅲ)	$NO_3{}^- + H_2O + 2e^- \Longrightarrow NO_2{}^- + 2OH^-$	0.01
Se(Ⅵ)—(Ⅳ)	$SeO_4{}^{2-} + H_2O + 2e^- \Longrightarrow SeO_3{}^{2-} + 2OH^-$	0.05
Pd(Ⅱ)—(0)	$Pd(OH)_2 + 2e^- \Longrightarrow Pd + 2OH^-$	0.07
S(Ⅱ,Ⅴ)—(Ⅱ)	$S_4O_6{}^{2-} + 2e^- \Longrightarrow 2S_2O_3{}^{2-}$	0.08
Hg(Ⅱ)—(0)	$HgO + H_2O + 2e^- \Longrightarrow Hg + 2OH^-$	0.0977
Co(Ⅲ)—(Ⅱ)	$[Co(NH_3)_6]^{3+} + e^- \Longrightarrow [Co(NH_3)_6]^{2+}$	0.108
Pt(Ⅱ)—(0)	$Pt(OH)_2 + 2e^- \Longrightarrow Pt + 2OH^-$	0.14
Co(Ⅲ)—(Ⅱ)	$Co(OH)_3 + e^- \Longrightarrow Co(OH)_2 + OH^-$	0.17
Pb(Ⅳ)—(Ⅱ)	$PbO_2 + H_2O + 2e^- \Longrightarrow PbO + 2OH^-$	0.247
I(Ⅴ)—(−Ⅰ)	$IO_3{}^- + 3H_2O + 6e^- \Longrightarrow I^- + 6OH^-$	0.26

续上表

2 在碱性溶液中（298K）

电对	方程式	$E^{\ominus}/V$
Cl(V)－(Ⅲ)	$ClO_3^- + H_2O + 2e^- \Longrightarrow ClO_2^- + 2OH^-$	0.33
Ag(Ⅰ)－(0)	$Ag_2O + H_2O + 2e^- \Longrightarrow 2Ag + 2OH^-$	0.342
Fe(Ⅲ)－(Ⅱ)	$[Fe(CN)_6]^{3-} + e^- \Longrightarrow [Fe(CN)_6]^{4-}$	0.358
Cl(Ⅶ)－(V)	$ClO_4^- + H_2O + 2e^- \Longrightarrow ClO_3^- + 2OH^-$	0.36
＊Ag(Ⅰ)－(0)	$[Ag(NH_3)_2]^+ + e^- \Longrightarrow Ag + 2NH_3$	0.373
O(0)－(－Ⅱ)	$O_2 + 2H_2O + 4e^- \Longrightarrow 4OH^-$	0.401
I(Ⅰ)－(－Ⅰ)	$IO^- + H_2O + 2e^- \Longrightarrow I^- + 2OH^-$	0.485
＊Ni(Ⅳ)－(Ⅱ)	$NiO_2 + 2H_2O + 2e^- \Longrightarrow Ni(OH)_2 + 2OH^-$	0.490
Mn(Ⅶ)－(Ⅵ)	$MnO_4^- + e^- \Longrightarrow MnO_4^{2-}$	0.558
Mn(Ⅶ)－(Ⅳ)	$MnO_4^- + 2H_2O + 3e^- \Longrightarrow MnO_2 + 4OH^-$	0.595
Mn(Ⅵ)－(Ⅳ)	$MnO_4^{2-} + 2H_2O + 3e^- \Longrightarrow MnO_2 + 4OH^-$	0.60
Ag(Ⅱ)－(Ⅰ)	$2AgO + H_2O + 2e^- \Longrightarrow Ag_2O + 2OH^-$	0.607
Br(V)－(－Ⅰ)	$BrO_3^- + 3H_2O + 6e^- \Longrightarrow Br^- + 6OH^-$	0.61
Cl(V)－(－Ⅰ)	$ClO_3^- + 3H_2O + 6e^- \Longrightarrow Cl^- + 6OH^-$	0.62
Cl(Ⅲ)－(Ⅰ)	$ClO_2^- + H_2O + 2e^- \Longrightarrow ClO^- + 2OH^-$	0.66
I(Ⅶ)－(V)	$H_3IO_6^{2-} + 2e^- \Longrightarrow IO_3^- + 3OH^-$	0.7
Cl(Ⅲ)－(－Ⅰ)	$ClO_2^- + 2H_2O + 4e^- \Longrightarrow Cl^- + 4OH^-$	0.76
Br(Ⅰ)－(－Ⅰ)	$BrO^- + H_2O + 2e^- \Longrightarrow Br^- + 2OH^-$	0.761
Cl(Ⅰ)－(－Ⅰ)	$ClO^- + H_2O + 2e^- \Longrightarrow Cl^- + 2OH^-$	0.841
＊Cl(Ⅳ)－(Ⅲ)	$ClO_2(g) + e^- \Longrightarrow ClO_2^-$	0.95
O(0)－(－Ⅱ)	$O_3 + H_2O + 2e^- \Longrightarrow O_2 + 2OH^-$	1.24

引自 David R. Lide, Handbook of Chemistry and physics, 8 - 25 - 8 - 30, 78th. edition, 1997～1998

＊引自 J. A. Dean Ed, Lange's Handbook of Chemistry, 13th, edition 1985

＊＊引自其他参考书